普通高等教育土建学科专业"十一五"规划教材
全国高职高专教育土建类专业教学指导委员会规划推荐教材

可编程控制器及应用

（建筑电气工程技术专业适用）

本教材编审委员会组织编写
尹秀妍　主　编
杨玉红　副主编
蔡晓华　主　审

U0202748

中国建筑工业出版社

图书在版编目（CIP）数据

可编程控制器及应用/尹秀妍主编. —北京：中国建筑
工业出版社，2004

普通高等教育土建学科专业"十一五"规划教材. 全
国高职高专教育土建类专业教学指导委员会规划推荐教
材. 建筑电气工程技术专业适用

ISBN 978-7-112-06955-2

Ⅰ.可… Ⅱ.尹… Ⅲ.可编程序控制器—高等学校：
技术学校—教材　Ⅳ.TP332.3

中国版本图书馆 CIP 数据核字（2004）第 129953 号

普通高等教育土建学科专业"十一五"规划教材
全国高职高专教育土建类专业教学指导委员会规划推荐教材

可编程控制器及应用

（建筑电气工程技术专业适用）

本教材编审委员会组织编写

尹秀妍　主　编
杨玉红　副主编
蔡晓华　主　审

*

中国建筑工业出版社出版、发行（北京西郊百万庄）
各地新华书店、建筑书店经销
北京市密东印刷有限公司印刷

*

开本：787×1092 毫米　1/16　印张：20　字数：482 千字
2005 年 1 月第一版　2008 年 7 月第二次印刷
印数：2501—4500 册　定价：**28.00** 元
ISBN 978-7-112-06955-2
（12909）

本书为全国高职高专教育土建类专业教学指导委员会规划推荐教材。全书共八章，从介绍可编程序控制器的特点、基本结构入手，详细介绍了可编程序控制器的工作方式与工作原理。然后以三菱 F_1 系列的可编程序控制器为例，系统地介绍了可编程序控制器的硬件结构和指令系统，使学生了解具体可编程序控制器的特性、编程元件，掌握指令系统的使用。在此基础上，通过循序渐进、由浅入深的方式，先系统地讲述了基本编程语言、编程方法及实用、易懂的基本编程例子，然后详细地阐述了可编程序控制器系统设计的步骤方法，并科学地选择了几个实用的、有特色的应用编程例子。本书每章后均备有思考题与习题；还提供了 11 个实用的实验指导；附录中提供了常见的五种类型 PLC 性能、指令及三菱编程软件。

本书可作为高等职业院校电类、非电类各专业学生的教材，也可供电气工程、计算机应用、机电一体化等专业的工程技术人员参考。

* * *

责任编辑：齐庆梅　朱首明
责任设计：孙　梅
责任校对：刘　梅　王金珠

本教材编审委员会名单

主　任：刘春泽

副主任：贺俊杰　张　健

委　员：陈思仿　范柳先　孙景芝　刘　玲　蔡可键

　　　　蒋志良　贾永康　王青山　胡晓元　刘复欣

　　　　郑发泰　尹秀妍

序　言

　　全国高职高专教育土建类专业教学指导委员会建筑设备类专业指导分委员会（原名高等学校土建学科教学指导委员会高等职业教育专业委员会水暖电类专业指导小组）是建设部受教育部委托，并由建设部聘任和管理的专家机构。其主要工作任务是，研究建筑设备类高职高专教育的专业发展方向、专业设置和教育教学改革，按照以能力为本位的教学指导思想，围绕职业岗位范围、知识结构、能力结构、业务规格和素质要求，组织制定并及时修订各专业培养目标、专业教育标准和专业培养方案；组织编写主干课程的教学大纲，以指导全国高职高专院校规范建筑设备类专业办学，达到专业基本标准要求；研究建筑设备类高职高专教材建设，组织教材编审工作；制定专业教育评估标准，协调配合专业教育评估工作的开展；组织开展教学研究活动，构建理论与实践紧密结合的教学内容体系，构筑"校企合作、产学研结合"的人才培养模式，为我国建设事业的健康发展提供智力支持。

　　在建设部人事教育司和全国高职高专教育土建类专业教学指导委员会的领导下，2002年以来，全国高职高专教育土建类专业教学指导委员会建筑设备类专业指导分委员会的工作取得了多项成果，编制了建筑设备类高职高专教育指导性专业目录；制定了"供热通风与空调工程技术"、"建筑电气工程技术"、"给水排水工程技术"等专业的教育标准、人才培养方案、主干课程教学大纲、教材编审原则，深入研究了建筑设备类专业人才培养模式。

　　为适应高职高专教育人才培养模式，使毕业生成为具备本专业必需的文化基础、专业理论知识和专业技能、能胜任建筑设备类专业设计、施工、监理、运行及物业设施管理的高等技术应用性人才，全国高职高专教育土建类专业教学指导委员会建筑设备类专业指导分委员会，在总结近几年高职高专教育教学改革与实践经验的基础上，通过开发新课程，整合原有课程，更新课程内容，构建了新的课程体系，并于2004年启动了"供热通风与空调工程技术"、"建筑电气工程技术"、"给水排水工程技术"三个专业主干课程的教材编写工作。

　　这套教材的编写坚持贯彻以全面素质为基础，以能力为本位，以实用为主导的指导思想。注意反映国内外最新技术和研究成果，突出高等职业教育的特点，并及时与我国最新技术标准和行业规范相结合，充分体现其先进性、创新性、适用性。它是我国近年来工程技术应用研究和教学工作实践的科学总结，本套教材的使用将会进一步推动建筑设备类专业的建设与发展。

　　"供热通风与空调工程技术"、"建筑电气工程技术"、"给水排水工程技术"三个专业教材的编写工作得到了教育部、建设部相关部门的支持，在全国高职高专教育土建类专业教学指导委员会的领导下，聘请全国高职高专院校本专业享有盛誉、多年从事"供热通风与空调工程技术"、"建筑电气工程技术"、"给水排水工程技术"专业教学、科研、设计的副教授以上的专家担任主编和主审，同时吸收工程一线具有丰富实践经验的高级工程师及优秀中青年教师参加编写。可以说，该系列教材的出版凝聚了全国各高职高专院校"供热通风与空调工程技术"、"建筑电气工程技术"、"给水排水工程技术"三个专业同行的心血，也是他们多年来教学工作的结晶和精诚协作的体现。

　　各门教材的主编和主审在教材编写过程中认真负责，工作严谨，值此教材出版之际，全国高职高专教育土建类专业教学指导委员会建筑设备类专业指导分委员会谨向他们致以崇高的敬意。此外，对大力支持这套教材出版的中国建筑工业出版社表示衷心的感谢，向在编写、审稿、出版过程中给予关心和帮助的单位和同仁致以诚挚的谢意。衷心希望"供热通风与空调工程技术"、"建筑电气工程技术"、"给水排水工程技术"这三个专业教材的面世，能够受到各高职高专院校和从事本专业工程技术人员的欢迎，能够对高职高专教学改革以及高职高专教育的发展起到积极的推动作用。

全国高职高专教育土建类专业教学指导委员会

建筑设备类专业指导分委员会

2004 年 9 月

前　言

可编程序控制器（Programmable Logic Controller）是一种替代继电器控制系统的新型的工业自动化控制装置，由于它体积小、功能强、可靠性高、操作简单、维修方便等优点，使它在工业电器控制领域中得到了越来越广泛的应用。而且随着计算机的发展，可编程序控制器的应用范围几乎覆盖了所有的工业企业，它是今后实现工业自动化的一种主要手段，现已跃为工业生产自动化三大支柱（可编程序控制器、机器人、计算机辅助设计与制造）中的首位。因此当今的电气自动化技术人员熟悉它的基本原理、性能特点、掌握系统编程方法是非常必要的。

由于可编程序控制器的技术发展迅猛、应用广泛，目前许多高等职业院校都正将可编程序控制器引入到教学中。现已有一些有关可编程序控制器的图书出版，但大多数是以工程技术开发为目的而编写的。对于可编程序控制器教材，尤其是适用高职高专电类专业或非电类各专业的教材很少。本书的作者均是双师型高校教师，不仅具有丰富的教学经验，又有多年的工程实践经验，在这个基础上针对高职高专的教学特点，由浅入深、循序渐进、重点突出、条理清晰、联系实际、浅显易懂，各章后均有大量实用的思考题与习题，书后还有 11 个实验指导及常见的五种类型 PLC 的性能、指令及编程软件。打破了可编程序控制器的神秘感，并通过一些短小、易懂、实用、有趣的应用举例，使读者对可编程序控制器的编程和应用尽快掌握，成为可编程序控制器编程高手。

全书内容分为八章：

第一、二、三章　主要介绍可编程序控制器的特点、基本组成及工作原理，使读者掌握所有类型可编程序控制器的基本特性，为编程打下基础。

第四章　以三菱公司 F_1 系列可编程序控制器为例，在介绍结构、指令的基础上，着重介绍步进控制编程方法和模拟量控制方法。

第五章　详细地、系统地讲述了可编程序控制器的应用编程语言、基本原则及实用、易读的基本编程举例，为系统程序设计打下坚实的基础。

第六章　详细讲解了可编程序控制器系统设计的步骤方法，并科学地选择了几个实用的、能体现可编程序控制器技术特点的应用编程举例，使读者能尽快的掌握可编程序控制器控制系统设计的技术，做到独立编程。

第七章　通过介绍变频器的定义、分类、功能及变频调速系统的有关知识，使读者了解可与可编程序控制器连接的变频器的知识。

第八章　随着通信网络的飞速发展，阐述 PLC 的网络通信技术及应用，使读者掌握 PLC 的高级应用。

为了配合理论教学，提高读者的编程水平，本书提供 11 个实验指导，通过循序渐进的详细讲解，使读者尽快掌握 PLC 的编程技术，达到理论与实际的结合。书后还提供常见的五种 PLC 类型的性能及指令表、三菱的编程软件，可以使读者举一反三、触类旁通，尽快掌握不同类型 PLC 的编程知识。

本书有较多的编程例题和实例，有大量的习题及较多的实验指导，内容丰富、分析详细、清晰，系统性及适用性强，既可作为大专院校有关专业的教学用书，也可供技术培训及在职人员学习使用。

全书共八章、实验指导及附录，其中第一、二、三、四、五、六章及附录由黑龙江建筑职业技术学院尹秀妍编写；第七章第一、二、三、七节及第八章由黑龙江建筑职业技术学院杨玉红编写；第七章第四、五、六节由黑龙江建筑职业技术学院王欣编写；实验指导及三菱编程软件由广东建设职业技术学院巫莉编写。全书由尹秀妍担任主编，由黑龙江省农业机械工程科学研究院蔡晓华高级工程师担任主审。

本书在编写过程中，得到了四川建筑职业技术学院赵润芳教授的大力支持，在此表示感谢。

由于编者水平有限，书中难免存在疏漏和错误，恳请各位读者批评指导。

目　录

第一章　概述 ··· 1
  第一节　可编程序控制器的产生 ··································· 1
  第二节　可编程序控制器的特点及应用 ··························· 4
  第三节　可编程序控制器与微机，其他电气控制装置的比较 ······· 9
  思考题与习题 ··· 13
第二章　可编程序控制器的系统组成及各部分功能 ··············· 14
  第一节　可编程序控制器的系统结构组成 ························· 14
  第二节　可编程序控制器各部分的作用及常用类型 ··············· 15
  思考题与习题 ··· 27
第三章　可编程序控制器的工作原理 ····························· 28
  第一节　可编程序控制器的工作方式 ····························· 28
  第二节　可编程序控制器的工作过程 ····························· 29
  第三节　可编程序控制器的主要技术性能 ························· 32
  第四节　可编程序控制器的分类 ································· 33
  思考题与习题 ··· 35
第四章　三菱公司的 F_1 系列可编程序控制器 ··················· 36
  第一节　F_1 系列可编程序控制器的性能及编程元件 ············· 36
  第二节　基本指令及其编程方法 ································· 42
  第三节　功能指令及其编程方法 ································· 51
  第四节　F_1 系列可编程序控制器的模拟量处理 ··············· 69
  第五节　F1-20P 简易编程器的介绍 ····························· 71
  思考题与习题 ··· 75
第五章　可编程序控制器的程序设计 ····························· 78
  第一节　可编程序控制器常见编程语言 ··························· 78
  第二节　控制环节的基本编程举例 ······························· 84
  思考题与习题 ··· 95
第六章　可编程序控制器的系统设计 ····························· 98
  第一节　可编程序控制器控制系统设计的基本内容 ··············· 98
  第二节　可编程序控制器系统设计的应用编程实例 ··············· 103
  第三节　减少可编程序控制器所需输入点数的方法 ··············· 117
  第四节　可编程序控制器常见故障分析 ··························· 120
  思考题与习题 ··· 124
第七章　变频调速系统及其应用 ································· 127

第一节　绪论 …………………………………………………………… 127

第二节　变频器的分类 ………………………………………………… 131

第三节　变频器的组成结构与功能 …………………………………… 135

第四节　变频调速的基本控制方式和机械特性 ……………………… 148

第五节　交-直-交变频器及其变频调速系统 ………………………… 153

第六节　正弦波脉宽调制（SPWM）变频器及其调速系统 ………… 168

第七节　变频器与 PLC 及上位机的连接 …………………………… 178

思考题与习题 …………………………………………………………… 184

第八章　PLC 的网络通信技术及应用 …………………………… 185

第一节　通信网络的基础知识 ………………………………………… 185

第二节　S7-200 的通信与网络 ……………………………………… 189

第三节　S7-200 的通信指令 ………………………………………… 195

第四节　S7-200 的通信扩展模块 …………………………………… 204

思考题与习题 …………………………………………………………… 204

可编程序控制器实验指导 ………………………………………… 205

实验一　F_1 系列 PLC 机器硬件认识及使用 …………………… 205

实验二　F_1 系列 PLC 软元件的使用 …………………………… 208

实验三　基本逻辑指令的编程 ………………………………………… 211

实验四　定时器和计数器的编程 ……………………………………… 214

实验五　电动机控制 …………………………………………………… 220

实验六　彩灯控制 ……………………………………………………… 223

实验七　三相步进电动机控制 ………………………………………… 225

实验八　状态转移图的研究及单流程编程训练 ……………………… 226

实验九　十字路口交通信号灯控制 …………………………………… 230

实验十　全自动洗衣机控制系统 ……………………………………… 235

实验十一　三层楼电梯控制程序 ……………………………………… 239

附录 A　OMRON SYSMAC CPM1A 型 PLC 性能指标 …………… 243

附录 B　OMRON SYSMAC CPM1A 型 PLC 指令表 ……………… 247

附录 C　OMRON CQM1 型 PLC 性能指标 ………………………… 250

附录 D　OMRON CQM1 型 PLC 指令表 …………………………… 255

附录 E　松下电工 FP1 系列可编程控制器性能指标 ……………… 262

附录 F　松下电工 FP1 系列 PLC 指令表 ………………………… 266

附录 G　松下电工 FP3 系列 PLC 指令表 ………………………… 273

附录 H　FX 系列微型可编程控制器简介 …………………………… 290

附录 I　SWOPC-FXGP/WIN-C 编程软件的使用方法 …………… 296

主要参考文献 …………………………………………………………… 307

第一章 概 述

第一节 可编程序控制器的产生

可编程序控制器是一种替代继电器控制系统的新型的工业自动化控制装置，由于它体积小，功能强，可靠性高，操作简单，维修方便等优点，使它在工业电气控制领域中得到了越来越广泛的应用，它是今后实现工业自动化的一种主要手段，因此当今的电气自动化技术人员熟悉它的基本原理，性能特点，掌握它在工业电气控制中的使用方法，是非常必要的。本节从应用角度介绍可编程序控制器的有关基础知识，为后面掌握它在电气控制中的应用打下基础。

一、可编程序控制器的一般概念

电气控制即以电能为控制能源，通过控制装置和控制线路，对工业设备的运动方式或工作状态实现自动控制的综合技术。多年来，人们用电磁继电器控制顺序型的设备和生产过程。对于传统继电接触器控制系统，它是通过导线将各种输入设备（按钮、控制开关、限位开关、传感器等）与由若干中间继电器、时间继电器、计数继电器等组成的具有一定逻辑功能的控制电路连接起来，然后通过输出设备（接触器、电磁阀等）去控制被控设备，也称作接线控制系统。它具有原理简单，容易实现，经济实用等优点。在工业控制领域中长期广泛的被使用。但对于复杂的控制系统而言，往往需要使用成百上千个各式各样的继电器，成千上万根导线用很复杂的方式连接起来。如果其中的一个继电器损坏，甚至一个继电器的某一对触点接触不良，都会影响整个控制系统的正常运行。导线越多，误差也越大。另外若要改变控制任务就必须改变控制系统的元件和接线，重新布置。所以传统的继电器控制系统由于所占空间大，接线复杂，不易维护、功能单一，通用性和灵活性差等缺点，已愈来愈不能满足现代生产工艺复杂多变不断更新的控制要求。显然需要寻求一种新的控制装置，使电气控制系统的工作更加可靠，易于维护，易于更改。

可编程序控制器就是传统继电接触控制系统的替代产品，它将继电控制系统的硬接线控制电路，用体积很小的可编程序控制器来取代，通过运行存于可编程序控制器中的用户程序来完成控制功能，即用软件编程取代了大量的继电器硬接线系统，这样不仅体积大大缩小，成本大大降低，而且易于维护，可靠性大大增强。另外当控制任务改变时，不需要重新改变硬接线系统，只需修改存储器中的用户程序即可，非常方便。图 1-1 是继电器逻辑控制系统框图。图 1-2 是可编程序控制器控制系统框图。

二、可编程序控制器的产生和发展

世界上第一台可编程序控制器 PDP-14 是 1969 年美国数字设备公司（DEC 公司）根据美国通用汽车公司（GM）的要求研制出来的，并在 GM 公司的汽车生产线上首次应用成功，满足了 GM 公司为适应市场需求不断更新汽车型号的要求。

限于当时的元器件条件和计算机技术的发展水平，早期的可编程序控制器主要由分立元件和中小规模集成电路组成。为了适应工业现场环境，它简化了计算机内部电路，中央处理装置采用一位计算机，同时对接口电路也作了一些改进。

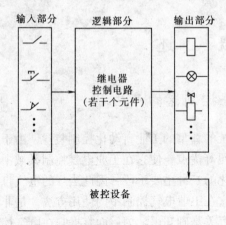
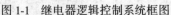
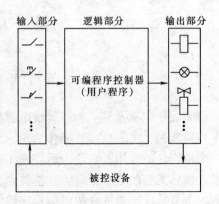

图 1-1 继电器逻辑控制系统框图　　　　图 1-2 可编程序控制器控制系统框图

20 世纪 70 年代中期，随着微电子技术的发展，特别是微处理器（MPU）和微计算机的迅速发展，微处理器具有集成度高，体积小、功能强、价格便宜等优点，很快被用于可编程序控制器中，成为其核心部件，使可编程序控制器的性能价格比产生了新的突破。

由于早期的可编程序控制器只是用来取代继电器控制，主要进行逻辑运算、定时、计数等顺序控制功能，因此称之为可编程序逻辑控制器，用英文书写为 Programmable Logic Controller 简称 PLC。

随着微处理器的应用，使 PLC 的功能大大增强，已经不仅仅进行开关量的逻辑运算，还增加了数值运算、数据处理、闭环调节、模拟量 PID 控制和联网通信等功能。美国电气制造商协会（NEMA）经过 4 年多的调查，于 1980 年正式将其命名为可编程序控制器（ProgrammableController）简称 PC，1985 年 1 月国际电工委员会（IEC）对 PC 的命名作了肯定。但 PC 容易和个人计算机（Personal Computer-PC）相混淆，故我们仍习惯的用 PLC 作为可编程序控制器的缩写，以下我们统一采用 PLC 的表示方法。

随着大规模和超大规模集成电路等微电子技术的快速发展，以其作为核心部件的 PLC 也得到了惊人的发展。从 1974 年的 Z80、8085、M6800 系列，到 1975 年的 16 位或 32 位的 8086、M68000、NS16032、IAPX432 系列等，到 1976 年的 MCS-51 系列、位片式处理器 AMD2900 系列等也日益成熟，使 PLC 不仅控制功能大大增强，可靠性进一步提高，功耗降低，体积减小，成本下降，编程和故障检测更加灵活方便，而且随着数据处理，网络通信、远程 I/O 以及各种智能、特殊功能模块的开发，使 PLC 不仅完成顺序控制、逻辑控制、还能进行连续生产过程中的模拟量控制、采样控制、位置控制等。还可实现柔性加工和制造系统（FMS），它具有逻辑判断、定时、计数、记忆、跳转、步进、移位、数据传送及四则运算等功能。应用面不断扩大，它以其可靠性高，组合灵活，编程简单，维护方便等独特优势，被日趋广泛地应用到机械制造、冶金、化工、交通、电子、纺织、印刷、食品、建筑等各个控制领域，它的应用深度和广度已成为一个国家工业先进水平的重要标志。

2

自第一台 PLC 问世以来，在其后短短的 30 多年间，这项新技术得到了异常迅猛的发展。1971 年，日本从美国引进了这项新技术，并研制出日本第一台可编程序控制器 DSC-8。1973 年欧洲开始生产可编程序控制器。我国从 1974 年开始研制，并于 1977 年开始工业应用。

在全世界上百个 PLC 制造厂中，有 8 家主要生产公司，即日本的立石公司（OMRON）、日本的三菱公司、日本松下电工、美国罗克韦尔（Rockwell）自动化公司所属的 A-B 公司、GE-Fanuc 公司、德国的西门子公司、同属于施耐德自动化公司的美国的 Modicon 公司和法国的 TE 公司。这 8 家公司控制着全世界 80% 以上的 PLC 市场，它们都有自己的系列产品，如小型机：日本立石公司的 SYSMAC CPM1A 系列，三菱公司的 F、F_1、F_2、FX_2、FX_1、FX_0、FX_{ON}、FX_{2C}，西门子公司的 S7-200 型，松下公司的 FP0、FP1 型；大中型机：立石的 CQM1 系列，三菱的 AnA 系列，西门子公司的 SIMATIC S5 155U 系列，日本松下公司的 FP3、FP10SH 系列等等。

近几年 PLC 的推广应用在我国也得到了迅猛的发展。随着大量国外 PLC 的引进，我国不少厂家也研制了一批 PLC，主要生产单位见表 1-1。

国内主要的 PLC 生产单位   表 1-1

序 号	型 号	生 产 单 位
1	CF-40MR，SPC-2	上海东屋电器有限公司（原上海起重电器厂）
2	TCMS-300/D TCMS-400/D	上海工业自动化研究所
3	DKK，D 系列	杭州机床电器厂
4	ZHS-PC01，02，S50	大连组合机床研究所
5	MPC，KB 系列	机械部北京工业自动化所
6	DTK-S-84	天津自动化仪表厂 PLC 分厂（现名诺迪亚 PLC 有限公司）
7	YZ 系列	苏州电子计算机厂
8	ACMY-S80，ACMY-S256	上海香岛机电制造有限公司
9	SLC-100	厦门 A-B 有限公司
10	BCM-PIC	北京椿树电子仪表厂
11	KC-1	广西大学
12	SR-10，SG-8，SR-20/21	无锡华光电子工业有限公司

但总的来说，国产的小型 PLC（I/O 点数 ≤256 点）至今还形成不了完整的系列产品，在功能上与国外的小型 PLC 相差甚远，运算速度比较慢，大多属于中小型低档产品，性能价格比也较高。

三、可编程序控制器的定义

可编程序控制器是继电器控制思想和计算机控制技术相结合的产物，并逐渐发展成以微处理器为核心，集计算机技术，自动控制技术及通信技术于一体的一种广泛应用的新一代工业电气控制装置。

首先它是一个控制器，它所起的作用与继电器控制系统一样，都是对被控对象的状态进行电气控制，但它又是可编程序的，也就是通过软件编程取代了传统的继电器硬接线系统，把继电器线路所表示的逻辑运算关系编成用户程序，通过执行该程序，来完成控制任务，因此它把传统继电器控制技术和现代计算机信息处理两者的优点结合起来，具有体积小，功能强，可靠性高，抗干扰能力强，编程简单，易于维护等优点，是实现机电一体化的理想控制设备。

国际电工委员会（IEC）曾于 1982 年 11 月颁布了可编程控制器标准草案的第一稿，1985 年 1 月又发表了第二稿，在 1987 年 2 月颁布的可编程序控制器标准草案的第三稿中，对它作了如下定义：

"可编程序控制器是一种数字运算操作的电子系统，专为在工业环境下应用而设计。它采用可编程序的存储器，用来在其内部存储执行逻辑运算，顺序控制、定时、计数和算术运算等操作的指令，并通过数字式、模拟式的输入和输出，控制各种类型的机械或生产过程。可编程序控制器及其有关设备，都应按易于与工业控制系统联成一个整体，易于扩充其功能的原则设计。"

可编程序控制器现正成为工业自动化领域中最重要，应用最多的控制设备，作为工业生产自动化三大支柱［可编程序控制器（PLC）、机器人（ROBOT）、计算机辅助设计与制造（CAD/CAM）］之一的可编程序控制器将跃居首位。

第二节　可编程序控制器的特点及应用

一、可编程序控制器的主要特点

（一）编程方法齐全，简单易学

PLC 的编程语言一般有梯形图语言，指令程序，逻辑功能图，顺序功能图，高级语言（如 BASIC、C 语言、Graphcet、FORTRAN 等），最常用的是梯形图编程语言。因为它的电路符号和表达方式与继电器电路原理图十分相似，直观易懂。电气技术人员通过阅读 PLC 的使用手册或接受短期培训，只需几天时间就可以掌握它，而不需要了解计算机原理和电子线路，所以深受电气技术人员的欢迎。这也是 PLC 近年来迅速普及的主要原因之一。

梯形图语言配合顺序功能图，既可以写成指令程序由编程器输入，又可以与计算机联网，直接在计算机上编程。它实际上是一种面向控制过程和操作者的"自然语言"，比任何一种计算机语言都好学易懂。

（二）功能完善，通用性强，应用灵活

PLC 除基本的逻辑控制、定时、计数、算术运算等功能外，配合各种扩展单元、智能单元和特殊功能模块，可以方便、灵活的组合成各种不同的规模和要求的控制系统，可以实现位置控制，PID 运算，模拟量控制，远程控制等等，它的适用性极强，即可控制单台设备，又可组成多级控制系统，即可用于现场控制，又可用于远程控制。

由于 PLC 的系列化和模块化，各种硬件装置配套齐全，相当灵活，可以组成能满足系统大小不同及功能繁简各异的控制系统要求。用户只需将输入、输出设备和 PLC 相应的输入、输出端子相连接即可，安装简单，工作量少。当控制要求改变时，不必更改 PLC 硬件设备，因为软件本身具有可修改性，所以只需修改用户程序就可以达到更改控制任务的目的，PLC 灵活的在线修改功能使它具有很强的"柔性"。

（三）可靠性高，抗干扰能力强

PLC用软件编程取代了继电器系统中容易出现故障的大量触点和接线，这是PLC具有高可靠性的主要原因之一。除此之外，PLC在软件、硬件方面还采取了一系列抗干扰措施以提高可靠性。

PLC的检测与诊断系统可以对系统的硬件、锂电池电压、交流电源、电源电压的范围、传感器和执行器等进行检测，还可以检查用户程序的语法错误等，一旦发现问题，PLC自动做出反应，如报警、封锁输出等。

采用滤波可以对高频干扰信号起到良好的抑制作用，采用光电隔离可以有效的避免外部过大的电压电流对CPU的影响。PLC在内部安装一个硬件定时器——监控定时器（WDT），可以对扫描同期进行监控，使PLC自动恢复正常的工作状态，利用系统软件定期进行系统状态，用户程序、工作环境和故障检测，并采取信息保护和恢复措施。

PLC配备一个EPROM写入器把用户程序备份，以保障停电后信息不丢失，为了适应工业现场的恶劣环境，PLC采用导电导磁材料屏蔽CPU模块和电源变压器，并采用密封、防尘、抗振的外壳封装结构。PLC采用巡回扫描的工作方式也提高了抗干扰能力，另外还采用了求和检查，奇偶校验、冗余结构设计和差异设计等容错技术，使其可靠性大大提高。

通过以上措施，使PLC具有极高的可靠性和很强的抗干扰能力，通常可以承受1kV、$1\mu s$的脉冲串的干扰，保证了PLC能在恶劣的工业现场可靠的工作。据不完全统计，PLC平均故障间隔时间（MTBF）大于$(4\sim5)\times10^4$h，而平均修复时间则小于10min。

（四）系统的安装调试工作量少，维护方便

PLC系统安装只需要将输入、输出设备与PLC输入输出接口对应连接即可，省去了继电器控制系统中大量的中间继电器，时间继电器，计数器等硬件的连接，使其安装工作量大大减少。

PLC的用户程序可以在实验室进行模拟调试。因为它的输入输出接口都有对应的发光二极管来反映状态，所以输入信号可以用微型开关来模拟，输出信号的状态可以观察对应的二极管，在实验室调试成功的用户程序一般在现场都能正常运行，因此减少了现场调试的工作量。

PLC可靠性高，故障率很低，并且具有十分完善的自诊断系统，履历情报存储监视功能，并对其内部工作状态、通信状态、异常状态和I/O点状态均有显示功能，所以一旦PLC系统出现故障时，使用者可以通过PLC上的发光二极管和编程器提供的信息迅速方便地查明故障原因。PLC发生故障的部位80%集中在输入输出等外围装置上。通过更换模块的方法就可以迅速地排除故障。所以PLC维修、维护都很方便，PLC的常见故障分析见本章第四节有详细介绍。

（五）体积小，功耗低

PLC结构紧密，体积小巧，能耗低。OMRON的CPM1A超小型PLC（10个I/O点），功耗小于等于30VA，OMRON的C20P（20个I/O点），功耗小于等于40VA，由于PLC的体积小，易于装入机械设备内部，还可制成占地很少的电气控制柜，是实现机电一体化的理想控制设备。

二、可编程序控制器的主要功能及应用领域

随着PLC的功能增强，性能价格比的不断提高，它的应用范围几乎覆盖了所有工业企业，可以说凡是需要进行自动控制的场合，都可以用 PLC 来实现。如钢铁、化工、电力、机械制造、纺织、汽车、环保、冶金、交通、建筑、食品、造纸、石油、轻工、娱乐等各行各业。据统计，在工业自动化设备中 PLC 在企业中的应用占 82%，名列第一，它的销售额年增长率超过 20%。

它的应用主要有以下几个方面：

（一）开关量逻辑控制

这是 PLC 最基本、最广泛应用的领域，也是工业现场中最常见的一种控制类型，用价格低的小型 PLC 取代传统的继电器顺序控制系统，使逻辑控制线路大大简化，减少了故障率，提高了可靠性，实现单机、多机群以及生产线的自动化控制，如机床电气控制，电机控制中心，包装机械，印刷机械，注塑机，装配生产线，电镀流水线及自动电梯控制等等。

（二）运动控制

国外各主要 PLC 厂家生产的 PLC 几乎都具有运动控制功能，可用于对直线或圆周运动进行控制。早期直接用开关量 I/O 模块连接位置传感器和执行机构，现在用单轴或多轴位置控制模块，高速计数模块等专用的运动控制模块来控制步进电机或伺服电机，PLC 把描述目标位置的数据送给模块，模块移动一轴或多轴到目标位置，当每个轴移动时，位置控制模块能使运动部件以适当的速度和加速度平滑运动。相对来说，位置控制模块比 CNC（计算机数值控制）装置体积更小，价格更低，速度更快，操作更方便。

PLC 的运动控制功能广泛地用于金属切削机床，金属成型机械，机械手，装配机械，机器人，电梯等。

（三）闭环过程控制

PLC 不仅可以进行开关量逻辑控制，还可以进行模拟量控制。PLC 通过模拟量 I/O 模块配用 A/D、D/A 转换模块和智能 PID（Proportional Integral Derivative）模块，实现对生产过程中的温度、压力、流量、速度等连续变化的模拟量进行单回路或多回路闭环过程控制，当控制过程中某个变量出现错误时，PID 控制算法会计算出正确的输出，使这些物理参数保持在设定值上。

这一功能可以用 PID 子程序来实现，更多的是使用专用的智能 PID 模块，此功能已广泛应用到加热炉，锅炉，热处理炉等设备以及电梯的运动控制，空调的温湿度控制等。

（四）数据处理

大中型 PLC 除了进行算术运算外，还具有数学运算（包括函数运算，矩阵运算，逻辑运算等），数据传输，数制转换，比较排序，检索和移位以及查表、位操作、编码、译码等功能，可以完成数据的采集，分析和处理。这些数据可以与存储在数据存储器中的参考值进行比较，也可以用通信功能传送给其他的智能装置，利用它的这个功能，在机械加工中，常把 PLC 和计算机数值控制（CNC）装置组合成一体，组成数控机床，可以实现 PLC 与 CNC 设备之间内部数据的自由传递，数据处理一般用于大、中型控制系统，如：柔性制造系统（FMS），过程控制系统，机器人控制系统等。

（五）通信和联网

大中型 PLC 具有较强通信联网功能，通过 PLC 的网络通信功能模块及远程 I/O 控制模块可以实现多台 PLC 之间的通信，PLC 与上位计算机的链接，组成多级控制系统，实现远程 I/O 控制或数据交换，数据共享，来完成大规模的复杂控制，实现工厂自动化（FA）网络。

常见的形式是多台 PLC 分散控制，由一台上位计算机集中管理，称为集散控制系统。它们之间都采用光纤通信，多级传递。I/O 模块按功能各自放置在生产现场分散控制，然后采用网络联结构成集中管理信息的分布式网络系统。

综上所述，PLC 的应用领域十分宽广，当然并不是所有的 PLC 都能胜任上述全部功能，小型 PLC 只具有上述部分功能，以逻辑控制为主，但因其体积小价格低，在单机自动化中应用特别广泛，而大、中型 PLC 功能全面，具有较高的性能价格比，因此被用在大规模复杂系统的控制中。

PLC 在各行各业中得到了广泛的应用，下面仅就建筑电气自控方面列举一些例子：用于输煤系统，锅炉燃烧系统，灰渣、飞灰处理系统，锅炉的启动，停车系统，发电机、变压器监控系统，料场进料，出料控制，数控机床，传送机械，机器人，自动仓库控制，搅拌机控制，自动配料控制，电梯控制，空调控制，楼宇消防系统控制，楼宇供电照明控制等等。

三、可编程序控制器的发展趋势

目前 PLC 在规模和功能上，随着科学技术的发展更加完善，总的发展趋势是系列化、通用化和高性能化。

（一）大力发展简易经济的超小型 PLC

小型 PLC 一般指 I/O 点数小于等于 256 点的 PLC，小型 PLC 一般采用的是整体式结构，即把 CPU、输入/输出接口、电源、存储器都放在一起，结构紧凑，使用方便。小型 PLC 的应用和发展比大中型 PLC 更快，因为它体积小、价格便宜、性能价格比不断提高，很适合于单机控制、小型自动化或组成分布式控制系统，应用非常广泛。日本公司在小型 PLC 方面占有率很高。现在的小型 PLC 往体积更小（超小型）、功能更强（专用化、模块化）、成本更低的方向上发展。有的微型 PLC 被称为"手掌上的 PLC"，底部面积只有卡片大小，如松下电工公司生产的超小型 FP0 型 PLC，14 个 I/O 点，尺寸仅为 60mm × 90mm × 25mm，可以扩充到 128 个 I/O 点，宽度也只有 105mm。Keyence 公司的 KX-10 型，10 个 I/O 点，尺寸仅为 70mm × 90mm × 43mm。OMRON 的 CPM1A 型超小型 PLC，10 个 I/O 点，底部尺寸仅为 90mm × 67mm。现在有的微型 PLC 已具有了大型 PLC 的高级功能，如 PID 回路调节、中断、高速计数器、PWM 脉宽调制、双精度数字运算、温度控制、很强的通信联网功能等等。

（二）发展大容量，高速度，高性能的 PLC

大型 PLC 一般采用多 CPU 结构，在结构上把 CPU、I/O 接口、电源、存储器都制成独立的模块，可以通过插槽根据实际控制目的任意插接，使 PLC 功能更加强大，速度更快，容量更大。以满足现代化企业中那些大规模、复杂系统自动化的需要。不仅进行开关量逻辑控制，还具备模拟量 I/O 模块和智能 PID 模块，有的 PLC 还具有模糊控制、自适应、参数自整定功能，使速度更快，精度更高，PLC 之间的联网和 PLC 与计算机之间的联网通信，使系统具有屏幕显示、数据处理与文字处理、函数矩阵运算、批处理、故障搜索与自诊断、可调扫描时间、线性插补、数据采集、记录打印等功能。

如松下公司的 FP10SH 系列 PLC 采用 32 位 5 级流水线 RISC 结构的 CPU，可以同时处理 5 条指令，顺序指令的执行速度高达 0.04μs/步。西门子公司的 SIMATIC S5155U 系列 PLC 有 4 个 CPU，同时执行不同的任务，存贮容量可以扩至 100M 字节，可以处理 8192 个开关量 I/O 和 384 个模拟量 I/O。

（三）功能不断增强，各种应用模块不断推出

不断增强其对过程控制（模拟量控制）和数据处理功能；增强 PLC 的联网通信功能，便于分散控制与集中控制的实现；大力开发多种功能模块和应用软件，如智能 PID 模块和 APT 软件，使 PLC 功能更强，更可靠，组成和维护更加灵活方便，应用范围更加扩大。

（四）产品更加规范化、标准化

为了使不同产品间能相互兼容，易于组网，PLC 厂家努力使其基本部件如 I/O 模块，接线端子，通信协议，编程语言和工具等方面的技术规格规范化、标准化，日益向 MAP（制造自动化通信协议，一种七层模拟式，宽频带，以令牌总线为基础的通信标准）靠拢，日益符合 IEC1994 年公布的可编程序控制器标准（IEC 1131）。

（五）与其他工业控制产品融合

1. PLC 与个人计算机的融合

将 PLC 与个人计算机结合在一起，形成一种新型控制装置 IPLC（即集成可编程序控制器）。它的典型代表是金字塔集成器，是 1988 年 10 月由美国的 A-B 公司将大型 PLC-5/250 与美国数字设备公司 DEC 公司的 Micro VAX 计算机，放在同一块 VME 总线底板上组合而成，借助个人计算机强大的数据运算，处理和分析能力，通过 DEC net 网络，用户能与工厂现场直接通信；通过接口模块，此集成器还可以与 A-B 公司的 DH/DH + 通信网络，以太网，MAP/OSI 网联网通信，这种网络价格低，用途广，深受小型工厂用户的欢迎，一般来说集成型 PLC 不直接控制现场设备，它起着沟通 PLC 局域网与工厂级网络的桥梁作用。IPLC 既是 PLC，是能运行 DOS 系统的 PLC，又是计算机，是能用梯形图语言控制输入/输出的计算机。西门子、三菱等许多公司都推出了 IPLC 产品，以每年增加 60% 的速度迅速发展。

2. PLC 与 DCS 的融合

PLC 优于进行开关量逻辑控制，而 DCS（集散控制系统）优于进行模拟量回路控制，二者结合，可以优势互补，形成一种新型的全分布式计算机控制系统。西门子公司生产的 SIMATICPCS 就是两者融合的产物，它集电气控制，过程控制和系统管理于一体，能直接迅速地采集和处理从现场到管理全方位的信息。它能执行梯形图，顺序功能图（SFC）等四种编程语言中任意一种组合形式。

3. PLC 与 CNC 的融合

CNC 即计算机数值控制装置，常应用于机械加工中。把 PLC 与 CNC 组合成一体，组成数控机床，可以实现 PLC 与 CNC 设备之间内部数据的自由传递，在节省成本和节约空间方面有很大的意义。

以上列举了 3 个 PLC 与其他工业控制产品相融合的方面，在这些控制系统中，都采用开放式的应用平台，即网络，操作系统，监控及显示均采用国际标准或工业标准，如操作系统采用 UNIX、Windows、OS2 等，遵循标准通信协议（MAP），可使不同厂家的 PLC 产品连接在一个网络中运行，分别执行不同的功能。

第三节　可编程序控制器与微机，
其他电气控制装置的比较

一、PLC 与继电器控制系统的比较

相同处：PLC 与继电器均可用于开关量逻辑控制，PLC 的梯形图在表达方式上与继电器逻辑控制电路图十分相似，所用的许多电路元件符号也沿用了继电器控制的电路元件符号，仅个别处有所不同，因此 PLC 的内部编程元件往往也称为"继电器"，另外信号的输入/输出形式及控制功能也是相同的。

不同处：

1. 控制工作原理

继电器控制系统控制功能是通过连接硬件继电器（或称物理继电器）来实现的，利用继电器机械触点的串、并联及延时继电器的滞后动作等组合成控制逻辑，其接线多而复杂、体积大，系统误差大，可靠性低，功能单一，更改困难，每只继电器只有 4～8 对触点，所以，灵活性差，扩展性差，而 PLC 的控制功能主要是用软件（即程序）来实现的，它把继电器控制线路所表示的逻辑运算关系编成用户程序，存储在内存中，采用存储器逻辑，称为"软接线"，其接线少，体积小，可靠性高，要改变控制逻辑，只需用编程器在线或离线修改用户程序即可，灵活性好。而且在 PLC 内部的编程元件（或称软继电器）触点数在理论上是没有限制的，可以无限次引用，扩展性很好，功耗低。

2. 工作方式

继电器控制系统是并行的，即某一时刻，各继电器同时处于受约状态，一起执行，该吸合的继电器同时吸合，不该吸合的继电器都因受到某种条件限制不能吸合。因此需设置许多具有制约作用的联锁电路，才能保证系统安全可靠。使控制线路复杂，而 PLC 控制系统是串行的采用巡回扫描的工作方式，各软继电器都处于周期性循环扫描中，受同一条件控制的软继电器动作顺序取决于程序扫描顺序，不存在几个支路并列同时动作的因素，从宏观上看，每个继电器受制约接通的时间是短暂的，故控制设计可大大简化，既使有时为了保证输出端负载动作可靠。也只需将联锁功能用软件编程编制进去，而无需像继电器控制线路那样用增加继电器的方法。

3. 可靠性和可维护性

继电器控制系统虽然结构简单清晰，但因其使用了大量的机械触点，连线复杂，触点开闭时会受到电弧的损坏而导致接触不良，并有机械磨损，寿命短，功耗大，故障诊断与设备维修非常困难，平均修复时间长，因此可靠性和可维护性差。而 PLC 控制系统采用微电子技术，用无触点的半导体电路（软继电器）来完成大量的开关动作，因此它体积小，功耗低，寿命长，可靠性高，PLC 故障率极低，并配有完善的自检和监控功能，检查各种故障并及时显示报警，还能动态的跟踪控制程序的执行情况，有很高的可维护性。

4. 控制速度

继电器控制系统依靠大量触点的机械动作来完成控制任务的，控制速度取决于触点的动作时间，触点的动作时间一般约为几十毫秒，使用的继电器越多，反应速度越慢，工作频率低，另外机械触点还会出现抖动问题，而 PLC 用程序指令来控制软继电器，速度极快，一般一条用户程序的执行时间在微秒数量级，工作频率高，PLC 内部还有严格的同步，不会出现抖动问题。

5. 联网功能

PLC 由于采用了计算机技术，使它的功能很强大，除了具有顺序控制，算术运算等功能，还具有定时、计数、运动控制、数据处理、模拟量控制等功能，尤其是具有远程通信联网功能，与上位计算机形成集散控制系统实现群控等功能，这些是以布线为控制逻辑的继电器控制系统无法实现的。

6. 设计与调试

设计相同功能的控制系统用 PLC 的梯形图比用继电器电路图花费的时间要少得多，因 PLC 内部有大量用软件实现的继电器供设计者使用。如内部辅助继电器、定时/计数器、移位寄存器等等，其触点数量无限，使用次数任意，多用一些编程元件不会增加硬件成本，软件工作量也很少，所以用 PLC 编程简单方便。

继电器控制系统需在硬件安装，接线全部完成后才能进行调试，即必须在线调试。一旦发现问题，进行修改困难，时间长，控制任务越复杂，这一点就越突出，而用 PLC 控制系统梯形图设计，控制柜制作，现场施工可以同时进行，梯形图可以在实验室模拟调试，即可以离线调试，发现问题后修改起来也非常方便，在实验室调试成功的控制程序一般在现场都能正常运行，这样周期短，调试与修改都很方便。

7. 定时与计数

继电器控制系统的定时功能一般利用时间继电器的滞后动作来实现，时间继电器有空气阻尼式，电磁式，半导体式等，它们定时精度较差，调整不方便，且定时精度易受环境温度、湿度高低的影响，而 PLC 内部为用户提供了几十个甚至上百个用集成电路作的定时器，时基脉冲由晶体振荡器产生，精度相当高，定时范围宽，从 0.001s 到若干分钟，采用级联的方法还可以扩大定时范围，且定时时间不受环境的影响，一旦调好不会改变，定时时间调整也很方便，用户只需在程序中改变其设定值即可。同理 PLC 内部为用户也提供了大量的计数器来实现计数功能，计数范围也很广，而继电器控制系统一般不具备计数功能。

8. 价格

对于完成简单的控制任务，如实现开关量逻辑控制，使用少于 10 个继电器的情况下，使用继电器控制系统比用 PLC 经济，价格低，对于完成较为复杂的控制任务，需要 10 个以上继电器的场合，使用 PLC 比较经济。

二、PLC 与微型计算机（MC）的比较

PLC 虽然采用了计算机技术和微处理器，但各有各的特点。见表 1-2。

PLC 与微型计算机（MC）的比较　　　　　　　　　　　　　　　　表 1-2

比较项目	PLC	MC
应用范围	用于工业现场的机械及过程自动化控制的专用机	除用在控制领域外，还大量用于科学计算，数据管理，计算机通信等方面的通用机
工作环境	适应工业现场恶劣环境	计算机房，办公室，家庭等，干扰小，具有一定的温度、湿度要求的环境

比较项目	PLC	MC
工作方式	巡回扫描工作方式	中断处理，等待命令工作方式
输入设备	控制开关、传感器、编程器、通信接口、其他计算机等	键盘、磁带机、磁盘机、光盘、通信接口
输出设备	电磁开关、电磁阀、电动机、指示灯、CRT、打字机等	CRT、打字机、磁盘机、磁带机、穿孔机、音响设备
输入/输出性能	输入输出均采用光电耦合，进行电平转换和电气隔离，输出还采用继电器，可控硅或大功率晶体管进行功率放大	I/O 设备与主机之间采用微电联系，不需要电气隔离
程序设计	一般多采用梯形图符号语言，配合顺序状态功能图使用语句少，逻辑简单，好学易懂，不需要软硬件知识。也可使用 BASIC，FORTRAN，C 语言等高级语言	丰富的程序设计语言如汇编语言、FORTRAN、BASIC、COBOL、PASCAL、C 语言等等，语句语法复杂，不易学，必须是有一定程度计算机软硬件基础的技术人员
系统功能	只有简单的监控程序能完成故障检查，用户程序的输入、修改、执行和监视等	配有较强的系统软件，如操作系统，能进行设备管理，文件管理，科学计算，数据管理，存储器管理等，还配有许多应用软件
特殊措施	因运用于工业现场所以具备抗干扰措施，停电保护措施，动态检测与监控功能，外壳坚固密封、易维护结构等，使其具有高可靠性和高抗干扰性	有断电保护等一般措施因在室内使用对环境要求很高抗干扰能力不强
结构特点	采用模块化结构，可以针对不同的对象和控制需要进行组合和扩展，灵活性好，维护简便	不是模块化结构，维护不简便，需很强的软硬件专业知识
通信联网	PLC 之间，PLC 与上位机之间进行联网通信，在同一系统中，PLC 集中在功能控制方面	微机作为上位机集中在信息处理和 PLC 网络通信管理上，两者相辅相成
运算速度和存储容量	其输入/输出存在响应滞后，故速度较慢，一般接口响应速度为 2ms，巡回检测速度为 8ms/K，因 PLC 所编程序短，软件少，故内存容量小	运算和响应速度快，一般为微秒级，因有大量系统软件和应用软件，故存储容量大
价 格	PLC 是专用机功能较少，其价格是微机的十分之一左右	微机是通用机，功能完善，价格较高

三、PLC 与集散控制系统（DCS）的比较

集散控制系统又叫分布式控制系统 Distributed Control System，（简称 DCS）。主要用于石油、电力、化工、造纸等流程的工业过程控制。

集散系统问世于 20 世纪 70 年代初期，是由回路仪表系统发展而来的，它在模拟量控制及回路调节功能方面具有一定的优势。它随着微处理器（特别是单片机）的出现以及通信技术的成熟而得到了迅猛的发展，它在最初的回路调节功能的基础上，把计算机技术，

信号处理技术，测量控制技术，通信网络技术和人机接口技术有机的结合在一起，相互发展，相互渗透，形成了功能更完善的新一代集散型控制装置，它用计算机技术对生产过程进行集中监视，操作，管理和分散控制，它既不同于分散的仪表控制技术，又不同于集中式计算机控制系统，而是吸取了两者的优点而发展起来的一门新技术。

PLC 是由继电器逻辑控制系统发展而来的，在开关量控制及顺序控制功能方面具有一定的优势。

PLC 在 20 世纪 60 年代末问世之后，随着微电子技术（尤其是位片式处理器的出现）及半导体存储器的发展也得到了迅猛的发展，在初期的逻辑运算功能的基础上，增加了数值运算和模拟量闭环控制功能，还可在 PLC 之间组成网络或与上位机相连，构成以 PLC 为重要部件的初级分散型控制系统。

由上可知，DCS 与 PLC 分别由两种不同的传统设备发展而来，但都属于自动化控制设备，它们的发展均与计算机控制技术有关。并且不论是 PLC 还是集散系统，从发展过程来看，二者是相互渗透，互为补充的，它们的差别已不明显。

现在的大中型 PLC 已增强了模拟量控制功能，可配备各种功能模块和智能 PID 模块，还可以与个人计算机或小型计算机联网，本身也可以构成网络系统，组成分级控制，进行网络通信，现在的集散控制系统也加强了开关量顺序控制功能，使用梯形图语言，既有单回路控制功能，也有多回路控制功能。

从自动化控制系统的发展趋势来看，把 PLC 与 DCS 有机的结合起来，综合它们各自的优势，形成一种新型的全分布式计算机控制系统必将得到迅速的发展。

四、PLC 与工业控制计算机的比较

工业控制计算机，简称工控机，是指能够与现场工业控制对象的传感器，执行机构直接接口，能够提供各种数据采集和控制功能，能够在恶劣的工业环境中可靠运行的计算机系统，最流行的有 STD 总线和 PC 总线工控机。它与 PLC 一样都是专为工业现场应用环境而设计的，但两者又有许多区别，见表 1-3。

PLC 与工业控制计算机的比较　　　　　　　　　　　　　表 1-3

比较项目	PLC	工 控 机
发展基础	由继电器逻辑控制系统发展而来	是在通用微机基础上发展起来的
制造厂家	由电气控制器的制造厂家研制生产	由微机厂、芯片及板卡制造厂开发生产
外部接线	采用接线端子，方便可靠	外部 I/O 接线，使用扁平电缆和插头、插座，直接从印刷电路板上引出，没有 PLC 可靠
控制范围及编程语言	PLC 最普遍的是对逻辑顺序进行控制，编程软件资源不丰富，但梯形图编程语言简单易学，对技术人员要求不高	因有实时操作系统的支持，对要求快速实时性强，模型复杂的工业对象的控制占有优势，可使用微机的各种编程语言，但对技术人员的水平要求较高
通用性	硬件结构专用，各厂家的产品不通用	采用总线式结构标准化程度高，产品兼容性强
可靠性	在结构上采用整体密封或插件组合型，并采取了一系列的抗干扰措施，可靠性很高	对各种模板的电气和机械性能有严格的要求，可靠性也很高
价　格	体积小价格低	价格高不适用开关量控制

思 考 题 与 习 题

1. 什么是可编程序控制器?

2. 可编程序控制器主要特点有哪些?

3. 与一般的计算机控制系统相比，PLC 有哪些优点?

4. 与继电器控制系统相比，PLC 有哪些优点?

5. 说明当代可编程控制器技术发展趋势是什么?

6. 列举 PLC 可以应用的领域。

第二章　可编程序控制器的系统
组成及各部分功能

前面介绍了可编程序控制器的产生、发展、特点、应用及与其他电控装置的比较，可知可编程序控制器是集计算机技术、自动控制技术及通信技术"三电"于一体的一种新型工业控制装置，它在概念、设计、性能价格比及应用领域等方面都有了全新的突破。

因此可编程序控制器既继承了上述技术的优点，又有其自身的特点。这一章重点介绍它的基本结构及各部分的功能，了解一下它的技术指标和分类，这对以后应用程序的设计和编制有着很重要的意义。

第一节　可编程序控制器的系统结构组成

PLC是以微处理器作为核心的专用计算机系统，只是比一般的计算机具有更强的与工业过程相连接的接口和更直接的适应于控制要求的编程语言，所以其基本结构与计算机系统十分相似，虽然各厂家PLC产品种类繁多，功能和指令系统不同，但其结构和工作原理大同小异。

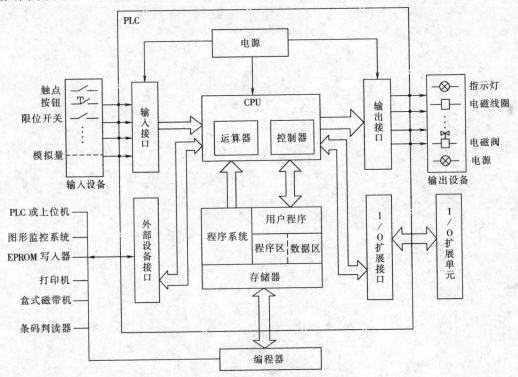

图 2-1　PLC 典型硬件系统结构图

PLC 主要由中央处理单元（CPU）、存储器、输入/输出（I/O）接口、编程器、电源五大部分组成，如图 2-1，是 PLC 典型硬件系统结构图，图 2-2 是 PLC 逻辑结构示意图。

PLC 内部采用总线结构，进行数据和指令的传输，首先使用编程器将用户程序输入到存储器用户程序存储区中，把 PLC 本身看作一个系统，该系统由输入变量→PLC→输出变量组成，各种外部信号如开关信号、模拟信号、传感器检测信号作为 PLC 的输入变量，通过输入接口被 CPU 采集并送入到输入状态寄存器，同时逐条读入并执行用户程序，在 PLC 内部进行逻辑运算或数据处理后，把运算结果传送到输出状态寄存器，并以输出变量的形式通过输出接口去驱动输出设备，达到控制目的。

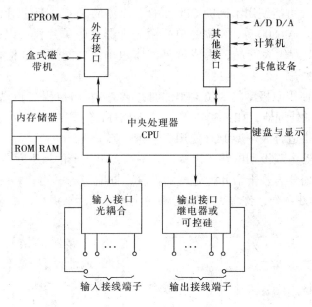

图 2-2　PLC 逻辑结构示意图

第二节　可编程序控制器各部分的作用及常用类型

一、中央处理单元（CPU）

（一）作用

CPU 是整个 PLC 的核心，类似于人类的大脑和心脏，它用来实现各种运算并对整个系统进行全面控制，起着总指挥的作用，从结构图中可以看出，CPU 通过地址总线，数据总线和控制总线与存储器、I/O 接口、编程器、外设接口、I/O 扩展接口相连接，来控制它们。

PLC 根据系统程序指挥各个系统有条不紊地工作，在一个扫描周期内它主要完成以下工作：

（1）输入处理：用扫描的方式检测并采集从现场输入设备（如开关、按钮、触点等）送来的状态或数据，并存入输入映像寄存器或数据寄存器中。

（2）程序执行：接收并存储从编程器输入的用户程序和数据，在运行状态时，按用户程序存储器中存放的先后顺序逐条读取并解释用户程序，按程序规定的任务完成各种运算和操作，分时、分渠道的执行数据的存取、传送、组合、比较和变换等工作。并根据逻辑运算或算术运算的结果存储相应数据，并更新各有关标志位的状态和输出映像寄存器的内容。

（3）输出处理：将最后产生的存于数据寄存器和输出映像寄存器的结果传送给输出电路，（如：指示灯、电磁阀、线圈等），去控制外部负载。

（4）其间响应各种外部设备（如编程器、打印机、上位机、图形监控系统等）的工作请求，监视和诊断 PLC 电源、内部电路、运算过程及编制程序中的语法错误等。

（二）常用类型

不同型号的 PLC 可能使用不同的 CPU 部件，小型的 PLC 一般使用 8 位通用微处理器，如 Z80、8080、8085、M6800 等，8 位的单片微处理器又叫单片机。以美国 INTEL 公司的 MCS-51 系列的 8051 为代表产品，集成度高，体积小，功能强，价格低，很适合在小型 PLC 上应用。

一些中型 PLC 使用双极型的 8 位 CPU，如：N8X3001 可以提高扫描速度。大中型 PLC 使用 16 位或 32 位微处理器，如：8086 等。另外 INTEL 公司的 96 系列 16 位单片机，速度更快，功能更强，很适合大中型 PLC 使用。

位片式微处理器为双极型电路，以 4 位为一片，用几个位片级联，可以使用多个微处理器，将控制任务划分为若干个并行处理的部分，同时进行，可以极大地提高运算速度，代表产品为 AMD2900 系列，许多大型 PLC 都使用这种芯片来提高性能。

二、存储器

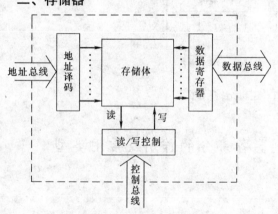

图 2-3　存储器结构示意图

存储器的结构见图 2-3，由存储体，地址译码电路，读写控制电路和数据寄存器组成。

（一）作用

（1）写入：首先将要写入的信息通过数据总线送到数据寄存器，再通过地址总线给出存储单元的地址，地址译码电路选中相应的单元，然后发出"写"命令。这时数据寄存器中的数据就写入到相应的存储单元中了。

（2）读出：首先通过地址总线给出要读的存储单元地址，地址译码电路选中相应的存储单元，然后发出"读"命令。这时，相应存储单元中的内容就读到数据寄存器中了。

存储器的作用是存储、写入、读出信息。

PLC 内部存储器包括两部分：系统程序存储器和用户程序存储器。

系统程序存储器用来存放系统程序（包括系统管理程序、监控程序、用户指令编译解释程序、标准程序模块及调用程序等）相当于微机的操作系统，系统程序质量的好坏，很大程度上决定了 PLC 的性能，系统程序的多少决定了 PLC 的功能强弱。它在 PLC 出厂前已经由生产厂家固化到只读存储器 ROM 中，用户不能更改。它使 PLC 具有基本的智能，能够完成各种控制任务。

用户程序存储器又分为程序存储区（程序区）和数据存储区（数据区）。程序区主要用来存放各种用户程序，数据区主要用来存放输入/输出变量状态，定时器/计数器的设定值，中间继电器元件状态或其他中间结果数据等等。用户程序存储器一般由随机存储器RAM构成，内容可以随时读出并更改。为了防止断电使RAM中的内容丢失，PLC配备了锂电池作为后备电源，其寿命一般为3～5年。

（二）常用类型

系统程序存储器常用类型为ROM，只读不能写，非易失的，断电内容不丢失。

用户程序存储器常用类型有CMOSRAM、EPROM和E²PROM（或EEPROM）。

CMOSRAM是一种耗能很小的随机存储器，可以读写，但是易失的，为了防止断电内容丢失，PLC为RAM配设了锂电池备用电源进行掉电保护，寿命为3～5年，需要更换电池时PLC会通知用户的，这样关断电源后RAM中的内容就不会丢失了。

EPROM是只读存储器，非易失的，但用紫外线照射芯片上的透镜窗口，可以擦除原来的内容，再写入新内容，它是可改写的只读存储器，各种PLC都设有EPROM接口，并配有EPROM写入器，通过它把调试好的用户程序写入到主机外的EPROM中保存起来，留作备用，一旦用户程序因偶然原因遭到破坏，可以通过设定位于EPROM插座内的微型开关，使主机按EPROM中的用户程序运行。

E²PROM也是一种可改写的只读存储器，非易失的，可以用电信号对其进行擦除，并写入新的内容，可以用编程器对它编程，它兼有ROM的非易失性和PAM的可读写性，使用很方便，它比RAM和EPROM价格高一些。

由于系统程序存储器只读不能随意存取，所以在PLC产品手册中所给出的存储器类型和容量通常都是针对用户程序存储器而言的，常用"字"来表示存储器容量（每个字为16位二进制数），有的PLC用"步"来表示，每一步存储一条指令。

三、输入/输出（I/O）接口

（一）作用

输入/输出（I/O）接口，是将PLC与现场各种输入，输出设备连接起来的接口或称模块，起到的是桥梁作用，输入模块的主要作用是通过输入端子接收和采集来自外部输入设备的输入信号，并将这些信号转换成CPU所能接受和处理的数字信号，送入输入映像寄存器，供CPU进行控制，包括两大类信号：一类是从操作按钮、限位开关、光电开关、选择开关、行程开关、数字拨码开关，继电器触点、接近开关、压力继电器等送来的开关量输入信号；另一类是由变送器、电位器、测速发电机、热电耦等送来的模拟量输入信号。

输出模块的主要作用是将经CPU处理过的在输出映像寄存器中的输出数字信号（1或0）传送给输出端的各种执行元件（如接触器、电磁阀、指示灯、数字显示装置、调节阀、调速装置等），从而控制它们的状态。

I/O模块除了桥梁作用，还具有电平转换和电气隔离作用。因为PLC的输入/输出信号电压一般较高，直流24V，交流是220V。而CPU模块的工作电压一般是5V，所以输入电平转换能把现场送入PLC的不同等级电压、电流信号转换成CPU能够接受的标准电平信号；输出电平转换能将CPU产生的低电平逻辑信号转换成外部负载所需的电压信号。

另外，从现场进入的尖峰电压等强电信号和干扰噪声会损坏 CPU，使其不能正常工作，所以 CPU 模块不能直接与外部输入/输出设备相连，通过 I/O 接口，因其采用了光电耦合电路具有光电隔离作用，使 PLC 与输入/输出设备没有电的联系，从而大大减少了电磁干扰，保护 CPU 正常工作，提高了可靠性。

每一个 I/O 点都有固定的编号，每一种 PLC 都有自己的编号原则。每一个输入点对应着输入映像寄存器的某一位，每一个输出点对应着输出映像寄存器的某一位。因此可以把 I/O 状态用软件编在程序中进行逻辑运算。并且在 PLC 面板上对应每一个 I/O 点都配有发光二极管来显示其状态，可方便直观地监视 I/O 状态，还可对所编软件进行离线模拟调试。

（二）基本线路和原理

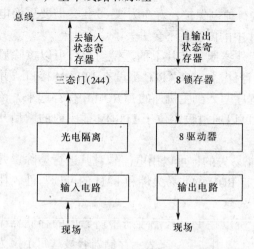

图 2-4　开关量 I/O 模块框图

PLC 的 I/O 模块种类和数量很多，但基本线路和原理大致相同，下面以应用最广泛的开关量 I/O 模块为例，介绍其基本线路及原理。开关量 I/O 框图见图 2-4。开关量 I/O 模块的输入输出信号只有接通和断开两种状态，电压等级有直流 5V、12V、24V、48V、110V 和交流 110V、220V 等，开关量 I/O 模块 I/O 点数可以有 4 点、8 点、16 点、32 点、64 点。

1. 输入模块基本线路

输入模块根据使用电源的不同分为直流输入型、交流/直流输入型和交流输入型。

图 2-5（a）是直流输入接口电路与输入设备的连接示意图，各输入开关应并联在直流电源上。COM 是它们的公共端。输入回路所用的直流电源，一般由 PLC 内部提供，不需用户外接，用户只需用导线将各输入开关的一端接在相应输入端子上，另一端一起接在直流电源的负极上即可。有些 PLC 的电源与各输入回路已在机内连接好，外部只需连接无源触点即可。有的 PLC 还可以为接近开关、光电开关之类的传感器提供 24V 电源，见图 2-5（b）。从图 2-5（a）中可见，当外接开关（按钮、触点等）闭合时，输入回路接通。光电耦合器中的发光二极管就产生与输入端信号变化规律相同的光信号，光敏三极管在光信号照射下饱和导通，将光能转换成电能，此电信号与输入信号是一致的，那么，输入信号经过光电耦合后再经过反相器，把高电平变为低电平，就被送入存储器上的输入映像寄存器中，供 CPU 作逻辑或算术运算用，同时 PLC 面板上相应的发光二极管亮。图中的 470Ω 和 3kΩ 电阻组成分压器，二极管 D 防止反极性的直流信号输入。

从光电耦合器的工作原理可以看出，它经过"电—光—电"这个过程，把输入电信号传给了 PLC 内部电路，但它们之间并无电的联系。因此输出端的信号不会反馈到输入端，也不会产生地线干扰或其他串扰，由于输入端是发光二极管，其正向阻抗大约是 100 ~ 1000Ω，因此输入阻抗较低而外界扰源的内阻都较大，所以干扰源能馈送到输入端的干扰噪声很小，另外由于干扰源的内阻较大，虽产生较高的干扰电压，但只能产生很弱的电

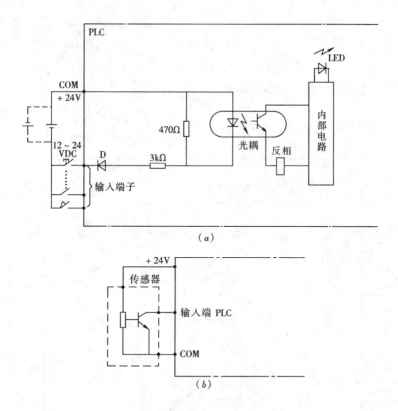

图 2-5　直流输入接口电路

流，而发光二极管只有通过一定量的电流才能发光，这就抑制了干扰信号，总之，通过这种电性能的完全隔离，可以防止现场干扰串入 PLC，增强了 PLC 的抗干扰能力。

图 2-6 是交流/直流输入电路图。当输入触点接通后，交流/直流输入信号经过滤波和整流变换为直流电路，再通过光电耦合器把信号传给 PLC 内部电路。

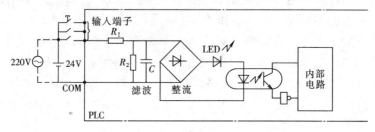

图 2-6　交流/直流输入接口电路

图 2-7 是交流输入电路图。其基本原理与直流输入模块相似，只是使用交流电源，光电耦合器中有两个反并联的发光二极管，这样的光耦电路不仅起到电气隔离作用，还对交流信号起到整流作用。同交流/直流输入电路一样，在输入电路中设有 RC 滤波电路，是为防止由于输入触点抖动或外部干扰脉冲引起的错误的输入信号。滤波电路延迟时间的典型值为 10 ~ 20ms（信号上升沿）和 20 ~ 50ms（信号下降沿），输入电流约 10mA。交流输入所需的交流电源 PLC 一般不提供，需用户外接，其电压等级为 110V 左右。

输入模块的外部接线方式通常有三种：汇点式、分组式和分隔式。见图 2-8。

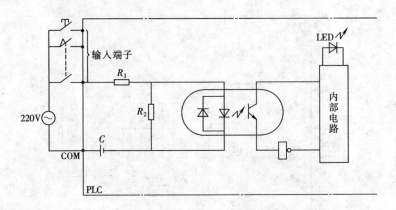

图 2-7　交流输入接口电路

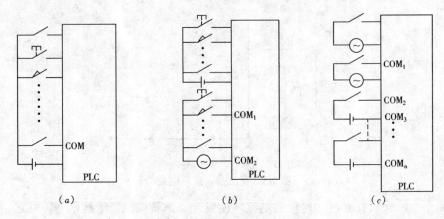

图 2-8　输入模块的接线方式

（a）汇点式；（b）分组式；（c）分隔式

　　汇点式接线的特点是各输入回路只有一个公共端 COM，共用一个电源，这种方式适用于使用一种电源的情况。图 2-5 和图 2-7 就是汇点式接线方式；分组式接线的特点是把全部输入点分成若干组，每组点数不等，每组有一个公共端 COM，共用一个电源，可以分别使用不同的电源。通常是把使用直流电源的所有输入点放在一组，把使用交流电源的所有输入点放在一组；分隔式接线的特点是每一个输入回路都有一个公共端 COM，由单独的一个电源供电。每组可以使用不同的电源，各输入点是相互隔离，彼此独立的。

　　2. 输出模块基本线路

　　为了适应不同类型的输出设备负载，PLC 输出模块电路中使用不同的功率放大元件，根据其输出开关器件的不同 PLC 的输出模块通常有以下三种方式：继电器输出型、晶体管输出型和双向可控硅（晶闸管）输出型，分别如图 2-9、图 2-10、图 2-11 所示。

　　继电器输出型属于有触点输出方式，当 PLC 要输出控制信号时，CPU 将存于输出映像寄存器中的最终输出信号送至该路输出端，经反相后，将低电平变成高电平，使微型继电器线圈通电，同时发光二极管发光显示，继电器触点闭合使外部负载回路接通。可见继电器不仅起功率放大的作用，还起到隔离作用，同输入模块电路的光电耦合作用一样，提高 PLC 的可靠性，它可用于接通或断开开关频率较低的直流负载或交流负载回

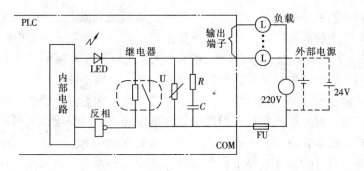

图 2-9　继电器输出接口电路

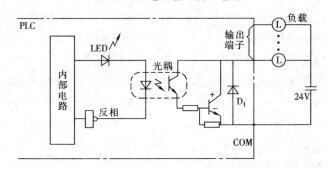

图 2-10　晶体管输出接口电路

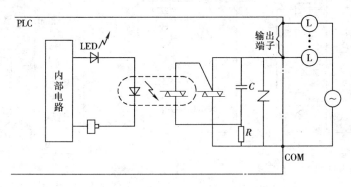

图 2-11　双向可控硅输出接口电路

路。由于它只为负载提供一个接通信号（触点闭合），不为负载提供电源，所以负载工作电源由用户外部提供，根据负载要求，电源可以是直流（5～24V），也可以是交流（80～250V）。

与触点并联的 RC 串联电路和压敏电阻起能量吸收作用，以消除触点断开时产生的电弧。当负载使用交流供电时熔断器 FU 起保护作用，以防止因电磁铁性负载被卡住等故障而产生很大的电流，使负载线圈过热烧毁或将继电器触点烧熔。现在，某些新式的模式用非破坏性的电子保护电路代替熔断器。

继电器输出方式存在微型继电器触点的电气寿命和机械寿命问题。当使用阻性负载时，它的电气寿命一般为 50 万次左右，当使用感性负载时，一般为 10 万次左右。

晶体管输出型为无触点输出方式，输出信号经反相器，再经光电耦合器送给晶体管或场效应管，它们的饱和导通和截止状态相当于触点的接通和断开。图中的稳压器 D1 用来防止负载失电时产生的高电压将光耦及晶体管击穿。晶体管和场效应管电路的延迟时间都很小，小于 1ms，开关动作快，寿命长，可用于接通或断开开关频率较高的负载回路。晶体管输出型由用户提供电源且是只能带直流电源负载，极性不能接反。

双向可控硅输出型也是无触点输出方式。它的工作原理与晶体管输出型基本相同，当输出信号经相反器，再经过光电耦合器送给双向可控硅，使其导通，负载得电。它用光电可控硅实现隔离，由于它也是无触点输出方式，延迟时间也很短，开头动作快，寿命长，也可用于接通或断开开关频率较高的负载回路，只是它必须带交流电源负载，并由用户外部提供。

并联在双向可控硅两端的 RC 吸收电路和压敏电阻，用来抑制负载的关断过电压和外部的浪涌电压，保护双向可控硅。

从以上三种类型的输出电路可以看出，用户可以根据不同的控制要求选用输出电路，一般低速、大功率负载采用继电器输出型；高速、小功率可用晶体管输出型；高速、大功率采用双向可控硅输出型。而且 PLC 都具备这三种输出方式，把它们做成模块式，可随意插拔，更换起来十分方便。

输出模块的接线方式也有汇点式、分组式和分隔式三种方式，如图 2-12 所示其特点与输入模块接线基本相同，这里不再重复。

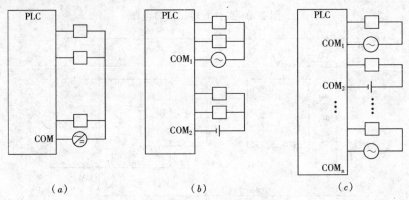

图 2-12　输出模块接线方式
(a) 汇点式；(b) 分组式；(c) 分隔式

(三) 常用类型

PLC 的 I/O 模块种类繁多，通过它可以实观各种各样的控制目的。其中开关量 I/O 模块是最常用的，应用最广泛的，也是 PLC 的主控模块，实现基本控制功能。另外还有各种高功能模块，可实现某一种特殊的专门功能，它的数量多少，功能强弱，常是衡量 PLC 产品水平高低的一个重要标志。目前已开发的常用高功能模块有：

1. 模拟量 I/O 模块

通过 A/D 转换 (输入) 和 D/A 转换 (输出) 实现模拟量 (如温度、流量、速度、压力、位移、电动阀门、液压电磁铁等) 的控制。初期一般只有大、中型 PLC 具有模拟量 I/O 模块，目前随着技术的发展及应用的广泛，超小型 PLC 也具有模拟量控制功能。每个模拟量 I/O 模块可能有 2/4/8/16 路输入或输出通道，每路通道的 I/O 信号电平为 1~5V/0

22

~10V/－10~＋10V，电流为2~10mA，通常是分开的，也有放在一起的。

图2-13是模拟量输入电路的示意图，多路转换开关将各路模拟信号分时地送给A/D转换器，光电耦合器将转换后的数字信号送入PLC的数据总线。

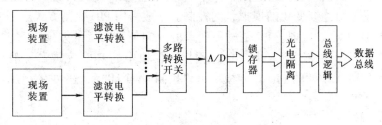

图2-13　模拟量输入电路

图2-14是模拟量输出电路的示意图。数字信号经锁存器和光电耦合器送给D/A转换器，多路开关将转换后的模拟信号分别送给各个采样保持器，模块可以输出模拟电压U_0，也可以输出模拟电流I_0。

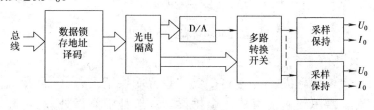

图2-14　模拟量输出电路

A/D、D/A转换器的二进制位数越多，精度越高，小型PLC一般使用8位A/D、D/A模块，大中型PLC一般使用10位或12位A/D、D/A模块，可以配置成百上千个模拟量通道。

2. 拨码开关模块

由于PLC内部的定时器/计数器，其设定值和经过值都以BCD码的形式存在，使用拨码开关模块，可以通过拨码盘，直接按十进制拨码，给定时器/计数器直接置数。如图2-15，表示了与一个拨码盘对应的拨码开关输入模块的工作示意图。每位拨码盘有十个输入端，四个输出端，可拨入0~9中一位十进制

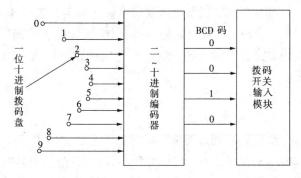

图2-15　拨码开关模块工作示意图

数。例如将拨盘拨到数字"2"上，则经二~十进制编码后，输出二进制代码（BCD码）0010，送入拨码开关模块输入口，送入PLC内部。如果要用四位十进制数预置，就需要用四位拨码盘拨数。

3. 高速计数模块

当外部输入的脉冲信号频率很高时，PLC内部普通计数器无法响应，需配备高速计数模块。它可以对来自旋转编码器、电子开关、数字码盘等装置的几十kHz甚至上MHz的

脉冲进行计数。它一般都带有微处理器，有一个或几个开关量输出点，当计数器的当前值等于预置值时相应的输出被驱动，与 PLC 的扫描过程无关。

4. PID 过程控制模块

过程控制是指对连续变化的模拟量的控制。一般采用 PID 控制方式。图 2-16 是 PID 控制方框图。图中 SP 是设定值，PV 是过程变量的反馈值，二者的差值是误差 e。Q 是 PID 调节器的输出量。闭环控制运算由 PID 过程控制模块中的 CPU 完成，一般可以控制多个闭环。如三菱公司 A 系列的 PID 控制模块可以控制 64 个闭环，还可在 CRT 上监视调节状态。

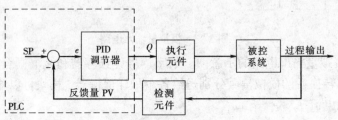

图 2-16　过程控制方框图

5. 通信接口模块

当 PLC 需与上位计算机、其他 PLC 或一些智能控制设备（如显示器、打印机等）联网进行通信时，需用到通信模块这个桥梁。一般都带有微处理器，提供 1~4 个串行通信接口。如三菱公司的 A 系列 PLC 的 AJ71C24 通信模块有两个串行接口，一个是 RS-232C，另一个是 RS-422，可以实现点对点的通信和主从通信。使用 RS-232C 通信时，最远距离 15m；使用 RS-422 通信时，最远距离为 500m，数据传输速率可达 19.2k 波特率。

近年来高功能模块的发展很快，种类日益增多，功能也越来越强，如速度控制模块、快速响应模块、BCD 码输入/输出模块、运动控制模块、中断输入模块、数据处理与控制模块、位置控制模块、温度控制模块、串行通信模块等等。具体可参阅相关的 PLC 产品手册。

四、编程器

（一）作用

编程器是 PLC 最重要的外部设备，是人机联系和对话的接口。使用者用它输入所编制的用户程序，不仅可以对程序运行情况进行监视，还可以用它读出、检查、修改和调试用户程序，并可监视 PLC 系统的工作状态、故障诊断、显示或修改系统寄存器的设置参数等。高级的编程器还可以将程序贮存在磁带或磁盘中，驱动打印机可以打印出带注解的梯形图程序或指令表程序。

（二）常用类型

编程器按功能不同，可分为简易编程器、图形编程器和智能编程器。

简易编程器又叫指令编程器，因它不能直接输入和编辑梯形图程序，只能输入指令而得名。有的简易编程器用七段显示器显示用户存储器地址和编程元件的编号，用发光二极管来显示指令的种类，如三菱公司 F1-20P-E 简易编程器。还有的简易编程器用液晶点阵式显示屏逐条（两行）显示指令程序、继电器状态或错误信息，显示面积为 2×16 字符。如 OMRON 公司的 PRO15-E 型简易编程器，松下电工的 FP1-C24C 编程器（见图 2-17）。

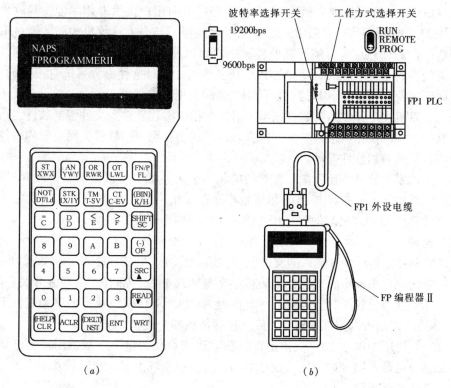

（a）   （b）

图 2-17 松下 FP1-C24C 编程器及其与 PLC 的连接

如图可见，简易编程器体积很小，除了显示屏，还有各种开关，指示灯和键盘，键盘上有数字键、指令键、功能键。因此功能比较强。使用时可以直接插在 PLC 的编程器插座上，或用编程电缆与 PLC 连接，以便用户可以在距 PLC 一定距离的地方进行操作（见图 2-17）。由于它体积小，操作方便，价格便宜，小型 PLC 都使用它，也可在现场进行调试和维修。

图形编程器显示屏面积较大，可以直接输入和编辑梯形图程序。使用起来更直观、方便，它有两种类型：一种是液晶显示图形编程器，一般是手持的，它有一个大型的可以显示梯形图的点阵式液晶显示屏；另一种是用 CRT 显示图形编程器，是台式的，大多数是便携式的（见图 2-18），它的显示屏比液晶显示器大，功能也更强一些。

图形编程器一般都有盒式磁带录音机接口和打印机接口，可以在线编程，也可以离线编程。但价格比简易编程器要高。

简易编程器与图形编程器都属于专用编程器，只

图 2-18 CRT 图形编程器

适用于某一生产厂家的某系列 PLC 使用，与其他系列 PLC 产品一般不能通用，各生产厂家的编程器都不通用。

智能型编程器克服了以上缺点，它实际上就是一台价格便宜，功能很强，通用的个人计算机（IBM PC/AT 及其兼容机），由 PLC 生产厂家向用户提供专用编程工具软件，通过 PLC 的 RS232C 外设通信口（或 RS422 口配以适配器）与个人计算机相联，通过编辑，运行工具软件，来对 PLC 进行编程和监控。用户可以使用现有的个人计算机，可以在硬件设备投资较少的前提下形成高性能的 PLC 开发系统。同时这种编程系统有很好的通用性，对于不同厂家的 PLC 产品，只需更换厂家提供的应用软件即可。

个人计算机程序开发系统软件相当丰富，包括：编程软件，文件编制软件，数据采集和分析软件，实时操作员接口软件，仿真软件，运动控制程序软件，网络管理软件，各种智能控制设备的编程软件等等。

如此多的系统软件，使智能编程器功能相当强大，如：可以编制、修改梯形图程序；监视 PLC 系统的运行；打印梯形图和指令程序；采集和分析数据；对工业现场和系统仿真；实现计算机和 PLC 之间的程序相互传送，作为网络管理器等等。

五、电源

PLC 的电源是指将外部输入的交流电经整流、滤波、稳压等处理后转换成 PLC 内部电路工作需要的直流电源电路或电源模块。小型整体式 PLC 内部有一个直流开关稳压电源，此电源稳压性能好，抗干扰能力强。一方面可为 CPU、I/O 模块及扩展单元提供工作电源（5VDC），另一方面可以为外部输入元件（包括传感器）提供 24VDC。

PLC 一般使用 110V、220V 交流电源，驱动现场负载的电源一般由用户自己提供。使用时务必注意电源类型和幅值，若使用不当，会直接损坏 PLC 的电源模块。

六、I/O 扩展接口

PLC 的主机称为基本控制单元或基本模块，它们本身带有一定数量 I/O 点数，小型的一般在 12～64 点之间，大型的一般在 2000 多点以上。当基本模块的 I/O 点数不能满足控制要求时，可以通过 I/O 扩展接口用扁平电缆加接 I/O 扩展单元，以增加 I/O 点数。I/O 扩展单元是一些单纯的 I/O 模块的组合。一般来讲，加接扩展单元后 I/O 点数成倍扩展，小型的 I/O 点数可达 120 点左右。

七、外部设备接口

外部设备接口可将编程器、上位计算机、图形监控系统、EPROM 写入器、打印机、盒式磁带机、条码判读器等外部设备与主机 CPU 连接，以完成相应操作，增加 PLC 功能。

其中打印机可以打印带英文注释的梯形图程序或指令表程序清单及系统运行过程中对报警的种类和时间，这些信息对于系统的调试、维修、改造和扩展是非常有用的。

EPROM 写入器用来把用户程序备份到 EPROM 中去，存放在 EPROM 中的程序不会因断电而丢失。一但 CPU 内部的用户程序遭到破坏，可以运行 EPROM 中的用户程序。同一 PLC 系统能够完成各种不同控制任务的用户程序，可以分别写入到几片 EPROM 中，在改变系统的控制目的时只需要更换 EPROM 就可以了，非常方便。

以上我们了解了可编程序控制器的基本结构及各部分作用，下面我们介绍可编程序控制器的工作原理。

<h2 style="text-align:center">思 考 题 与 习 题</h2>

1. 构成 PLC 的主要部件有哪些?

2. 简述 CPU 模块在 PLC 中的主要作用。

3. 用户程序存储器的常用类型有哪些?

4. 简述开关量输入模块的基本类型。

5. 开关量输出模块有哪几种类型,各有什么特点?

6. PLC 输入/输出模块的外部接线有哪三种方式?各有什么特点?

7. 试从 PLC 硬件软件设计特点来分析 PLC 有高可靠性,抗干扰能力强的原因。

8. 为什么说 PLC 的接线简单?

第三章　可编程序控制器的工作原理

可编程序控制器是传统继电控制系统的替代产品，它应用计算机技术，把继电器线路表示的逻辑运算关系编成用户程序，通过执行这些软件程序来完成控制任务。所以从整个 PLC 控制系统来看，它与继电器控制系统和计算机技术既有相似的特点又有它自身的特点。

第一节　可编程序控制器的工作方式

它的梯形图程序就与继电器系统电路图很相似，它所使用的编程元件在功能上也与继电器系统中的物理继电器有相似之处，只不过它是无触点的概念元件，常称为"软继电器"。但它在工作方式上与继电器控制系统是不同的。继电器控制系统采用的是并行工作方式，以图 3-1（a）为例，当按下起动按钮 SB1 后，中间继电器 K 通电，K 的两个触点闭合，使接触器 KM1，KM2 同时通电动作，它的三条支路是并行工作的。

但对于同一个控制任务，PLC 由于是以微处理器为核心的，它通过执行用户程序来完成控制任务的，如图 3-1（b），当 PLC 运行时，用户程序中有大量的操作需要执行，但 CPU 采用的是串行工作方式，不能同时去执行多个操作，它只能分时、分渠道的按程序顺序，逐条的处理，依次完成相应各元件的动作。但由于运算速度极高，从输入/输出关系的宏观上看，逻辑处理过程似乎是同时完成的，这种按一定顺序分时执行各个操作的工作方式，称为对程序的扫描。

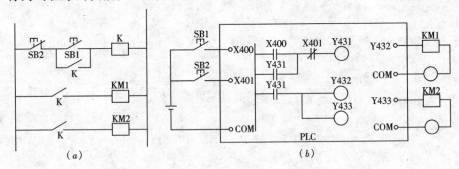

图 3-1
（a）继电器控制系统；（b）PLC 控制系统

虽然 PLC 也具有微机的许多特点，但在工作方式上与微机区别很大，有其自己的特点，我们知道微机一般采用中断处理和等待命令的工作方式，如常见的键盘扫描方式或 I/O 扫描方式，当有键按下或 I/O 动作，则转入相应的子程序或中断服务程序，如果没有键按下，则继续扫描等待。而 PLC 最大的一个特点是采用"循环扫描"的工作方式。

一、循环扫描原理

PLC 有两种基本的工作状态，即运行（RUN）状态和停止（STOP）状态，如图 3-2 所示，当 PLC 运行时，CPU 从 0000 号存储地址存放的第一条用户程序开始，按指令步序号递增的顺序逐条的执行用户程序，

如果没有中断或跳转指令，它将从上到下，从左到右的顺序扫描下去，并且一边扫描一边执行，直到最后一条程序结束。但扫描并没结束，而是再重新返回程序的起始地址，开始新的一轮扫描。在每次扫描过程中，还要完成对输入信号的采样和对输出状态的刷新等工作。如此周而复始地重复下去，直到 PLC 停机或切换到 STOP 工作状态，这个过程就叫做"循环扫描"。

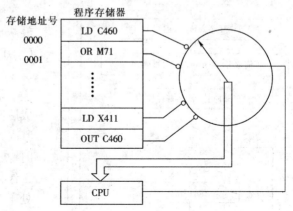

图 3-2　PLC 循环扫描示意图

扫描全部用户程序一次所用的时间称为"扫描周期"或"工作周期"，它主要取决于以下几个因素：CPU 执行指令速度、每条指令占用的时间，I/O 点的状态以及程序的长短等等，不同指令其执行时间是不同的，从零点几微秒到上百微秒不等，故选用不同指令所用的扫描周期将会不同。

PLC 工作方式的另一个特点是建立输入/输出映像区。

二、建立输入/输出映像区

PLC 在每一扫描周期的输入采样阶段，以扫描方式按顺序从输入锁存器中读入所有输入端子的通断状态或输入数据，将其存入用户存储器中的输入映像寄存器（PII）中，建立了"输入映像区"，CPU 在执行用户程序时所需的输入状态均在输入映像区中取用，而不是随机地直接到输入接口去取。因为所有输入信号是集中被采集的，严格的说每个输入信号的采集时间是不同的，但 CPU 的采样周期很短，细微的时间差不会对控制带来明显的影响，所以可以认为输入映像区中每一位的状态是同时建立的。

PLC 在执行用户程序过程中，不是产生一个输出信号就向外输出一个，而是先将它们存放在用户存储器的输出映像寄存器（PIQ）中，称之为"输出映像区"。当所有用户程序执行一遍后，将所有存放在输出映像区中的输出信号集中被送至输出锁存器中，并通过一定输出方式向输出模块输出，推动外部相应执行元件工作。

PLC 的输入/输出映像区（I/O 映像区）的建立，使 CPU 在执行用户程序所规定的运算时并不与实际控制对象直接联系，而是只与 I/O 映像区的状态相关，这就为 PLC 的系列化、标准化生产创造了条件。

第二节　可编程序控制器的工作过程

一、PLC 工作的全过程

见图 3-3。

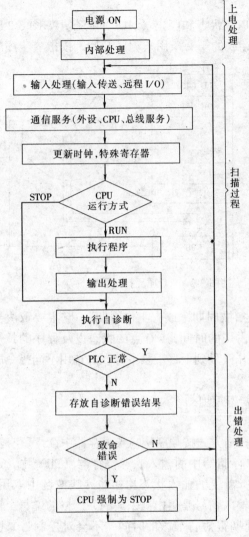

图 3-3 PLC 工作过程流程图

从图中可见，PLC 一个扫描周期的工作过程可分为三部分：

第一部分是上电处理。系统通电后进行一次初始化工作，包括检查内部硬件和 I/O 模块配置是否正常，复位监控定时器（WDT），停电保持范围设定及其他内部处理工作。

第二部分是扫描过程。PLC 内部处理完成后就进入扫描工作过程，先完成输入处理，其次完成与其他外设的通信处理，再次进行时钟、特殊寄存器更新。当 CPU 处于 STOP 工作状态时，转入执行自诊断检查。当 CPU 处于 RUN 工作状态时，完成用户程序的执行和输出处理，再转入执行自诊断检查。

第三部分是出错处理。PLC 每扫描一次，执行一次自诊断检查，如 CPU、电池电压、程序存储器、I/O 接口、通信等是否异常，来保证系统的正常运行。如有异常时，CPU 面板上的 LED 及异常继电器会接通，在特殊寄存器中会存入出错代码。当出现致命错误时，CPU 被强制为 STOP 状态，PLC 停止工作。

下面我们对 PLC 的主要工作过程：扫描过程进行详细的分析（暂不考虑远程 I/O 模块、其他通信服务等），见图 3-4。从图中可以看出，PLC 的主要工作过程大体可分为三个阶段：

（一）输入采样阶段

PLC 输入采样阶段也就是建立和更新输入映像区阶段。在此阶段中，PLC 首先扫描所

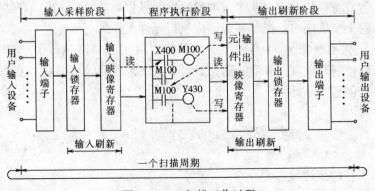

图 3-4　PLC 扫描工作过程

有的输入端子，将各输入状态存入内存中各对应的输入映像寄存器中，以备执行用户程序时使用。然后关闭输入端口，进入程序执行阶段。在这期间输入映像寄存器不接收信息，无论输入信号如何变化，输入映像区中的内容也不会随之而变，直到下一个扫描周期的输入采样阶段，才能把输入信号的变化读入到输入映像寄存器中，刷新原来的内容，这称之为"输入刷新"。

（二）程序执行阶段

在此阶段中，PLC遵循"从上到下、从左到右"的原则逐条扫描用户程序，并且一边扫描，一边执行，指令中所需的任何逻辑变量的状态均可从输入映像寄存器和元件映像寄存器（有内部辅助继电器、定时器、计数器、输出继电器等）中读入，经过程序规定的运算处理后，将结果再写入元件映像寄存器中。由此可见，对于每一个元件（内部"软"继电器）来说，在元件映像寄存器中的状态会随着程序的执行进程而改变。

（三）输出刷新阶段

当听有指令执行完毕后，输出映像寄存器（即输出映像区）中所有输出变量的状态（ON/OFF）被CPU集中地送至输出锁存器中，再经输出模块隔离和功率放大后去驱动外部负载，这就是"输出刷新"。对于那些在一个扫描周期内状态没有发生变化的逻辑变量，就输出与前一个周期同样的信息，因而也不引起相应元件状态的变化。

经过输入采样、程序执行和输出刷新这三个阶段，完成一个扫描周期。然后以同一方式反复重复这个过程，这就是PLC的循环扫描的工作过程。

二、输入/输出滞后现象

由于PLC在一个扫描周期内，只对输入状态采样一次，对输出状态更新一次，不能即时的采集和输出，使PLC输出相对于输入的变化有一定的响应延迟，降低了系统的响应速度，即存在输入/输出滞后现象。下面通过例子来说明，见图3-5所示。图3-5（a）是梯形图，3-5（b）是各变量的状态时序图，通过它ON/OFF状态反映各继电器接通或断开。

在第一个扫描周期的输入采样阶段之后外部输入触点才接通，所以输入继电器X400为OFF状态。那么输出继电器Y430、Y431、Y432的状态也为OFF。在第二个扫描周期的

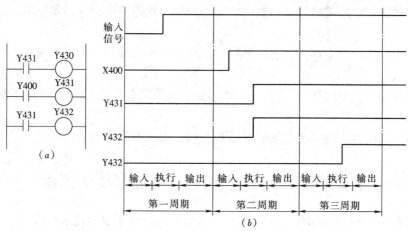

图3-5　PLC的输入/输出响应延迟

（a）梯形图；（b）各变量状态时序图

输入采样阶段，X400 由 OFF 变为 ON 状态，由于 PLC 对梯形图是自上而下，自左而右进行扫描的，且一边扫描一边执行，所以在程序执行阶段，梯形图中的 Y431 线圈被 X400 的触点接通，变为 ON，同时它的触点又使 Y432 线圈接通，也变为 ON，Y430 线圈仍为 OFF。第三个扫描周期由于 Y431 线圈为 ON，在程序执行后将 Y430 线圈接通，变为 ON。在输出刷新阶段，Y430 对应的外部负载被接通。

从上述分析可见，在输入信号接通后，输出将出现响应延迟。输出线圈 Y430 滞后 X400 大约一个扫描周期，而滞后外部输入信号大约两个扫描周期。如果将梯形图的第一行与第二行交换位置，分析可知 Y430 对输入信号滞后约一个扫描周期，所以滞后时间与梯形图的设计方法有关。

除 PLC 的扫描工作方式和梯形图设计方法之外，输入/输出滞后时间还与输入电路滤波时间、输出模块的机械滞后时间有关。

输入模块的 RC 滤波电路用来滤除干扰噪声，消除抖动引起的不良影响。输入滤波时间的长短由滤波电路的时间常数决定，一般为 10ms 左右。

输出模块的滞后时间一般是机械触点引起的滞后影响最大，继电器输出型的滞后时间最长，一般为 10ms 左右，而其他两种输出型的滞后时间较短，一般为 1ms 左右。

一般地，PLC 总的响应延迟时间只有几毫秒或几十毫秒，对于慢速控制系统往往是无关紧要的，还可以提高抗干扰能力，增强可靠性。但对响应速度要求较快的高速控制系统则是不能忽视的，需采取相应措施，如选用具有快速响应、高速计数和中断处理功能，且指令执行速度高的 PLC；精心优化设计程序；有的 PLC 在输入/输出刷新方式上采取一定措施。如三菱产品 F20M，它除了在输入采样阶段刷新输入映像寄存器外，在程序执行阶段每隔 2ms 也刷新一次输入映像寄存器。同时输出刷新除了在输出刷新阶段进行外，在程序执行阶段，凡是程序中有输出指令的地方，该指令执行后也立即进行一次输出刷新。在很大程度上提高了系统的响应速度。

三、可编程序控制器对输入/输出的处理规则

（1）输入状态映像寄存器中的数据，取决于与输入端子板上各输入端相对应的输入锁存器在上一次刷新期间的状态。

（2）程序执行中所需的输入、输出状态，由输入状态映像寄存器和输出状态映像寄存器读出。

（3）输出状态映像寄存器的内容随程序执行过程中与输出变量有关的指令的执行结果而改变。

（4）输出锁存器中的数据，由上一次输出刷新阶段时输出状态映像寄存器的内容决定。

（5）输出端子板上各输出端的通断状态，由输出锁存器中的内容决定。

第三节　可编程序控制器的主要技术性能

各厂家的 PLC 产品技术性能各不相同，这里介绍一些主要的技术性能。

一、存储容量

存储容量是衡量用户程序存储器能存放用户程序多少的指标。通常以"字"或"k

字"为单位（每个字为 16 位二进制数，即两个 8 位的字节），1k 字 = 2^{10} 字 = 1024 字。PLC 中一般的逻辑操作指令每条占 1 个字，定时/计数、移位等指令占 2 个字，而数据操作指令占 2~4 个字。还有的 PLC 用"步"为单位，一"步"占用一个地址单元，一个地址单元占两个字节，如一个内存容量为 2000 步的 PLC 可推知其内存为 4k 字节。通常中小型机的存储容量在 8k 以下，大型 PLC 则在十几 k 或几十 k 以上。

二、输入/输出点数（即 I/O 点数）

这是 PLC 最重要的一项技术指标。指 PLC 基本控制单元（主机）可接收输入信号和输出信号总的数量。PLC 的输入输出有开关量和模拟量两种，对于开关量 I/O，其点数用最大输入/输出点数之和表示；对于模拟量 I/O，则用最大输入、输出通道数之和表示。

当这些基本模块的 I/O 点数不能满足控制要求时，可通过扁平电缆加接扩展 I/O 模块来增加整个系统的 I/O 数量，不同的 PLC 允许扩展的 I/O 数量是不同的。

三、扫描速度

PLC 扫描 1k 字用户指令所需的时间称为扫描速度，用 ms/k 字为单位表示。有时也以执行一步指令的时间衡量，如 μs/步。扫描速度越高，PLC 的扫描周期越短，响应速度越快。

四、编程语言及指令系统

编程语言一般有梯形图、指令程序、顺序功能图和高级语言等，目前都向国际标准 IEC 1131-3 靠拢。

指令系统一般分为基本指令和高级指令，指令的种类和数量是衡量 PLC 软件功能强弱的重要指标，其中基本指令一般 PLC 都有，高级指令种类越多，说明其编程功能越强。

五、内部继电器的种类和数量

PLC 内部有许多寄存器用来存放中间结果、变量状态、数据等，供用户程序内部使用，不能对外控制负载，常称为"软"继电器。包括内部辅助继电器、保持继电器、定时器/计数器，移位寄存器、特殊功能继电器等。其种类和数量越多，表明 PLC 处理功能越强，常是衡量 PLC 硬件功能的指标。

六、指令执行时间

指 CPU 执行基本指令所需的时间，一般为每步几微秒至几十微秒。

除以上基本性能外，不同 PLC 还有一些其他指标，如工作环境、电源等级、输入/输出方式、远程 I/O、监控自诊断能力、通信联网等。

第四节　可编程序控制器的分类

PLC 产品的种类众多，型号各异，通常按下列形式分类。

一、按结构形式分类

可分为整体式和模块式两类。

（一）整体式 PLC

整体式又叫箱体式，是把 PLC 的基本组成部件如 CPU、存储器输入/输出单元、电源等很紧凑地安装在一个箱状机壳内，构成一个单一的整体，称之为主机（或基本单元、基本模块）。基本单元的输入、输出点的比例一般是固定的（如 3:2），它可通过扁平电缆加

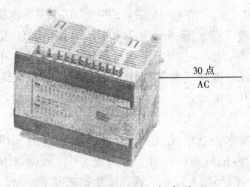

30点
AC

图 3-6 OMRON CPM$_1$A 超小型 PLC

接 I/O 扩展单元来增加 I/O 点数，还配备了许多专用的特殊功能单元，如模拟量 I/O 单元、位置控制单元等等，使 PLC 的功能得到扩展。它的特点是体积小、重量轻、价格低、安装方便，小型或超小型 PLC 一般采用这种结构，易于安装在工业设备的内部，实现机电一体化。每个 PLC 生产厂家都有整体式 PLC 产品，正向体积更少，功能更强的方向发展。如 OMRON 的 C 系列，三菱 F1/F2、FX$_0$ 系列。如图 3-6。

（二）模块式 PLC

模块式是把 PLC 的各组成部件都做成独立的模块，如 CPU 模块（包括存储器）、输入模块、输出模块、电源模块等，这些模块可以灵活的插在带有插槽的机架上，各模块外形尺寸统一，相互独立。用户可以根据不同的控制要求灵活方便的选用这些标准模块和一些特殊功能模块，如 I/O 扩展单元、A/D 和 D/A 单元、链接单元、各种智能单元等模块，这种结构的特点是装配方便，配置灵活，硬件配置选择余地大，便于维修，便于扩展，功能强大。大中型 PLC 通常采用这种结构。如 OMRON 的 C200H 系列，三菱 FX$_2$、FX$_{ON}$、A$_{NN}$系列，松下电工的 FP$_3$。如图 3-7。

图 3-7 松下电工 FP$_3$ 可编程序控制器

随着技术的飞速发展，又出现了叠装式 PLC，它吸收了整体式和模块式 PLC 的优点，它的基本单元、扩展单元等统一小巧，不用基板，仅用扁平电缆连接，外形紧密拼装后可组成一个整齐的长方体，输入、输出实数的配置也相当灵活如三菱公司的 FX$_{ON}$系列，OM-RON 的 CQM1A 系列，松下电工的 FP$_0$ 系列，如图 3-8，它是模块式又是超小型，控制单元尺寸仅为 25mm × 90mm × 60mm，I/O 点最大可扩充至 128 点，此时尺寸仅为（105mm × 90mm × 60mm）扩展单元不需任何电缆，底板就可轻松连接上。从外形看与整体式 PLC 一样，甚至比它还小，配置灵活，功能非常强大。

二、按 I/O 点数和内存容量分类

大致可分为超小型机、小型机、中型机、大型机四类。

I/O 点数在 64 以内，内存容量在 256～1k 字节的是超小型机；I/O 点数在 64～256 之间，内存容量在 1～3.6k 字节的属于小型机；I/O 点数在 256～2048 之间，内存容量在 3.6～13k 字节的属中型机；I/O 实数在 2048 以上，内存容量在 13k 字节以上的属大型机。

三、按功能分类

可分为高、中、低三档。低档机主要以逻辑运算、定时、计数、移位及自诊断、监控等基本功能为主，有的具有少量模拟量 I/O、算术运算、数据传送等功能，主要用于开关量控制、定时/计数控制、顺序控制等场合。可取代继电器控制系统。

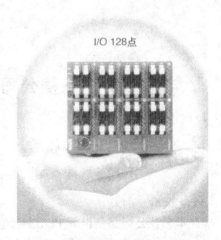

I/O 128点

图 3-8　松下电工 FP$_0$ 可编程序控制器

中档机在低档机的功能之外，还具有较强的模拟量 I/O、算术运算、数据传送、比较、转换、远程 I/O 以及通信联网等功能，主要用于过程控制、位置控制等既有开关量又有模拟量的较为复杂的场合。

高档机在中档机的功能基础上，还具有较强的数据处理、模拟调节、特殊功能函数运算以及更强的通信联网、中断控制、智能控制等功能。高档机可构成分布式控制系统，形成整个系统的自动化网络。

思 考 题 与 习 题

1. 为什么 PLC 的触点可以使用无数次？
2. 简述 PLC 的扫描工作过程。
3. 什么是 PLC 的 I/O 映像区？它在 PLC 的工作中起什么作用？
4. 简述 PLC 执行用户程序的基本过程。
5. PLC 常用的性能指标有哪些？
6. PLC 的响应延迟是怎样产生的？如何改进？
7. 用什么办法可以增加 PLC 基本控制单元的 I/O 点数？
8. PLC 内部继电器是什么？为什么称它们是"软继电器"？

第四章 三菱公司的 F_1 系列可编程序控制器

第一节 F_1 系列可编程序控制器的
性能及编程元件

一、简介

日本三菱公司是全世界 PLC 主要生产厂家之一，它先后推出了 F、F_1、F_2、FX_2、FX_1、FX_{2C}、FX_0、FX_{ON} 等系列小型 PLC，其中 F 系列早已停止生产，F_1、F_2、FX_0 属于整体式结构，FX_2 和 FX_{ON} 属于组装式结构，FX_0 和 FX_{ON} 又是超小型 PLC，FX_2 是高性能 PLC，我国使用最多是 F_1 系列，它属于能处理少数模拟量的低档系列机，那么本章我们就介绍 F_1 系列 PLC。

F_1 系列 PLC 共有三种不同的单元组成：基本单元、扩展单元和特殊单元。基本单元内有中央处理器（CPU）、存储器和输入/输出接口电路。每个控制系统至少有一台基本单元，如果要增加整个系统的输入/输出点数，可用扁平电缆连接扩展单元，其扩展单元内只有 I/O 模块，如果连接相应的特殊单元，就可以增加 PLC 的控制功能。F_1 系列 PLC 中的特殊单元有很多，见表 4-1。

F_1 系列 PLC 的特殊单元   表 4-1

模拟量输入/输出单元	F2-6A-E(4 路 A/D，2 路 D/A)	电可擦 EPROM	F-EEPROM-1
模拟定时器	F-4T-E	MNET/MINI 通信接口单元	F-16NT/NP
位置控制单元	F-20CM	图形/图像监控软件	F-MING
步进电机/伺服电机控制器	F2-30GM	简易编程器	F1-20P
可编程凸轮开关控制器	F2-32RM	图形编程器	GP-20F（80F2A）-E
数据输入接口	F2-20DV	编程软件包	MEDOC（中文版）
数据输入/输出单元	F2-40DT		

F_1 系列 PLC 的中央处理器采用 8039 单片机芯片，指令的平均执行时间为 $12\mu s$/步，存储容量为 1k 步，存储器类型有 RAM，EPROM 和 E^2PROM。输入方式为直流 24V 输入，输出有继电器、晶体管、双向可控硅三种输出方式。

它的基本单元和扩展单元的型号由字母和数字组成，如图 4-1 所示，其中第一个字母为系列名称，数字表示基本输入/输出总点数，有 12 点、20 点、30 点、40 点、60 点。数字后的第一个字母表示本单元的种类，M 表示基本单元，E 表示扩展单元。数字后的第二个字母表示输出方式，R 为继电器型输出，T 为晶体管型输出，S 为双向可控硅型输出。例如：F1-40MR、F1-40E 等。

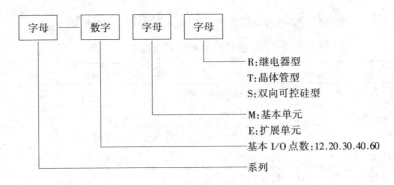

图 4-1　三菱 F_1 系列 PLC 型号表示图

二、F_1 系列 PLC 性能介绍

三菱 F_1 系列 PLC 作为小型 PLC 的代表，应用范围很广，被普遍使用，它的基本单元、扩展单元及 I/O 点数如表 4-2 所示。一个基本单元可以与扩展单元任意组合，可以组成 51 种不同 I/O 点数的组合，由表可知，F_1 系列 PLC 的最大 I/O 点数为 120 点。

F_1 系列 PLC 基本单元、扩展单元及 I/O 点数　　　　表 4-2

基本单元	—	F1-12M	F1-20M	F1-30M	F1-40M	F1-60M
I/O 点数	—	6/6	12/8	16/14	24/16	36/24
扩展单元	F1-10E	—	F1-20E	—	F1-40E	F1-60E
扩展 I/O 点数	4/6	—	12/8	—	24/16	36/24

它的基本单元的一般技术指标与控制特性见表 4-3。

F_1 系列 PLC 技术指标与控制特性　　　　表 4-3

电　源	AC100～110V/200～220V，50/60Hz 单相电源，可瞬时失效 10ms
环　境	无腐蚀性气体，无导电粉末，微粒
环境温、湿度	环境湿度 0～55℃，湿度 45%～85%RH（无凝露）
抗噪声能力	1kV 峰—峰值，$1\mu s$，30～100Hz（噪声模拟器）
防振性能	JISO911 标准，10～55Hz，0.5mm（最大 2G，3 轴向各 2 次）
防冲击性能	JISO912 标准，10G，3 轴向各 3 次
绝缘电阻	$5G\Omega$，DC500V
接地电阻	小于 100Ω
绝缘耐压	AC1500V，1min
执行方式	存储程序，循环扫描，集中输入/输出
指　令	基本指令 20 条，步进指令 2 条，功能指令 87 条
程序存储器	CMOSRAM，EPROM，E2PROM，共 1k 步
辅助继电器	192 个（有保持功能 64 个）+ 特殊辅助继电器 16 个
状态寄存器	40 个（有电池保持）
定　时　器	0.1～999s 定时器 24 个，0.01～99.9s 定时器 8 个，递减型
计　数　器	1～999 减计数器 30 个，6 位加/减计数器（2kHz）1 个
掉电保护电池	锂电池（寿命 3～5 年）
自　诊　断	程序检查（求和检查、语法检查、电路检查），监控定时器，电池电压，电源电压监视等

F_1 系列 PLC 的输入技术指标见表 4-4，输出技术指标见表 4-5。

F_1 系列 PLC 输入技术指标 表 4-4

输　入　方　式	直　流　输　入
隔　　离	光电耦合器隔离
输入电压/电流	机内电源 DC24V（内部供电）/7mA
工　作　电　流	断→通：DC4mA 以上；通→断：DC1.5mA 以下
响　应　时　间	约 10ms
动　作　指　示	LED 指示

F_1 系列 PLC 输出技术指标 表 4-5

		继电器输出	晶体管输出	双向可控硅输出
外部电源		AC250V，DC30V 以下	DC5～30V	AC85～242V
隔离方式		继电器隔离	光电耦合器隔离	光电可控硅隔离
响应时间	ON→OFF	约 10ms	0.2ms 以下	最大 10ms
	OFF→ON	约 10ms	0.2ms 以下	1ms 以下
开路漏电流		—	0.1mA/DC30V	1mA/AC100V 2.4mA/AC240V
最小负载		—	—	0.4VA/AC100V 2.3VA/AC240V
最大负载（灯负载）		100W	1.5W/DC24V	30W

F_1 系列 PLC12 点、20 点的继电器型输出电路接线方式为分隔式；30 点的有两点是分隔式，其余的是每组 4 点的分组式；40 点和 60 点的均为每组 4 点的分组式。晶体管型输出电路均为汇点式，各种单元的输入电路也是汇点式。

三、F_1 系列 PLC 的编程元件

这里所说的"元件"不是指"硬元件"，而是指"软元件"，它们并不是以实体形式存在，而只是一种"软件编程逻辑"，它们包括输入/输出继电器，内部辅助继电器，定时器/计数器，数据寄存器等等，PLC 在用户程序存储器中为它们分配了相应的单元，它们只有"0"或"1"两种状态，可以在梯形图中无限次的被引用。

F_1 系列 PLC 的编程元件，由一位字母和三位数字组成，它们分别表示元件的类型和元件号，如 X410、Y531。其中元件号用八进制数表示，遵循"逢八进一"的运算规则，只有 0～7 这 8 个数字符号，例如 507 和 510 是两个相邻的八进制整数。

（一）输入继电器（X）

建立"输入/输出映像区"是 PLC 工作方式的另一个显著特点，外部输入信号的状态在一个扫描周期的采样阶段通过输入接口被读入并存储在输入映像区中，供 CPU 控制使用。输入映像区即是用户程序存储器中的一部分存储单元，也叫输入映像寄存器或输入继电器，当外部触点接通时，输入继电器为"1"状态，即"ON"状态；断开时输入继电器

为"0"状态，即"OFF"状态，因此，输入继电器的状态反应外部输入信号的状态，并且惟一地取决于外部输入信号的状态，不受用户程序的控制，但在梯形图中可以多次使用输入继电器的常开触点和常闭触点。

F_1 系列 PLC 的输入继电器的编号如下：

基本单元。

X000 ~ X007	X010 ~ X013
X400 ~ X407	X410 ~ X413
X500 ~ X507	X510 ~ X513

扩展单元。

X014 ~ X017	X020 ~ X027
X414 ~ X417	X420 ~ X427
X514 ~ X517	X520 ~ X527

（二）输出继电器（Y）

输出继电器即是"输出映像区"，也叫输出映像寄存器，它用来存放一个扫描周期内 CPU 完成用户程序后产生的所有对外控制信号，也是用户程序存储器中存储单元的一部分。PLC 将这些输出信号传送给输出模块，再由后者驱动外部负载工作，完成控制任务。输出继电器的状态，反映了对外控制信号的状态，一一对应，在梯形图中，每一个输出继电器的常开触点和常闭触点都可以无限次使用。

F_1 系列 PLC 输出继电器的编号如下：

基本单元。	扩展单元。
Y030 ~ Y037	Y040 ~ Y047
Y430 ~ Y437	Y440 ~ Y447
Y530 ~ Y537	Y540 ~ Y547

以上所列的是 F_1 系列 PLCI/O 点数 120 点的元件编号，对应不同类型 PLC 的输入/输出继电器元件编号见表 4-6 所示。

F_1 系列 PLC 输入/输出元件编号 表 4-6

基本单元	输入继电器元件编号	输入点数	输出继电器元件编号	输出点数	扩展单元	输入继电器元件编号	输入点数	输出继电器元件编号	输出点数
F1-12M	X400 ~ X405	6	Y430 ~ Y435	6	F1-10E	X414 ~ X417	4	Y440 ~ Y445	6
F1-20M	X400 ~ X413	12	Y430 ~ Y437	8	F1-20E	X414 ~ X427	12	Y440 ~ Y447	8
F1-30M	X400 ~ X413 X500 ~ X503	16	Y430 ~ Y437 Y530 ~ Y535	14					
F1-40M	X400 ~ X413 X500 ~ X513	24	Y430 ~ Y437 Y530 ~ Y537	16	F1-40E	X414 ~ X427 X514 ~ X527	24	Y440 ~ Y447 Y540 ~ Y547	16
F1-60M	X000 ~ X013 X400 ~ X413 X500 ~ X513	36	Y030 ~ Y037 Y430 ~ Y437 Y530 ~ Y537	24	F1-60E	X014 ~ X027 X414 ~ X427 X514 ~ X527	36	Y040 ~ Y047 Y440 ~ Y447 Y540 ~ Y547	24

（三）中间继电器（M）

中间继电器也叫辅助继电器，是用软件实现的，它们不是实际的硬件继电器，之所以称其为继电器是因为它们的常开、常闭的状态与硬件继电器相似。它们只在 CPU 产生控制信号的过程中起作用，不能直接对外输出信号去驱动负载，因此叫中间继电器，它们的常开、常闭状态数量很多，也可以无限次引用。

其编号为（共 192 个）：

通用型：M100 ~ M277（128 个）

断电保持型：M300 ~ M377（64 个，用锂电池支持）

如果在 PLC 运行时电源突然中断，中间继电器 M100 ~ M277 将全部变为"0"状态，而有锂电池支持的中间继电器 M300 ~ M377 则会一直保持原来的状态直到电源通电。

（四）移位寄存器

中间继电器也可用作移位寄存器，只是每 16 个中间继电器为一组，表示一个移位寄存器，所以 192 个中间继电器可以表示 12 个移位寄存器，用中间继电器的起始编号表示移位寄存器的编号，如下：

M100（M100 ~ M117）　　M200（M200 ~ M217）　　M300（M300 ~ M317）

M120（M120 ~ M137）　　M220（M220 ~ M237）　　M320（M320 ~ M337）

M140（M140 ~ M157）　　M240（M240 ~ M257）　　M340（M340 ~ M357）

M160（M160 ~ M177）　　M260（M260 ~ M277）　　M360（M360 ~ M377）

其中 M300、M320、M340、M360 移位寄存器有断电保持功能。

移位寄存器能完成 16 个辅助继电器状态的按位向右移动的功能，当辅助继电器已用作移位寄存器后，就不能作其他用途。

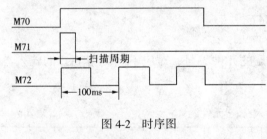

图 4-2　时序图

（五）特殊辅助继电器（M）

PLC 内部还为用户提供了一些特殊辅助继电器，完成一些特殊功能。

1．M70——运行监视

当 PLC 执行用户程序时，M70 为"1"状态；停止执行时，M70 为"0"状态（见图 4-2）。

2．M71——初始化脉冲

M71 仅在 M70 由"0"状态变为"1"状态时导通一个扫描周期，其他时间为"0"状态（见图 4-2），可以用 M71 的常开触点使有断电保持功能的计数器、移位寄存器初始化复位。

3．M72——100ms 时钟脉冲

M72 可以提供周期为 100ms 的时钟脉冲（见图 4-2）。

4．M73——10ms 时钟脉冲

M73 提供周期为 10ms 的时钟脉冲，将 M72、M73 的触点接到计数器的计数脉冲输入端，可以将计数器当作定时器使用。

5．M74——连接中断

用于双机并行操作。

6. M75——连接故障

7. M76——电池电压跌落

当 PLC 内部锂电池电压下降至规定值时，M76 变为"1"状态，可以用它的触点驱动输出继电器和外部指示灯，提醒工作人员更换锂电池。

8. M77——全部输出禁止

在执行程序时，当 M77 动作时，所有的输出继电器将自动变为"0"状态，但辅助继电器、定时器、计数器仍将继续工作。

9. 与高速计数器有关的方式继电器

F_1 系列 PLC 有两个高速计数器：C660 和 C661（3 位 BCD 计数器），可以组成一个 6 位计数器，与之有关的方式继电器有：

（1）M470——计数方式选择。当它为"1"状态时，6 位计数器可以对外进行 2kHz 的高速计数，当它为"0 状态时，6 位计数器对内部进行计数。

（2）M471——计数方向选择。当它为"1"状态时，6 位计数器加计数，为"0"状态时，6 位计数器减计数。

（3）M472——启动信号。当它为"1"状态时，表示 6 位计数器开始对外部信号计数，为"0"状态时停止计数。

（4）M473——标志信号。当 6 位加计数器有进位或减计数器有借位时，M473 变为"1"状态。

10. M477——可逆移位寄存器方式

当它为"1"状态时，表示移位寄存器用于前移（即移动方向是辅助继电器中编号较小移向编号较大），反之，则表示移位寄存器后移。

11. 标志继电器

（1）M570——出错标志。在功能指令中，当条件设定线圈给出的目标元件号出错时，M570 接通。

（2）M571——进位标志。在算术运算中，当运算结果产生进位时，M571 接通。

（3）M572——零标志。运行后，当移位寄存器各位全为"0"或数据寄存器数据为零时，M572 接通。

（4）M573——借位标志。在算术运算中，当运算结果产生借位时，M573 接通。

（5）M574——状态转移禁止。在步进指令中，当 M574 为"1"状态时，状态的自动转移就被禁止。

（6）M575——状态转移启动。在步进指令中，当 M575 接通后，状态自动转移。

（7）M576——全部过程完成标志。当鼓型程序器中全部程序被完成，M576 接通。

（8）M577——鼓型程序器。M577 为"1"状态，内部计数器 C666 和 C667 被定义为鼓型程序器；M577 为"0"状态，C666 和 C667 即为普通计数器。

（六）定时器（T）

F_1 系列 PLC 共有 24 个 0.1~999s 定时器和 8 个 0.01~99.9s 定时器，见表 4-7，均为递减型，3 位数字设定，定时器的最大误差约为 + T0 和 - 0.1s（对于 T50~T557）或 + T0 和 - 0.01s（对于 T650~T657），F_1 系列的定时器没有断电保持功能，断电后定时器复位。

定 时 器 编 号	带十进制小数点	不带十进制小数点
（0.1~999s 定时器）T050~T057 T450~T457 T550~T557 （0.01~99.9s 定时器）T650~T657	K0.1 = 0.1s K99.9 = 99.9s K12.0 = 12.0s K0.1 = 0.1s K99.9 = 99.9s K12.0 = 12.0s	K1 = 1s K999 = 999s K12 = 12s K1 = 0.01s K999 = 9.99s K12 = 0.12s

（七）计数器（C）

F_1 系列 PLC 提供了 30 个 3 位减计数器，编号为：

C060~C067　　　　　　　C560~C567

C460~C467　　　　　　　C662~C667

计数范围为 1~999，都有断电保持功能，如果计数器在计数时电源中断，计数器停止计数并保持计数当前值不变，当电源再次接通后，计数器在当前值的基础上继续计数。

F_1 系列 PLC 还提供了计数器对 C660 和 C661 组成一个 6 位 BCD 加/减计数器，它既可以对高速脉冲（最高 2kHz）计数，也可以作为普通计数器使用。

（八）状态寄存器（S）

状态寄存器是用于编制顺序控制程序的一种编程元件，通常与步进指令一起使用，F_1 系列 PLC 提供了 40 个状态寄存器，其编号为 S600~S647 均有断电保持功能。

（九）数据寄存器（D）

PLC 内部有许多数据寄存器，供数据传送、比较、算术运算等操作时使用。

F_1 系列 PLC 提供三位 BCD 码数据寄存器，其编号为 D700~D777，共 64 个，全部有断电保持功能。

定时器/计数器的当前值寄存器 Rt、Rc 和设定值寄存器 Dt、Dc。

Dt、Dc 是机内电池保护的 RAM，可以任意修改其设定值，存放的数据均为 BCD 数。

（十）功能指令线圈（F）

F_1 系列 PLC 提供了 87 条功能指令也称高级指令，用来完成数据传送、数据处理等操作。为了实现这些功能指令，PLC 又提供了 8 个功能指令线圈 F670~F677。其中 F671~F675 为设定线圈，用于设定条件，F670 为执行线圈，用于设定功能编号，F677 用于鼓型程序器，设定某一段程序的执行时间。

由上可知，F_1 系列 PLC 对各种编程元件编号的取值范围有严格规定，它们互不重叠，在编程时必须遵守这些规定。

第二节　基本指令及其编程方法

三菱 F_1 系列 PLC 共有 20 条基本逻辑指令和 2 条步进指令，可用于编制基本开关量逻辑控制系统。

一、基本逻辑指令

（一）LD、LDI、OUT 指令

LD (load)：常开触点与母线连接指令。

LDI (load Inverse)：常闭触点与母线连接指令。

OUT (out)：驱动线圈的输出指令。

图4-3所示梯形图及指令表示了以上三条基本指令的用法。

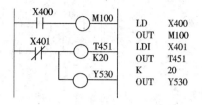

图4-3 LD、LDI、OUT指令的编程示例

说明：（1）LD、LDI指令既可用于与母线相连的触点，也可用于与ANB、ORB、MC、STL指令配合使用中的分支回路起始处。

（2）LD、LDI指令可使用的目标元件有X、Y、M、T、C、S。

（3）OUT指令可以用于Y、M、T、C、S、F元件，但不能用于输入继电器。

（4）OUT指令可以连续使用若干次，相当于线圈的并联。

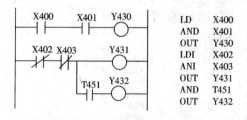

图4-4 AND、ANI指令的编程示例

（二）AND、ANI指令

AND (And)：单个常开触点串联连接指令，也称为与指令。

ANI (And Inverse)：单个常闭触点串联连接指令，也称与反指令。

图4-4所示梯形图及指令表示了这两条指令的用法。

说明：（1）串联触点的个数没有限制。

（2）图4-4中，OUT Y431指令后通过T451的串联触点去驱动Y432是允许的，称为连续输出，但上、下位置不可颠倒。

（3）若要串联多个触点组合回路时，应采用后面说明的ANB指令。

（4）目标元素有：X、Y、M、T、C、S。

（三）OR、ORI指令

OR (Or)：单个常开触点并联连接指令，也称为或指令

ORI (Or Inverse)：单个常闭触点并联连接指令，也称为或反指令。

图4-5所示梯形图及指令表示了这两条指令的用法。

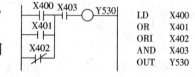

图4-5 OR、ORI指令的编程示例

说明：（1）OR、ORI指令不能独立于LD、LDI指令而作为一个逻辑行的起始。

（2）并联的次数可以是任意的。

（3）若要并联多个触点组合回路时，应采用后面说明的ORB指令。

（4）目标元素为X、Y、M、T、C、S。

（四）ANB指令

ANB (And Block)：电路块串联连接指令，也称为块与指令。

如图4-6所示，当非单个触点进行串联时，应使用ANB指令。

说明：（1）在使用ANB指令之前，应先完成并联电路的内部连接，每一个电路块都以LD、LDI指令开始。

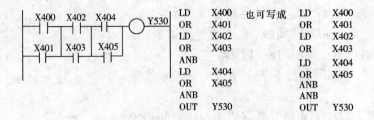

图 4-6 ANB 指令的编程示例

（2）支路数量没有限制，若有 N 个电路块串联，应使用 N－1 次 ANB 指令。

（3）无目标无素。

（五）ORB 指令

ORB（Or Block）：电路块并联连接指令，也称为块或指令。

如图 4-7 所示，当非单个触点进行并联时，应使用 ORB 指令。

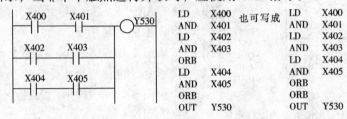

图 4-7 ORB 指令编程示例

说明：（1）在使用 ORB 指令之前，应先完成串联电路的内部连接，每一个电路块都以 LD、LDI 指令开始。

（2）支路数量有限制，若有 N 个电路块并联，应使用 N－1 次 ORB 指令。

（3）无目标元素。

（六）S、R 指令

S（Set）：置位指令，即锁存指令。

R（Reset）：复位指令。

图 4-8 是使用 S、R 指令的梯形图、指令及时序图。

说明：（1）如果图 4-8 中的 X400 的常开触点接通，M205 变为"1"状态并保持，即使 X400 的常开触点断开，M205 仍保持"1"状态，只有当 X401 的常开触点闭合时，M205 才变为"0"状态并保持。

（2）S、R 指令使用顺序无限制，在 S、·R 指令之间可以插入其他程序。

（3）当 S、R 指令前面的条件同时满足时，将优先执行 R 指令。

（4）S、R 指令只能用于 M200～M377，S、Y。

（七）PLS 指令

PLS（Pulse）：微分指令，也叫脉冲指令。

如图 4-9 所示。

说明：（1）PLS 指令的作用是将脉宽较宽的输入信号变成脉宽为一个扫描周期的触发脉冲信号，而信号周期不变。

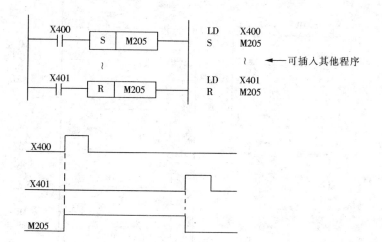

图 4-8 S、R 指令的编程示例

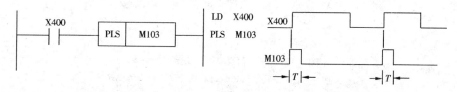

图 4-9 PLS 指令的编程示例

（2）图 4-9 中的 M103 仅在 X400 的常开触点由断开变为接通（即上升沿）时，导通一个扫描同期。

（3）PLS 指令常用来给计数器和移位寄存器提供复位脉冲。

（4）PLS 指令只能用于 M100 ~ M377。

（5）图 4-10 给出了在输入信号下降沿产生微分脉冲的电路。

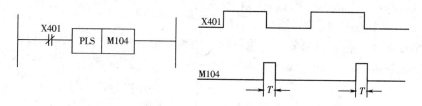

图 4-10 PLS 指令的编程示例

（八）MC、MCR 指令

MC（Master Control）：主控指令。

MCR（Master Control Reset）：主控复位指令。

在编程时，经常会遇到许多线圈同时受一个或一组触点控制的情况，如图 4-11（a），如果用以上基本逻辑指令无法编写，若在每个线圈的控制电路中都串入同样的触点，又将占用很多存贮单元，那么用主控指令来改写可以解决这一问题 如图 4-11（b）。

说明：（1）使用主控指令的触点称为主控点，如图 4-11 中的 M100、M101，在梯形图中与一般的触点垂直，它只有常开型，相当于控制一组电路的总开关，只有当 M100 导通，Y430 和 Y431 才有可能接通。

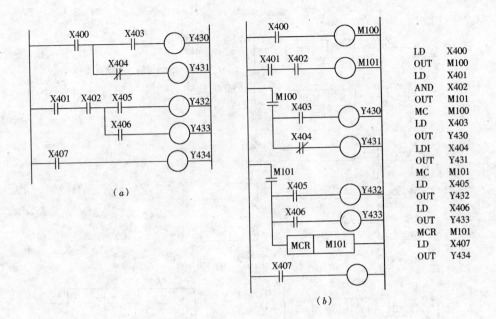

图 4-11 MC、MCR 指令编程示例

(a) 一般梯形图；(b) 用 MC、MCR 指令改写的等效电路

(2) 主控点后面所控制的梯形图必须用 LD 或 LDI 开头，相当于公共母线移到主控点后面去了。

(3) 使用 MC 指令，最后必须使用 MCR 指令使母线回到原来的位置，当用多个 MC 指令，可以在最后用一条 MCR 指令返回，其他的省略。

(4) MC、MCR 指令只能用于 M100～M177。

(九) CJP、EJP 指令

CJP (Conditional Jump)：条件跳步指令。

EJP (End of Jump)：跳步结束指令。

当不需要顺序执行，而需要选择执行时，用跳步指令，示意图如图 4-12。

当控制 CJP 的条件 X401 导通时，则跳过程序 B，直接执行程序 C，此时程序 B 中的各元件保持原状态，若 X401 断开，则顺序执行程序 A、B、C，跳步指令不存在。CJP、EJP 指令可使整个程序执行的时间减少，它的编程示例如图 4-13。

说明：(1) 跳转指令后必须有编号，为 700～777 共 64 点，但它们的编号必须一致，CJP - EJP 指令应成对使用。

(2) 若只有 CJP，系统当作 NOP 指令处理。

(3) EJP 不能在 CJP 之前。

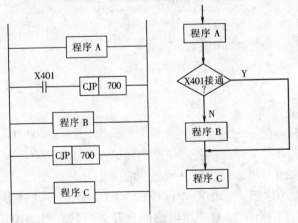

图 4-12 跳步指令示意图

（4）若 CJP、EJP 编号不在 700～777 之间，则 CJP 被当作 NOP，EJP 被当作 END。

（5）如果 CJP～EJP 之间有定时器、计数器等元件，当跳转条件为"ON"时，计数器停止计数，但保持当前计数值，输出继电器保持跳步前的状态；定时器将继续计时直到结束，并使其常开触点为"ON"，但不会使与其连接的输出线圈改变。

（6）跳步指令可以在很多场合使用。如

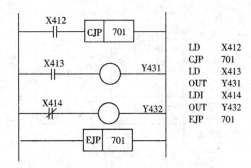

```
LD    X412
CJP   701
LD    X413
OUT   Y431
LDI   X414
OUT   Y432
EJP   701
```

图 4-13 CJP、EJP 指令编程示例

图 4-14 为例，当自动/手动开关 X400 为"ON"状态时，系统将跳过自动程序，执行手动程序；反之，系统将跳过手动程序，执行自动程序，这样就可以实现自动/手动的切换。

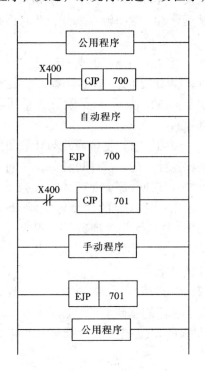

图 4-14 自动/托运程序

（3）无目标元素。

（十二）RST 指令

RST（Reset）：复位指令。

RST 指令用于计数器和移位寄存器的复位。可使计数器停止计数，恢复到设定值，常开触点断开，常闭触点闭合。还可使移位寄存器除第一位以外的所有位清零。下面我们结合计数器详细介绍一下：

见图 4-16（a）所示，三等 F₁ 系列 PLC 共有 30 个 3 位减计数器，计数次数

（十）NOP 指令

NOP（NON processing）：空操作指令。

NOP 指令可以使该步序作空操作，如图 4-15 所示。

说明：（1）在程序中加入 NOP 指令，可以预留存储地址而不进行任何操作，其作用是在变通程序或增加指令时，使步序号变更较少。

（2）可以短接某些触点或环节，切断某些环节；对梯形图做某些变换。

（3）无目标元素。

（十一）END 指令

END（End）：结束指令。

说明：（1）END 指令用于程序的结束，PLC 执行用户程序是从第一条开始执行到 END 指令，后面的指令不执行，然后重新扫描用户程序，所以一个完整的 PLC 程序在结束处必须有 END 指令。

（2）在调试程序时，可以将 END 指令暂时插在各段程序之后，分段调试，调试成功后再删去插入的 END 指令，这样可以缩短扫描周期，提高调试的效率。

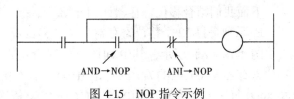

图 4-15 NOP 指令示例

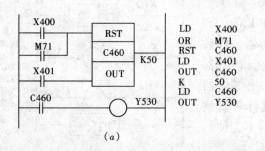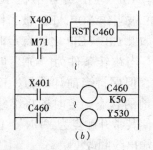

图 4-16　计数器编程示例

由设定系数 K 值来决定，范围是 1～999，其中 RST 是复位输入端。

OUT 为计数输入端，计数器是递减型的，当计数输入端 X401 每次上升沿时，C460 的当前值减 1，即从 50 开始减，直到减到 0，C460 常开触点导通，常闭触点断开，此时再有脉冲输入时，当前值仍为 0，直到复位，见图 4-17。

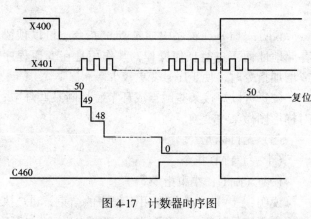

图 4-17　计数器时序图

当复位端 X400 或 M71 为"ON"时，C460 复位，停止计数，恢复到设定值 50，常开触点断开，常闭触点导通。

说明：（1）复位回路与计数回路是相互独立的，次序可任意，中间可以加入其他程序，见图 4-16（b）。

（2）计数器的两个输入端 RST、OUT，复位优先，计数的过程中若复位端导通，计数器将不接受脉冲，恢复到设定值。

（3）如果计数器在计数时电源中断，F_1 系列的计数器均有断电保持功能，所以计数器停止计数，并保持当前值不变，当电源再次接通后在当前值的基础上继续计数。

（4）PLC 开始运行时，为了使计数器清零，常常在它的复位端接上特殊辅助继电器 M71 的常开触点。

（5）F_1 系列还有 2 个加/减计数器 C660 和 C661，它可以对高速脉冲（最高 2kHz）计数，其计数方式由 M470、M471 和 M472 决定。

（6）RST 指令的目标元素是 C、M（移位寄存器）。

（十三）SFT 指令

SFT（Shift）：移位指令。

SFT 指令用于将移位寄存器的内容移位。

下面我们结合移位寄存器详细介绍一下：

F_1 系列提供 12 个移位寄存器，每个移位寄存器可以进行 16 位的按位右移。

图 4-18（a）所示，其中 OUT 是数据输入端，SFT 是移位输入端，RST 是复位输入端。移位寄存器 M100～M117 中的首位 M100 的状态由 OUT 端的 X402 的状态决定，当移位输入端 X400 每次上升沿时，M100～M116 的状态依次向右移一位，最高位 M117 的内容则溢

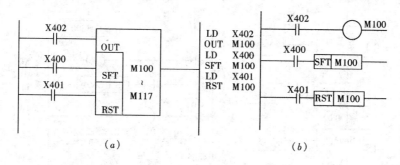

(a)　　　　　　　　　　(b)

图 4-18　移位寄存器编程示例

出，见图 4-19。若在移位过程中复位端 X401 导通，则 M101 ~ M117 全部置 "OFF" 状态，不接受数据输入。

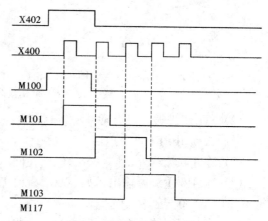

图 4-19　移位寄存器时序图

说明：（1）移位寄存器的三个输入端可以单独编程，次序任意，中间还可加入其他程序见图 4-18（b）。

（2）若需要多于 16 位的移位要求，可以利用两个或两个以上的移位寄存器串级相连，见图 4-20 所示，要求后一级移位寄存器放在前一级的上面，它们的移位电路和复位电路应相同，并且前一级最后一位的常开触点应接到后一级的数据输入端上。这样就可以实现 32 位或更多位的移位。

（3）SFT 指令的目标元素是移位寄存器。

二、步进指令 STL、RET 指令

STL（Step Ladder Instruction）：步进指令。

RET（Reset）：步进返回指令。

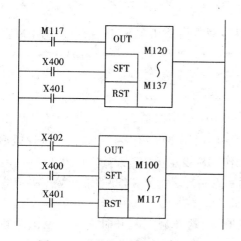

图 4-20　移位寄存器的串级连接

STL、RET 指令是三菱 F_1 系列 PLC 配合顺序功能图使用的指令，利用它们可以很方便地编制顺序控制梯形图程序（见图 4-21）。

F_1 系列 PLC 有 40 个状态寄存器 S600 ~ S647，均有断电保持功能，用它们编制顺序控制程序时，与 STL 指令一起使用。

说明：（1）设 S600 为活动步，即步进触点 S600 接通，负载 Y430 被驱动，如果转换条件 X401 为 "ON"，则下一步 S601 为活动步，Y431 被驱动，此时上一个状态 S600 自动复位，Y430 变为 "OFF"。以下同，这样就可以使控制按顺序向下执行。

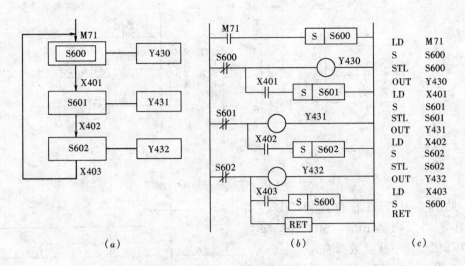

图 4-21　STL、RET 指令编程示例

(a) 顺序功能图；(b) 相应的步进梯形图；(c) 步进指令

(2) STL 步进触点只有常开型，具有主控功能，后面的转换条件要用 LD、LDI 指令开头，最后必须用 RET 指令返回。

(3) 除并联流程外，同一 STL 触点在同一程序中只能使用一次。

(4) 允许双重线圈输出，如 S600、S601 后均为 Y530 线圈，那么当 S600，S601 任一为"ON"时，Y530 导通。

(5) 当 STL 回路中有计数器 C 时，仅当 STL 触点闭合时，才允许计数器复位，否则一直保持当前值。

(6) STL 触点不能用 MC/MCR 代替，在 STL 触点后也不能使用 MC/MCR 指令，但可以用 CJP/EJP 指令、S/R 指令。

(7) STL 触点可以直接驱动或通过别的触点驱动 Y、M、S、T 等元件的线圈，STL 触点也可以使 Y、M、S 等元件置位或复位。

(8) CPU 只执行活动步对应的程序，大大缩短了扫描周期。

(9) STL 指令的目标元素只有状态寄存器 S。

以上详细介绍了三菱 F_1 系列 PLC 的 20 条基本逻辑指令和 2 条步进指令，利用以上的指令就可以对大多数的自控任务进行编程设计。

三、定时器

下面我们再介绍一下定时器：

F_1 系列提供 24 个精度为 0.1s 和 8 个精度为 0.01s 的定时器，在梯形图中的使用如图 4-22 所示，定时器的预置值通过 K 值设定，在梯形图上占两个步序，定时器均为递减型。

当触点 X400 为"ON"，定时器 T450 开始工作，从设定值 10s 开始，以 0.1s 的速度递减，当减到 0s 后，T450 的常开触点导通，常闭触点断开。由于 T450 的常开触点决定线圈 Y430 的状态，所以当 X400 导通 10S 后 Y430 导通。

F_1 系列的定时器没有断电保持功能。当 X400 的常开触点断开时，T450 断电，被复位，它的常开触点断开，常闭触点接通，当前值恢复为设定值。

50

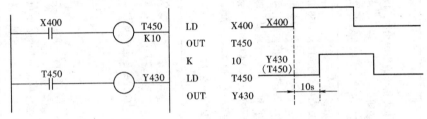

图 4-22　定时器编程示例

第三节　功能指令及其编程方法

三菱 F_1 系列 PLC 还有 87 条功能指令，用于完成数据传送、比较、算术运算、高速 I/O 处理、复位、高速计数器应用、模拟量数据处理等。

功能指令与基本指令表示方法不同，基本指令用逻辑操作符表示，而功能指令用子程序号表示，其梯形图由设定线圈、执行线圈及相应的数字设定值组成，其表示方式如图 4-23 所示。

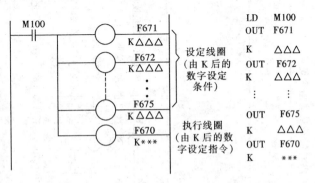

图 4-23　功能指令表示方式

F_1 系列 PLC 提供了 5 个设定线圈，其元件号为 F671～F675。设定线圈通常用来给出一个功能指令在执行时所需要的所有条件，如源、目的、结果等编程元件号或是常数，由设定线圈下面的 $K_{\triangle\triangle\triangle}$ 给出，在不同的功能指令中设定线圈的含义是不同的，它们的个数与功能指令的代号有关，有的功能指令不需要设定线圈。由于 F_1 系列 PLC 规定的元件编号不重复，所以在 K 后不用写各寄存器的字母，只需写上编号即可，例如 K700 表示数据寄存器 D700，K450 表示定时器 T450 等等。

执行线圈只有一个，元件号为 F670，只有该线圈导通，此指令才被执行。它下面的 K_{***} 给出功能指令的代号，决定了指令的性质和内容。三菱 F_1 系列 PLC 的功能指令中用到数据形式，数据形式决定了数据传送的有效位数，有 K_0～K_{11} 共 12 种方式，见表 4-8 所列。

数　据　形　式　　　　　　　　　　　表 4-8

		位				
1 位数	K_0	0	0	0	0	10^{-2}
	K_1	0	0	0	10^{-1}	0
	K_2	0	0	10^0	0	0
	K_3	0	10^1	0	0	0
	K_4	10^2	0	0	0	10^{-2}
2 位数	K_5	0	0	0	10^{-1}	10^{-2}
	K_6	0	0	10^0	10^{-1}	0
	K_7	0	10^1	10^0	0	0
	K_8	10^2	10^1	0	0	0
3 位数	K_9	0	0	10^0	10^{-1}	10^{-2}
	K_{10}	0	10^1	10^0	10^{-1}	0
	K_{11}	10^2	10^1	10^0	0	0

三菱 F_1 系列 PLC 特殊功能指令表

表 4-9

类型	功能编码	功能	传送数据类型	图例	说明
数据传送指令（27条）读出指令	K32	将 T、C 的设定值 D_t、D_c 读出，送往 Y、M、S 中，并允许加上指定的偏差量，D_t、D_c→Y、M、S	1~3 位 BCD 数 + 偏差量		K32 和 K35 指令的用法相同，以 K35 为例说明
	K35	将 T、C 的当前值 R_t、R_c 读出，送往 Y、M、S 中，并允许加上偏差量，R_t、R_c→Y、M、S	1~3 位 BCD 数 + 偏差量	M70 F671 K450 —— 将 T450 当前值读出 F672 K12.3 —— 加上偏差量12.3 F673 —— 数据形式 F674 K6 F670 K430 —— 以 Y430 为首位的输出继电器线圈 K35 —— K35 指令 其中 F670 为执行线圈，F671~F674 为设定线圈	利用 K35 指令，将定时器 T450 的当前值读出，加上偏差量 K6，可即传送 85.2。按传速形式 12.3 后为 85.2。知传送 10^0 和 10^{-1} 两位数据，即传送到 Y430 为首位的 (5.2)$_{BCD}$。传送到以 Y430 为首位的输出继电器中，使 Y431、Y434、Y436 为 "ON"
	K37	将数据寄存器 D (700~777) 的内容读到 Y、M、S 中，无偏差量，也无传速形式，D→Y、M、S	3 位 BCD 数	X000 F671 K755 F672 K100 F670 K37 LD X000 OUT F671 K 755 OUT F672 K 100 OUT F670 K 37	把 D755 中的数据传送到 M100~M133 中去
	K105	把计数器当前值 R_c 中的数值传送到 M260~M273 中去，R_c→M260~M273	3 位 BCD 数	M101 F671 K567 —— 设计数器号 F670 K105 —— 将 R_c 内容传送到 M260~M273 中	由于传送目标是固定的，所以 K105 指令只要用 F671 指定被传送的计数器号，利用 F670 执行 K105 指令即可

52

类型		功能编码	功能	传送数据类型	图例	说明
数据传送指令	写入指令	K31	把 X、Y、M、S 中的数据加上偏差量最后写入定时器、计数器 D、、Dc，从而改变原设定值，X、Y、M、S→D、、Dc	1~3 位 BCD 数 + 偏差量	M100 F671 K400（X400~X407 状态为 (7.8)$_{BCD}$） F672 K12.3（加上偏差 12.3） F673 K7（数据形式） F674 K450（传给 T450） F670 K31 T450 K9（即将原设值 9s 改为 20s）	传送源起始编号的最低位应为 "0"，否则不执行传送。图例是指 X400~X407 中在状态，即 (7.8)$_{BCD}$，加上偏差 12.3，变为 (20.1)$_{BCD}$，根据 K7 所示，写入 T450 设定值寄存器的数据为 (20)$_{BCD}$，即将原设定值 9s 改为 20s
		K34	把 X、Y、M、S 中的数据加上偏差量最后写入定时器、计数器的当前值 R、中，X、Y、M、S→R、、Rc	1~3 位 BCD 数 + 偏差量		同 K31
		K36	把 X、Y、M、S 存贮区的二位 BCD 数据写入到数据寄存器 D (700~777) 中，X、Y、M、S→D	3 位 BCD 数	X400 F671 K000 F672 K735 F670 K36	把 X000~X413 的数据传送到 D735 中，注意传送源起始编号的最低位应为 "0"
	数据传送指令	K104	把 M260~M273 中的数值传送到计数器当前值寄存器 Rc 中，M260~M273→Rc	3 位 BCD 数		同 K105 指令对应

类型		功能编码	功能	传送数据类型	图例	说明
数据传送指令	写入指令	K30	将一个十进制常数写入 T、C 的设定值寄存器 D_t、D_c 或数据寄存器 D 中，K→D_t、D_c、D	3 位 BCD 数	M70 ⊣⊢ F671/K678（指定写入的十进制数 K）、F672/K451（定具目标 T451）、F670/K30、T451/K123（不按 123 定时）	首先利用 K30 指令将 T451 的 D_t 值设为 678，当 M110 闭合时，T451 按 D_t 的内容定时，而不是按定时器指令设置的 12.3 定时
		K33	将一个十进制常值写入 T、C 的当前值寄存器 R_t、R_c 或数据寄存器 D 中，K→R_t、R_c、D	3 位 BCD 数		同 K30
		K38	K→D_t、D_c、D	3 位 BCD 数 传送 N 次		
		K27	K→Y、M、S	1~3 位 BCD 数		
		K28	K→Y、M、S	3 位八进制数		
		K109	将两个三位十进制数分别写入 M240~M253、M260~M273 中，K_L→M240~N253、K_H→M260~M273	6 位 BCD 数	M100 ⊣⊢ F671/K123（K_I 为 123）、F672/K456（K_{II} 为 456）、F670/K109	当执行 F670 时，M253~M240 中的内容依次为 0001 0010 0011，即 $(123)_{BCD}$；273~260 中依次为 0100 0101 0110，即 $(456)_{BCD}$

类型		功能编码	功能	传送数据类型	图例	说明
数据传送指令	传送指令	K50	用于 Dt、Dc、D 之间传送数据，Dt、Dc、D，D→Dt、Dc、D	3 位 BCD 数	M100 ⊢⊢ F671 K711 设传送源; F672 K11 设读出形式; F673 K450 设目的源; F674 K10 设写入形式; F670 K50	读出、写入的数据形式，当未设置数据形式时，将自动按 K11 的形式读出、写入。读出数据形式或传送目标是设定只有当传送源或传送目标是设定器才有必要。图例中将 D711 中的数据传送到 T40 的设定值寄存器 Dt 中去，若 T40 的设定数为 345，则写入 T450 的设定值为 34.5s
		K51	用于 Rt、Rc、D 之间传送数据，Rt、Rc、D，D→Rt、Rc、D	3 位 BCD 数		同 K50
		K39	相同数据的 n 次传送，它把一个数据寄存器的内容分别传送到另外 n 个数据寄存器中，传送次数 n 可以在指令中设定，D→Di～Dj	D 中 3 位 BCD 数送入 Di～Dj	M100 ⊢⊢ F671 K700 D700 中的数; F672 K5 设定传送次数为 5 次; F673 K711 分别被写入的 5 个 D 中; F670 K39 为起始的 5 个 D 中	将 D700 中的数据分别被写入以 D711 为起始的 5 个数据寄存器中 (D711～D715)。K5 设定传送次数为 5 次
		K52	是间接传送指令，将 (D) 中的内容作为传送源的编号，将这个编号数据寄存器的内容传送给 D，(D)→D	3 位 BCD 数同址传送		见 K53

55

类型	功能编码	功能	传递数据类型	图　例	说　明
数据传送指令	K53	是间接传送指令，将寄存器 D 中的数据传送给目的的寄存器，内容作为编号为 (D)，D→(D)	3 位 BCD 数间址传送	M103 — F671 K700 / F672 K730 / F670 K53；D700 123 → 123；D730 711 ⇢ D711	不是将源寄存器 D700 的数据传给 D730 中；而是以 D730 作为间接寻址寄存器，D730 中的内容才是传送目的的寄存器的编号，如例图
	K54	是间接传送指令，完成传送功能，(D)→D	3 位 BCD 数间址传送		见例 K53，只是源寄存器也是间址寄存器
	K29	位传送指令，传送源是 X、Y、M、S，传送位数 n 为 1~16 位，由 F672 指定。将由 F671 指定的传送源元件号为首的 n 个元件中的数字状态分别传送到以 F673 指定的传送目的元件为首的 n 个元件中去，X、Y、M、S→Y、M、S	N 位二进制数	M100 — F671 K401 X401~X404 / F672 K4 4 位 / F673 K103 M103~M106 / F670 K29；传送过程：X401 X402 X403 X404 → M103 M104 M105 M106	注意传送源和目标起始元件最低位必须是"0" 图例将 X401~X404 的状态分别传送到 M103~M106 中去
	K133	位传送指令，传送位数固定为 8 位，X、Y、M、S→Y、M、S	8 位二进制数	M100 — F671 K500 / F672 K300 / F670 K133；执行过程：X501 X500 ... X507 → M301 M300 ... M307	起始元件编号的最低位必须为"0"，否则出错信息，指令不执行，这一点与 K29 指令不同，由于指定了传送位数 8 位，则只用 F671、F672 分别指定传送源和传送目的元件的起始编号即可

类型	功能编码	功能	传递或（比较）数据类型	图例	说明
数据传送指令（传送指令）	K49	数据寄存器 D 之间交换数据，D←→D	3 位 BCD 码	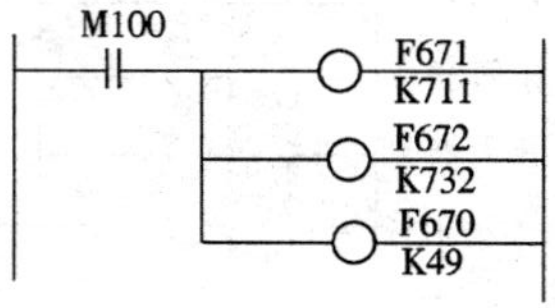	将 D711 和 D732 内的数据互换
	K131	把传送源中的三位 BCD 码变为十位二进制数传送到目的单元中去，X、Y、M、S←→Y、M、S	3 位 BCD 数与 10 位二进制数交换	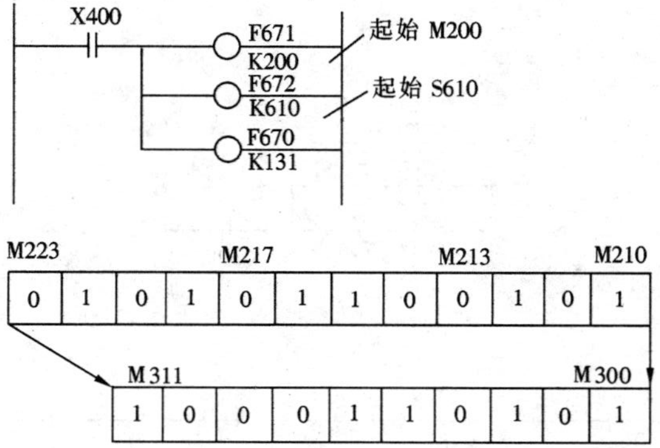	传送源及目标起始元件编号的最低位必须是"0"，否则 M570 发出出错信息，指令不执行 例图中是将存放在 M200～M213 中的 BCD 数"565"变为二进制数 1000110101 存入 S610～S623 中
	K132	把十位二进制码变为三位 BCD 数传送，X、Y、M、S←→Y、M、S	10 位二进制数与 3 位 BCD 数交换		传送源及目的的元件范围与 K131 指令一样，编程方式及传送元件起始元件编号也与 K131 指令相同 当送入目标单元的 BCD 数超过 1000 时，进位标志 M571 为"ON"，目标内只写入其低三位数

类型	功能	功能编号	图例	比较数据类型	说明
数据传送指令 变换及交换指令	实现在 Y、M、S 之间交换 8 位数据，Y、M、S ←→ Y、M、S	K134	M100—○ F671 K200 传送源起始号 ○ F672 K610 目的元件起始号 ○ F670 K134	8 位二进制数之间交换	注意传送源及目的元件编号的最低位数应为"0"。图例实现了 M200～M207 与 S610～S617 之间的数据交换
	将 8 位数据取"反"后传送，X、Y、M、S ←→ Y、M、S	K135	X000—○ F671 K400 ○ F672 K100 ○ F670 K135	8 位二进制数之间求反交换	将 X400～X407 中的数据 01101010 求反后 10010101 传送到 M100～M107 中 X407 □□□□□□□□ X400 0 1 1 0 1 0 1 0 K135 ↓ M107 1 0 0 1 0 1 0 1 M100 注：传递源及目标起始元件编号的最低位数必须为"0"
数据比较指令（10 条） BCD 数据与寄存器数据的比较	将比较源中的数据加上偏差量后与比较目标中的数据进行比较，X、Y、M、S 比 ←→ R、R、D 代表 注：进位标志 M571 ">"；借位标志 M573 "<"；零标志 M572 "="	K41	M100—○ F671 K200 比较源起始元件 ○ F672 K6.5 偏差量 ○ F673 K3 数据形式 ○ F674 K451 比较目标 M571—○ F670 K41 Y030	带偏差量的 1～3 位 BCD 数	用 F671 设定比较源起始元件的编号，并规定该编号的最低位数字必须为"0"。用 F673 设定数据形式（比较源），设 M200～M203 中的数据为 0100，即 (4)BCD，它的数据形式为 K3，则为 (40)BCD 加上 (40)BCD 加上偏差量的当 6.5 后为 46.5，若定时器 T451 前值为 36.5，则比较后使进位标志 M571 为"ON"，从而使 Y030 为"ON"

类型	功能编号	功能	比较数据类型	图例	说明
数据比较指令（10条） BCD数据与寄存器数据的比较	K42	将X、Y、M、S中的三位BCD数与寄存器Rc、D中的数据进行不带偏差的比较，X、Y、M、S $\xrightarrow{\text{比}}$ Rc、D	3位BCD数	M100 —— F671 K410（比较源起始元件）—— F672 K60（比较目标）—— F670 K42（执行比较）	用F671设定比较源起始元件的编号X410，用F672设定比较目标C060当前值。且如果比较源起始元件编号最低位不为"0"，则出错标志M570为"ON"，不执行比较
	K107	用于M260~M273中的三位BCD数与计数器、寄存器Rc中的数据进行比较，M260~M273 $\xrightarrow{\text{比}}$ Rc	3位BCD数	M70 —— F671 K000（000→M240~M253）—— F672 K111（111→M260~M273）—— F670 K109（执行传送指令）—— F671 K111（设比较源）M70 —— F670 K460 —— F671 K107（Rc与111比较）M571 M120（若111＞Rc M120"ON"）M572 M121（若111＝Rc M121"ON"）M573 M122（若111＜Rc M122"ON"）	先用传送指令K109将常数111传送到M260~M273中，然后用K107指令进行比较，根据比较结果不同，分别使辅助继电器M120、M121、M122为"ON"
同类寄存器之间比较	K45	用于寄存器Rc、D之间的比较，Rc、D $\xrightarrow{\text{比}}$ Rc、D	3位BCD数	X400 —— F671 K60（比较源C060）—— F672 K67（比较目标C067）—— F670 K45	将两个计数器C060、C067的当前值进行比较
	K137	用于将X、Y、M、S中8位二进制数据的比较，X、Y、M、S $\xrightarrow{\text{比}}$ X、Y、M、S	8位二进制数	M100 —— F671 K100（比较源M100~M107）—— F672 K430（比较目标Y430~Y437）—— F670 K137	用F671、F672分别指定比较源、比较目标起始元件的编号，该编号的最低位必须是"0"

类型	功能编号	功能	比较数据类型	图 例	说 明
数据比较指令（常数与寄存器内容比较）	K40	用于十进制常数与寄存器 R_t、R_c、D 中的数据进行比较，$K \xrightarrow{比} R_t、R_c、D$	3 位 BCD 数	X400—F671 K123 F672 K465 F670 K40—M110—M111—M112（M571、M572、M573）；常数 123、计数器 C465 当前数据、寄存器 R_c 中的数据	常数 123 与计数器 C465 的当前值寄存器 R_c 中的数据进行比较，根据结果分别使 M110、M111、M112 为 "ON"。若比较目标是定时器 R_t，则寄存器的数可以带小数点，如 12.3，否则即使用 F671 设定的常数带小数点，也自动将其按整数处理。即 12.3 被看作是 123
	K46	对寄存器 D 的内容判零，$K=0 \xrightarrow{比} D$	零值析测	X000—F671 K756 F670 K46—M100（M572）；D756 内容	若 D756 内容为全零，则 M572 为 "ON"，从而使继电器 M100 接通
	K136	用于将一个八进制常数（0～377）与 X、Y、M、S 中的八位二进制数进行比较，$K(0\sim377) \xrightarrow{比} X、Y、M、S$	K：8 进制常数（0～377）X、Y、M、S：8 位二进制数	M101—F671 K123 F672 K400 F670 K136；K123 是 8 进制常数、K400 为起始元件的 8 个继电器	其中 K123 是 8 进制常数，K400 是以 X400 为起始元件的 8 个输入继电器。注意：目标起始元件的最低位为 "0"

类型	功能编号	功能	比较数据类型	图例	说明
数据比较指令 常数范围与寄存器数据的比较	K43	用于一个BCD常数的范围与寄存器 R_t、R_c、D 中的数据值的比较， K_1、K_2 比→R_t、R_c、D	3 位 BCD 数范围比较 K_1 为一个BCD数（三位）下限 K_2 为一个BCD数（三位）上限	M103—F671、K60、F672、K123、F673、K456、F670、K43、M100、M101、M102、M571、M572、M573 比较目标 C060 下限 123 上限 456 当前值>456 当前值于 123~456 之间 当前值<123	用 F671 设定比较目标：计数器 C060 的当前值用 F672、F673 分别指定比较源的下限和上限，即是将常数范围 123~456 与计数器 C060 的当前值进行比较。 若当前值>456，则 M100 为"ON" 若当前值于 123~456 之间，则 M101 为"ON" 若当前值<123 则 M102 为"ON" 在使用 K43 指令时，R_t、下限、上限值允许带小数点，下限、下限值允许带小数点，否则小数点无效，自动按整数处理
	K44	由一对六位 BCD 数组范围的常数比较进行比较，K_1、K_2、K_3、K_4 比→R_c、D K_4	6 位 BCD 数范围比较 $K_1 K_2$—下限 $K_3 K_4$—上限	M100—F671、K660、F672、K456、F673、K0、F674、K123、F675、K789、F670、K44、M571、M572、M573 设定比较目标 比较源下限低三位（即 000456） 比较源下限高三位（即 000456） 比较源上限低三位 比较源上限高三位（即 789123） ＞789123 000456~789123 ＜000456	与 K43 相比，K44 指令常用于比较的常数范围更大。该指令常用来对由 C060 和 C061 组成的高速计数器的当前值进行比较。 图例中比较目标为 C060（低三位）和 C661（高三位），比较常数范围是 000456~789123，由 F672~F675 设定： 若六位计数器当前值＞789123，则 M571 为"ON" 若当前值在 000456~789123 之间，则 M572 为"ON" 若当前值＜000456，则 M573 为"ON" 当使用 K44 指令时，如果由 F671 设定的目标计数器或数据寄存器低三位元件编号不是偶数，则 M570 为"ON"，不执行比较

类型	功能编号	功能	运算数据类型	图例	说明
算术运算指令（21条）　加法	K57	用于两个数据寄存器 D_i、D_j 中的三位 BCD 数相加，其和送入结果寄存器 D_k 中。进位标志 C_Y 不参与运算。$D_i + D_j \rightarrow D_k$，$C_Y$、$Z$ 进位零	3 位十进制不带进位加	X000—○F671 K700（被加数寄存器 D_i）—○F672 K701（加数寄存器 D_j）—○F673 K702（结果寄存器 D_k）—○F670 K57 执行过程： D700: [1│5│3] D701: [1│1│7] +) D702: [2│7│0]　C_Y:0	F671 指定被加数寄存器 D_i；F672 用来指定加数寄存器 D_j；F673 用来指定加结果寄存器 D_k。若相加产生进位，则 M571 "ON"；若结果为 0，则 M572 "ON"。执行过程见图例
	K58	将两个寄存器 D_i、D_j 数据及进位标志 C_Y 相加后送入结果寄存器 D_k 中，进位标志 C_Y、Z。$D_i + D_j + C_Y \rightarrow D_k$，$C_Y$、$Z$	3 位十进制带进位加	X400—○F671 K723—○F672 K701—○F673 K730—○F670 K58 执行过程： D723: [2│5│6] D701: [8│3│2] + C_Y [1] D730: [0│8│9]　C_Y:1	与 K57 指令相同，只是加上进位标志 C_Y
	K55	用于寄存器 D_i 中的数据与常数相加，结果入寄存器 D_j，进位标志 C_Y 参与运算，$D_i + K + C_Y \rightarrow D_j$，$C_Y$、$Z$	3 位十进制带进位加	X400—○F671 K700（D_i）—○F672 K555（常数）—○F673 K701（D_j）—○F670 K55	用 F671 指定被加数寄存器 D_i；用 F672 设定三位 BCD 数；用 F673 指定结果寄存器 D_j

类型	功能编号	功能	运算数据类型	图　例	说　明
加法	K56	同 K55，只是用于 6 位 BCD 数相加，$D_{i+1}D_i + K_1K_2 + C_Y → D_{j+1}$ D_j、C_Y、Z	6 位十进制数带进位加		同 K55
加法	K59	同 K58，只是用于 6 位数相加，$D_{i+1}D_i + D_{j+1}D_j + C_Y$ $→D_{k+1}D_k$、C_Y、Z	6 位十进制数带进位加		同 K58
加法	K60	同 K57，只是 3 位八进制数，$D_i + D_j → D_k$、C_Y、Z	3 位八进制数不带进位加		同 K57
减法	K47	用于对一个寄存器 D_i 中的数据求补码，即用 BCD 数 1000 与 D_i 中的数据相减，其结果仍送入 D_i 中，$1000 - D_i$	3 位十进制补码运算	M110 —‖— F671 ○ K700／F670、K47	该指令只需用一个 F671 设定欲求反码数据所在的寄存器 D700 即可
减法	*K87	不作算术运算，不需设定线圈，它的功能是选择减法运算负数值的表示方式		K87 指令格式：　M100 —‖— F671 ○ K87	当 M100 为 "ON" F670 接通，这时负数用其绝对值表示；当 M100 为 "OFF" F670 断开，此时选择补码方式
减法	K68	将寄存器 D_i 中的数据（被减数）与寄存器 D_j 中的数据（减数）相减，差送入结果寄存器 D_k 中，借位标志不能加运算，$D_i - D_j → D_k$、B_Y、Z	3 位十进制数不带借位减	X400 —‖— F671 ○ K711（D_i 为 D711）／F672 ○ K712（D_j 为 D712）／F673 ○ K713（D_k 为 D713）／F670 ○ K68	若在运算中出现借位，使 M573（B_Y）为 "ON"，若运算结果为 0，M572（Z）为 "ON"

算术运算指令（21 条）

类型	功能编号	功能	传递或比较类型	图例	说明
算术运算指令 减法	K66	将寄存器 D_i 中的数据(被减数)与一个三位 BCD 常数 K(减数)相减,且借位 B_Y 参与减法运算,结果送入 D_j 中, $D_i - K - B_Y \to D_j$, B_Y、Z	3位十进制数带借位减	F671 K700 F672 K811 F673 K701 F670 K66 D700: 1 0 5 K: 8 11 0 -)BY: 0 D701: 2 9 4 BY: 7 0 6 / 1	当运算结果有借位时, M573 为"ON" 当运算结果为"0"时, M572 为"ON"; 当 K87 为"ON" 当 K87 为"OFF" } 当差为负值时, D_j 中的数据由 K87 指令式决定
	K69	用于两个寄存器 D_i(被减数) D_j(减数)中的数据相减,借位 B_Y 作为减数参与运算,差送入 D_k 中, $D_i - D_j - B_Y \to D_k$, B_Y、Z	3位十进制数带借位减		同 K68,只是带借位减
	K67	同 K66, 只是 6 位数相减, $D_{i+1}D_i - K_1K_2 - B_Y \to D_{j+1}D_j$, B_Y、Z	6位十进制带借位减		同 K66
	K70	同 K69, 只是 6 位数相减, $D_{i+1}D_i - D_{j+1}D_j - B_Y \to D_{k+1}D_k$, B_Y、Z	6位十进制带借位减		同 K69
	K71	同 K68, 只是 3 位 8 进制数, $D_i - D_j \to D_k$, B_Y、Z	3位8进制不带借位减		同 K68

续表

类型	功能编号	功能	传递或比较类型	图例	说明
算术运算指令　乘法	K77	用于一个寄存器 D_i 中的数据与三位 BCD 常数 K 相乘，积送入两个相邻的寄存器 D_{j+1}、D_j 中，$D_{i \times k} \rightarrow D_{j+1}$、$D_j$	三位十进制数乘法	M100 —‖— F671 K711 —— D_i 为 D711 F672 K456 —— 常数 456 F673 K755 —— D_j（低三位寄存器编号）为 D755，则 D_{j+1} 为 D756 F670 K77	执行过程为： D711: |1|2|3|　K: |4|5|6| D756 |0|5|6|0|8|8| D755 ×)
	K79	用于 D_i 中的数据（被乘数）与 D_j 中的数据（乘数）相乘，结果送入两个相邻的寄存器 D_{k+1}、D_k 中，$D_i \times D_j \rightarrow D_{k+1}D_k$	三位十进制数乘数	M100 —‖— F671 K700 —— 设 D_i 为 D700 F672 K701 —— 设 D_j 为 D701 F673 K702 —— 设 D_k 为 D702，则 D_{k+1} 为 D703 F670 K79	用 F673 设定低三位结果寄存器编号 D_k
	K78	同 K77，只是 6 位数相乘，结果送入 4 个相邻的寄存器中，$D_{i+1}D_i \times K_1K_2 \rightarrow D_{j+3}D_{j+2}D_{j+1}D_j$	六位十进制数乘法		同 K77
	K80	同 K79，只是 6 位数相乘，结果送入 4 个相邻的寄存器中，$D_{i+1}D_i \times D_{j+1}D_j \rightarrow D_{k+3}D_{k+2}D_{k+1}D_k$	六位十进制数乘法		同 K79

类型	功能编号	功能	传送或比较类型	图 例	说 明
算术运算指令 (除法)	K81	用于一个寄存器 D_i 中的数据（被除数）与一个三位 BCD 数 K（除数）相除，将其商和余数分别放入两个相邻编号的寄存器中，$D_i/K \to D_j \cdots \cdots D_{j+1}$	三位十进制数除法	X400 ⊢⊣ ○ F671 K700 D_i 为 D700 / ○ F672 K123 K 为 123 / ○ F673 K752 商 D_j 为 D752 / ○ F670 K81 余数 D_{j+1} 为 D733	执行过程为: D700: 9 8 7 K: 1 2 3 ÷) D733 D732 0 0 3 0 0 8 用 F673 指定商寄存器 D_j，则余数自动存放在 D_{j+1} 中
	K83	用于两个寄存器 D_i（被除数）D_j（除数）中数据的相除，将其商和余数分别放入两个相邻编号的寄存器中，$D_i/D_j \to D_k \cdots \cdots$ $D_{j+1}D_j \to D_{j+1}$	三位十进制数除法	X400 ⊢⊣ ○ F671 K700 D_i / ○ F672 K702 D_j / ○ F673 K703 D_k / ○ F670 K83	用 F671 ～ F673 分别设定 D_i、D_j、D_k，则余数自动存放在 D_{k+1} 中
	K82	同 K81，只是 6 位数相除，结果分别放入 4 个相邻寄存器中，$D_{i+1}D_i/K_1K_2$ $\to D_{j+1}D_j D_k \cdots \cdots D_{j+3}D_{j+2}$	六位十进制数除法		同 K81
	K84	同 K83，只是 6 位数相除，商和余数放入 4 个相邻的寄存器中，$D_{i+1}D_i/D_{j+1}D_j \to D_{k+1}D_k \cdots \cdots D_{k+3}$ D_{k+2}	六位十进制数除法		同 K83

66

类型	目标类型	指令名称	功　　能	梯形图	说　　明
增"1"指令	寄存器 Rc 和 D	K61	数据寄存器（三位 BCD）数据加"1"	X400 —‖— ○F671 K700　○F670 K61	通常只需用一个功能能线圈 F671 者指定操作元件编号即可，以下同。当运算产生进位、借位或零时，M571、M573、M572 相应为零时，以下同
		K62	数据寄存器（六位 BCD）数据加"1"		所设定的起始寄存器编号必须是偶数
		K64	计数器的 Rc（三位 BCD）内容加"1"		
		K63	计数器的 Rc（三位八进制）内容加"1"		
		K65	计数器的 Rc（六位 BCD）内容加"1"		所设定的起始寄存器编号必须是偶数
	存贮单元 Y, M, S	K150	将存贮单元 Y, M, S 中逻辑量 8 位二进制数加"1"	M100 —‖— ○F671 K230　○F670 K150	起始元件编号的最低位必须是"0"
减"1"指令	寄存器 Rc 和 D	K72	数据寄存器（三位 BCD）中数值减"1"	X400 —‖— ○F671 K705　○F670 K72	通常只需用一个功能能线圈 F671 者指定操作元件编号即可，以下同。当运算产生进位、借位或零时，则 M571、M573、M572 相应为"ON"，以下同
		K73	数据寄存器（六位 BCD）中数值减"1"		所设定的起始寄存器编号必须是偶数
		K74	数据寄存器的 Rc（三位八进制）中数值减"1"		
		K75	计数器的 Rc（三位 BCD）数值减"1"		
		K76	计数器的 Rc（六位 BCD）数值减"1"		所设定的起始寄存器编号必须是偶数
	存贮单元 Y, M, S	K151	将存贮单元 Y, M, S 中逻辑量 8 位二进制数减"1"	—‖— ○F671 K30　○F670 K151	起始元件编号的最低位必须是"0"

类型	指令编码	功　能	数据类型	图　例	说　明
A/D 转 换 指 令	K85	相当于一个传送指令，即从模拟量单元将模拟量读入到数据寄存器 D700—D777 中	传送源是模拟通道，传送目的是数据寄存器（3位 BCD 数及 8 位二进制代码）	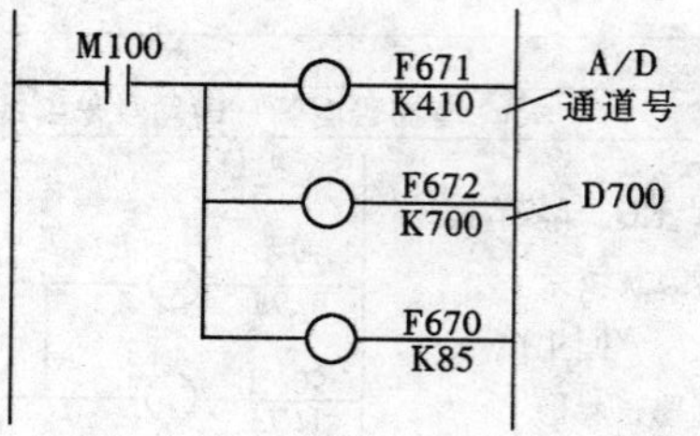	将模拟量由该输入通道 410 号读入模拟量单元中，经 A/D 转换后变为 8 位二进制代码，然后由 K85 指令将其变为二位 BCD 码存入指定的数据寄存器 D700 中
D/A 转 换 指 令	K86	用于将数据寄存器 D700—D777 中的 3 位 BCD 数转换为 8 位二进制代码后，送往指定的 D/A 通道输出	传送源是数据寄存器，目的是模拟通道（3位 BCD 数及 8 位二进制代码）	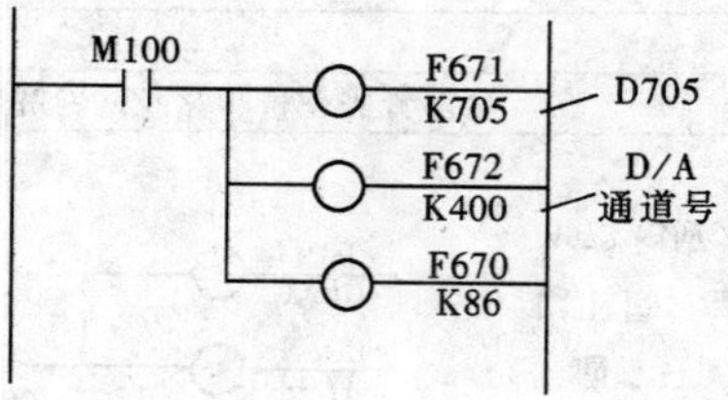	D705 中数据（3 位 BCD 码）变为 8 位二进制代码送入模拟量输出单元，并立即启动 D/A 转换将其转换为模拟量由指定的输出通道 400 输出

模拟量单元 F_2、6A-E

68

三菱 F_1 系列 PLC 的功能指令表见表 4-9 所列，通过表中所列的指令类型、功能编码、功能传送数据类型、图例和说明，可以使读者对 PLC 的高级指令的使用与功能有一定的了解，由于目前 PLC 的种类繁多，功能各有千秋，读者没有必要去记忆这些指令的功能编码、具体使用，但由于 PLC 的一般结构、原理、基本逻辑指令、基础功能指令都大同小异，通过本书介绍的三菱 F_1 系列 PLC 的有关知识，使读者可以触类旁通，对使用其他类型的 PLC 可以查阅有关的使用手册，能够做到很快掌握。

第四节　F_1 系列可编程序控制器的模拟量处理

三菱 F_1 系列 PLC 除了具有基本逻辑指令、高级功能指令，还可以进行步进功能控制（在第五章顺序功能图中详细介绍），除此之外，还提供了各种特殊功能的接口单元，使功能大大增强，其中模拟量单元 F2-6A-E 就可以使 PLC 很方便的对模拟量（如温度、速度、流量、压力等）进行控制。下面介绍它的特点及使用。

一、模拟量单元 F2-6A-E 的基本性能与配合方式

F2-6A-E 模拟量单元的基本性能是由可编程控制器自动采样，将输入的模拟量转换为数字量，放在数据寄存器中，在 PLC 的基本单元内对这些数据进行处理，并通过读单元将处理的结果转换为模拟量，输出控制执行机构。

一台 F2-6A-E 模拟量单元可以同时进行 4 路 A/D 转换（模拟量输入通道）和 2 路 D/A 转换（模拟量输出通道），它的输入特性见表 4-10，输出特性见表 4-11。

输　入　特　性　　　　　　　　　　　　　　　　表 4-10

模拟量输入	电压输入：DC0～5V（内阻 200kΩ）DC0～10V（内阻 85kΩ） 电流输入：DC0～20mA（内阻：250Ω）DC4～20mA（内阻：250Ω）
输入通道数	4 通道 注意：每个通道可选择输入类型。但当某通道输入为 4～20mA 型时，所有的输入都须是同类输入类型
数据输出	8 位二时制数传送至可编程控制器，由其转换成数值 0～255（3 位 BCD 码数值）
隔离	模拟量输入与数字量输出之间光电隔离，模拟量输入通道之间无隔离
综合精度	电压输入：±5 数码（±5/255）电流输入：±5 数码（±5　255）
转换速度	电压输入：500μs/通道（包含传送至可编程控制器的时间） 电流输入：500μs/通道（包含传送至可编程控制器的时间）

输　出　特　性　　　　　　　　　　　　　　　　表 4-11

模拟量输出	电压输出：DC0～5V　DC0～10V 外部负载电阻：500Ω～1MΩ
	电流输出：DC0～20mA　DC4～20mA 外部负载电阻：0～500Ω
输出通道数	2 通道 注意：每个通道都可选择输出类型
数字输入类型	数值 0～253（3 位 BCD 码）在可编程控制器转换成 8 位二进制码送到模拟量单元
隔离	数字量输入与模拟量输出之间采用光电隔离，模拟量输出通道之间无隔离
总体精度	电压输出：±120mV 电流输出：±0.24mV
转换速度	300μs/通道（包括从可编程控制器的传送时间）

F2-6A-E 模拟量单元与 F₁ 系列 PLC 的基本单元配合使用，通过专用电缆插接实现的。但不同型号的 PLC 允许连接的 F2-6A-E 的数量不同，配置关系见图 4-24 所示，F1-20M 与 F1-30M 允许连接一台 F2-6A-E，F1-40M 允许连接两台 F2-6A-E，F1-60M 可以连接三台 F2-6A-E。

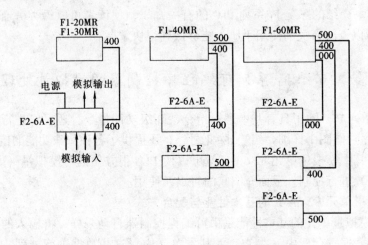

图 4-24　基本单元与 F₂-6A-E 的配置关系

二、模拟信号的种类与设定

F2-6A-E 的模拟信号输入、输出类型可以是电流、也可以是电压。电流范围是 0 ~ 20mA、4 ~ 20mA，电压范围是 0 ~ 5V、0 ~ 10V。在每一路 A/D、D/A 上相应的 "V"，"I" 和 "C"（COM）三个接线端子上接线，还要通过该单元面板上的选择开关来设定模拟信号的类型及范围。

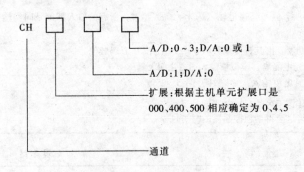

图 4-25　通道编号

输入类型的选择：输入类型为 0 ~ 5V、0 ~ 10V 和 0 ~ 20mA 时，各个通道可混合选择。若某一通道选择 4 ~ 20mA，则所有的通道都需设置为 4 ~ 20mA。

输出类型的选择：0 ~ 5V、0 ~ 10V、0 ~ 20mA 和 4 ~ 20mA。

三、A/D、D/A 通道号的确定

每一个 F2-6A-E 单元有 4 路 A/D 和 2 路 D/A，把每一路称为一个通道，当需要多台 F2-6A-E 单元时，通道号就更多，需对这些通道号编号，由 3 位数组成，如图 4-25 所示。

图 4-26 是一台 F1-60M 基本单元扩展三台 F2-6A-E 时，各 A/D、D/A 通道的编号情况。

四、数据传送

基本单元与模拟单元之间的数据传送及处理是在基本单元中的数据寄存器 D700 ~ D777（3 位 BCD 码）与 F2-6A-E 中的模拟量输入/输出锁存器（8 位二进制码）之间进行的。见图 4-27。

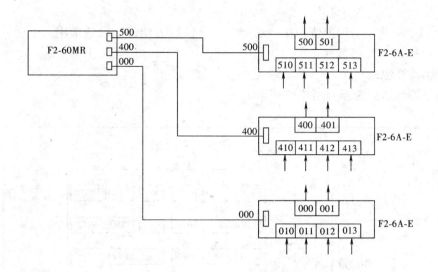

图 4-26　模拟量单元与基本单元的连接及通道分配

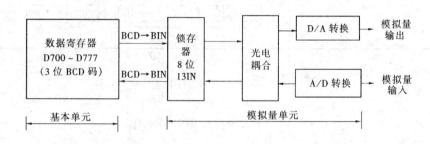

图 4-27　PLC 与 F$_2$-6A-E 之间的数据传送过程

三菱 F$_1$ 系列 PLC 模拟量控制指令有两条：A/D 转换指令 K85 和 D/A 转换指令 K86，见表 4-9。

用户通过模拟量单元与基本单元的合理选择、连接、设定，再应用 K85 和 K86 指令就可以用 PLC 很方便的对模拟量进行控制了。

第五节　F1-20P 简易编程器的介绍

对三菱 F$_1$ 系列 PLC 而言，它的编程工具有简易型编程器 F1-20P，图形编程器 GP-20F 和编程软件包 MEDOC。其中 GP-20F 是一种袖珍式液晶显示的编程器，既可以显示指令程序又可以显示梯形图，而且可以用编程器相互转换。当用梯形图监视系统运行时，可以观察到各触点和线圈的通断情况。

MEDOC 软件包是中文版的，在个人计算机上使用，用梯形图或指令的形式编辑程序。用户可以给所有的 I/O 地址命名，并用这些名字编程。程序可以存入磁盘，也可以用打印机打印，包括：梯形图或指令表、注释、I/O 清单、参数清单、交叉引用清单等等。在屏幕上不仅可以用梯形图方式监视 PLC 的运行，而且还可以显示操作指南和提示，使用者不需经常翻阅使用手册，十分方便。正在编辑的程序与磁盘中原有的程序还可以重新组合，然后再存入磁盘或打印出来。

由于 F1-20P 简易编程器体积小，功能完善，使用方便，所以最常用，下面我们就介绍一下 F1-20P 简易编程器。

一、结构介绍

F1-20P 编程器的面板如图 4-28 所示。

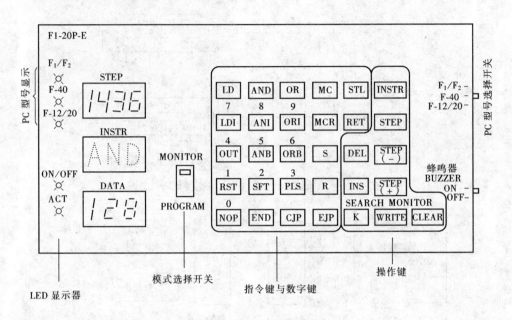

图 4-28 F1-20P 简易编程器面板面

（一）选择开关

在面板的右上侧有一个 PLC 型号选择开关，应根据使用的 PLC 基本单元的型号来设置，在其对应的面板的左上侧有 3 个 LED，可显示所选择的型号，右下侧有一 ON/OFF 选择开关选择编程器开或关。

在面板的中下侧有一个模式选择开关，可选择监控（MONITOR）或编程（PROGRAM）模式，PLC 的工作状态与上述两个开关选择的模式有关，当编程器选择监控模式时，PLC 基本单元在 RUN 状态下，可监控程序，PLC 基本单元在 STOP 状态下，可监控计数器和辅助继电器；当编程器选择编程模式时，PLC 基本单元在 RUN 状态下不接受编程器送入的指令，在 STOP 状态下可写入和读出程序，当编程器在编程模式时，若将基本单元的模式开关从"STOP"切换到"RUN"，基本单元不会运行。

（二）键盘

面板中央有一个键盘区，共有 31 个键，包括指令键和数字键 22 个，操作键 9 个。其中数字键与指令键公用，当输入基本指令时，只需要按相应的指令键即可，当输入功能指令时，需按相应的功能指令代码（数字）。编程器根据按键的先后顺序自动确定双功能键的功能，操作键可以执行一些特殊功能，见表 4-12。

（三）显示

面板左面有三个 LED7 段数字显示器，STEP 显示步序号，INSTR 显示指令，DATA 显示元件号、常数、数据。

操作键符号	功　　能
CLEAR	清除当前的操作，仅显示 000 步
INSTR	显示步序号和指令
STEP	显示或设定指令的步序号
DEL	在程序删除一条指令
INS	在原来的程序中插入一条新指令
STEP（＋）	按程序的顺序显示前一条程序的步序号或指令
STEP（－）	按程序的顺序显示后一条程序的步序号或指令
K/SEARCH	双功能键：用作 K 键时输入定时器/计数器的常数；用作 SEARCH 键时，从程序中搜索某一给定指令的步序号
WRITE/MONITOR	双功能键：编程模式时将指令写入存储器；监控模式时监视某个独立元件

面板左下侧标有 ON/OFF 的发光二级管，指示在监控状态时，被监控元件的 ON/OFF 状态。标有 ACT 的 LED，在用指令监控功能监控某一指令时，它亮了，表示指令对应的线圈或触点接通。

以上介绍了编程器的面板布置，下面介绍它的使用方法。

二、编程操作

首先将编程器的插头插在基本单元相应的插槽上，并将它们分别置于 PROGRAM 模式和 STOP 模式，这时 PLC 进入编程工作状态，可以进行程序的写入、检查和编辑。

（一）清除用户存储器的全部内容

写入新程序之前，应将用户存储器中的内容全部清除，处于写等待状态，按下列顺序按键：CLEAR→STEP→0→STEP→9→9→9→DEL

（二）程序的写入

例如输入以下指令：

LD	X401
OR	Y431
ANI	X402
OUT	Y431

若该程序从 000 步开始写入，则操作步骤如下：

CLEAR				（仅显示 000 步）
INSTR				（显示 000 步的原有指令）
LD	4	0	1	WRITE（写入第一条指令）
OR	4	3	1	WRITE（写入第二条指令）
ANI	4	0	2	WRITE（写入第三条指令）
OUT	4	3	1	WRITE（写入第四条指令）

如果想从第十步开始写入指令，在按了 CLEAR 键后，应按 STEP 和 1.0 三个键，然后按 INSTR 键，以下同。

由于各种编程元件编号互不重叠，所以在写入指令时不用写入符号（如 X、Y、M 等），只需写入 3 位八进制数的元件号。每条指令结束后，必须按 WRITE 键，使步序号自动加 1。

（三）程序的读出

程序写入后，为了检查是否正确，需将程序读出，按顺序按下列键：

CLEAR→STEP→步序号→INSTR→ STEP（＋）或 STEP（－）

如果从 000 步开始读程序，可以省去第二、三步。

（四）程序的搜索

若要搜索某一条指令所在的步序，用搜索键。

CLEAR→指令键→元件号→SEARCH

如果想搜索该步序号之后，是否还有相同的指令，再按一次搜索键，如果没有搜索到，则显示出最后的步序号 999，如果在按了 STEP（＋）或 STEP（－）之后，则无法作上述的搜索。

这种方法不能用于搜索定时器、计数器的常数。

（五）指令的修改、删除与插入

修改：用搜索键搜索到该指令后，写入新的指令，旧指令自然消失，该步序即变为新的指令。

删除：找到想要删除的指令后，按 DEL 键，该指令便被删除，后面指令的步序自动补上。

插入：需要在某一条指令（原指令）前插入新的指令，则应先把原指令读出，再按待插入指令的指令键和元件号，然后再按 INS 插入键，则该指令就插入到原指令之前了，原指令及其后的各条指令的步序号均自动加 1。

在删除或插入一条定时器或计数器的 OUT 指令时，其后的常数也应随之删除或插入。

（六）程序的检查

程序写入后，应对其进行检查，检查操作分为语法检查、电路检查、求和校验和双线圈检查，其中电路检查主要用于检查将梯形图转换成指令表时出现的错误；求和校验用于检查存放在 RAM 中的用户程序是否遭到破坏；双线圈检查用于检查是否在编程中两次以上对同一元件使用 OUT 指令，最常用的还是语法检查。

语法检查：按以下顺序按键：

CLEAR→STEP→1→WRITE

程序中如果有语法错误，则会显示错误代码：

代码 1－1：表示有错误的元件号。

代码 1－2：表示定时器或计数器没有设置常数。

代码 1－3：表示常数范围不正确。

如果有错误，按 STEP 键可以显示错误指令所在的步序号，按 INSTR 键可以显示错误指令及其步序号。

在改正了一个错误后，应继续检查，如果都没有错误时按 WRITE 键后仅显示 000 步。

三、监控操作

将编程器的模式选择开关置于监控（MONITOR）位置，在 PLC 运行时和停止运行后，可以监控任意一个编程元件的状态。

（一）元件监控

CLEAR→元件号→MONITOR

此时如果"ON/OFF"LED亮，表示该元件为"1"状态，反之为"0"状态。如果想监控相邻的元件状态，可继续按STEP（＋）键或STEP（－）键。

在监控定时器或计数器时，如果它们正在工作，则显示它们的当前值，直到当前值减到0时，"ON/OFF"LED亮。如果监控时它们不工作，"ON/OFF"LED熄灭，同时显示它们的设定值。

（二）指令监控

CLEAR→元件号→SEARCH（或STEP）→MONITOR

按SEARCH键（或STEP键）后显示指定元件的指令所在的步序号。按MONITOR键后，显示出该指令，同时"ACT"LED显示出与该指令对应的触点和线圈的状态。

如果要监视相邻的指令，可以接着按STEP（＋）或STEP（－）键即可。

（三）改变定时器/计数器的常数

CLEAR→T、C元件号→SEARCH→MONITOR→STEP（＋）→新的常数值→WRITE

（四）强迫ON/OFF

在监控状态下可以在线强迫一个编程元件ON/OFF，如下操作：

CLEAR→文件号→MONITOR→S或R

按MONITOR键后将显示该元件的状态，然后按S或R键可以强迫该元件ON或OFF一个扫描周期。利用此功能可以使定时器/计数器停止工作并使之复位。对置位/复位电路和有自锁功能的启保停电路也会起作用。

思 考 题 与 习 题

1. 论述三菱 F_1 系列 PLC 的功能特性。

2. PLC 中锂电池保护 PLC 中哪些内容？

3. 说明 F_1 系列 PLC 的特殊辅助继电器功能并列举使用例子。

4. 为什么 PLC 的触点可以使用无数次？

5. 写出如图 4-29 所示梯形图的指令表程序。

6. 写出图 4-30 所示梯形图的指令表程序。

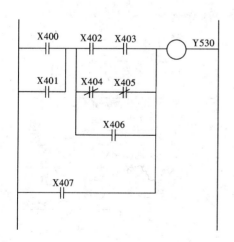

图 4-29   图 4-30

7. 写出图 4-31 所示梯形图的指令表程序。

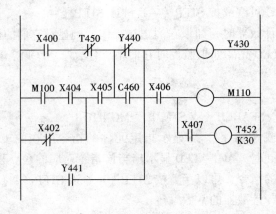

图 4-31

8. 画出与下面指令表程序对应的梯形图。

LD M150	AND M201	ANB	ANI X411
ANI X401	ANI M202	ANI X405	OUT X534
OR M200	ORB	OR M203	AND X510
AND X402	LD X404	ANI X406	QUT M100
LD X403	OR T450	OUT Y533	

9. 画出与下面指令表程序对应的梯形图。

LD X400	MC M120	LDI M101	LD M101
OR M71	LDI X405	ANI M102	AND X404
RST C460	AND X406	OUT M100	ORB
LD X401	OUT Y430	LD X402	SFT M100
AND M73	LD X407	RST M100	LD X500
OUT C460	OUT Y431	LD M100	PLS M230
K 450	MCR M120	AND X403	

10. 用主控制指令画出图 4-32 的等效电路。

11. 结合 F_1 系列 PLC 的功能指令分析图 4-33 所示梯形图的过程与结果。

12. 要求在 X511 为"1"状态时，分别用 X410 和 X411 控制 Y430 和 Y431，在 X511 为"0"状态时分别用 X412 和 X413 控制 Y430 和 Y431，试问图 4-34 所示电路能否满足要求？为什么？用跳转指令设计满足上述要求的梯形图。

13. 简述一下 F1-20P 编程 9 个操作键的基本功能。

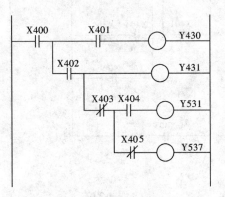

图 4-32

76

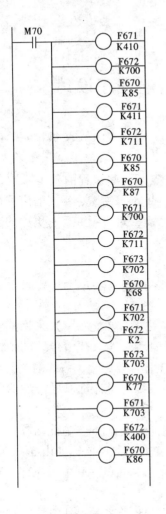

图 4-33

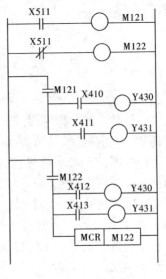

图 4-34

第五章　可编程序控制器的程序设计

可编程序控制器的程序设计是将其应用到实际的生产过程和生产机械控制的最为关键的一环，也是整个电气控制系统设计的核心。

本章从 PLC 常见的编程语言入手，介绍编程的特点及一些编程的基本原则，然后给出一些常见的基本控制环节的应用编程，最后通过一些短小、易懂、实用的应用举例，使技术人员初步掌握可编程序控制器程序设计的方法和步骤，对应用编程有更深的体会，为今后的工作打下坚实的基础。

第一节　可编程序控制器常见编程语言

PLC 是专为工业控制而开发的一种控制器，它最突出的优点之一就是采用"软"继电器（编程元件）代替"硬"继电器（实际元件），用软件编程逻辑代替传统的硬件布线逻辑实现控制任务。它的程序编制、安装、调试及维护工作主要由生产一线的电气技术人员和高级电工承担，因此 PLC 无论是硬件结构还是软件系统的设计都以尽可能的使用户能够很快的掌握它的应用为原则。

PLC 的编程语言有很多种，不同厂家使用的编程语言不尽相同，为此国际电工委员会（IEC）于 1994 年 5 月公布了可编程序控制器标准——IEC 1131。该标准由 5 个部分组成：通用信息、设备与测试要求、PLC 的编程语言、用户指南和通讯。其中第三部分对它的编程语言作了标准规定。

IEC 1131-3 详细说明了句法、语义和下述 5 种 PLC 编程语言的表达方式：（1）顺序功能图（SFC）；（2）梯形图（LD）；（3）功能块图（FBD）；（4）指令表（IL）；（5）结构文本（ST）。此标准为 PLC 的通用化、标准化提供了统一的标准，所有 PLC 厂家都在努力向此标准靠拢。

目前，PLC 最常使用的编程语言有三种：梯形图、指令表和顺序功能图。

一、梯形图（LD）

梯形图是 PLC 使用最多的一种图形编程语言，因为它是在继电接触器控制原理图的基础上演变而来的，它与继电器控制系统的电路图十分相似，它将 PLC 内部的各种编程元件（如输入、输出继电器，内部辅助继电器，定时器，计数器等）和命令用特定的图形符号和标注加以描述，并按照控制逻辑的要求和连接规则将这些图形符号和标注进行组合或排列，构成了表示 PLC 输入、输出之间逻辑关系的图形，即是梯形图，它具有清晰直观、好学易懂的优点，很容易被电气技术人员掌握，而不需要掌握计算机知识。

（一）梯形图中的符号

在梯形图中，它的触点不论是反映外部输入（如开关、按钮、物理触点等）还是内部状态（映像区某位状态），都只用"┤├"（常开）和"┤╱├"（常闭）两种符号表示，在图形上不加区分。用"—○—"表示其线圈（有的 PLC 用"—（ ）—"表示），它们不是指实际触点和线圈，而是概念上的意义。当编程元件的状态为"1"时，相当于该继电器线圈接通，对应的常开触点闭合，常闭触点断开；当编程元件的状态为"0"时，则相当于该继电器的线圈未接通，对应的常开触点断开，常闭触点闭合。每一触点和线圈均对应一个编号，不同类型的 PLC，其编号各不相同。

图 5-1（a）是一个典型的梯形图，可以实现三相异步电动机的直接启动，把启动按钮与 PLC 的输入端 X400 相连，把停止按钮与输入端 X401 相连，把接触器 KM 的线圈与 PLC 的输出端 Y531 相连。通过运行梯形图就能进行电动机的启停控制。在梯形图中，左右两垂直的线称作母线，右母线可以省略，左母线不能省略。

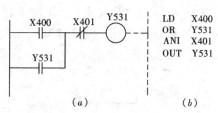

图 5-1　PLC 用于三相异步
电动机直接启动控制程序
（a）梯形图；（b）指令表

（二）梯形图的主要特点

梯形图与继电器控制电路在电路的结构形式、元件的符号以及逻辑控制功能等方面是相同的，但它们又有很多不同之处，梯形图具有以下主要特点：

（1）每个梯形图由多层梯级组成，每个输出元素构成一个梯级，每层梯级由最左侧的母线出发，经过各种触点的串、并联连接，最后通过一个线圈终止于右母线（也可省略右母线），整个图形呈阶梯形。最大串、并联数是有限的，不同 PLC 有不同规定。每个梯级的最右边必须连接线圈。

（2）根据梯形图中各触点的状态和逻辑关系，求出与图中各线圈对应的编程元件的状态，称为梯形图的逻辑解算。逻辑解算是按梯形图中从上到下、从左到右的顺序进行的。在分析梯形图的逻辑关系时，可以想像左右母线之间有一个左正右负的直流电源电压，当某一梯级的逻辑运算结果为"1"时，有一个假想的"概念电流"或"能流"从左到右流动，这一方向与梯形图执行顺序是一致的。利用这个实际上并不存在的"概念电流"，可以帮助我们更好的理解和分析梯形图各输出点的动作，"能流"不是真实的物理电流，在任何时候都不会自右向左流动。

（3）梯形图中每一梯级的运算结果，可立即被其后面的梯级所利用。

（4）梯形图中，一般情况下（除了有跳转指令和步进指令等的程序段以外），某一编号的继电器线圈只能出现一次，而同一编号的继电器触点则可以被无限次引用，既可是常开触点，也可是常闭触点。

（5）输入继电器仅受外部输入信号控制，而不能由内部其他继电器的触点驱动，因此，梯形图中只出现输入继电器的触点，而不出现输入继电器的线圈。

（6）PLC 的内部继电器（如内部辅助继电器，定时器，计数器等）其触点只能供 PLC 的内部使用，不能用于输出控制之用。

（7）梯形图中的输入触点和输出继电器线圈对应的是 I/O 映像寄存器相应位的状态，而不是物理触点和线圈。现场执行元件只能通过受控于输出继电器状态的接口元件（继电器、晶体管、双向可控硅）所驱动。

（8）梯形图中的线圈是广义的，除了输出继电器、辅助继电器线圈外，还包括定时器、计数器、移位寄存器以及各种算术运算的结果等，梯形图中的线圈应放在最右边。

(9) PLC 梯形图是按扫描方式顺序执行程序的，因此不存在几条并列支路同时动作的因素，这在设计梯形图时可减少许多有约束关系的联锁电路，从而使电路设计大大简化。

(三) 梯形图编程的基本规则

(1) 梯形图编程应体现从上到下，从左到右的顺序；

(2) 应体现"左沉右轻，上沉下轻"的原则。即串联多的电路尽量放在上面，并联多的电路尽量靠近母线。按这样规则编制的梯形图可减少用户程序步数，缩短程序扫描时间。如图 5-2 所示，梯形图 (a) 应改成 (b)，使程序简化。

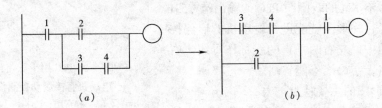

图 5-2　梯形图 (一)

(3) 触点应画在水平线上，不能画在垂直分支上。如图 5-3 (a) 所示，可能有两个方向的能流流过触点 3，难以正确识别它与其他触点之间的关系，也难以判断通过触点 3 对输出继电器线圈的控制方向。因此应改为 (b) 所示的等效电路。

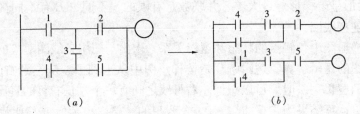

图 5-3　梯形图 (二)

(4) 梯形图中的线圈应放在最右边，不能将触点画在线图的右边。图 5-4 (a) 的梯形图应改为 (b)。

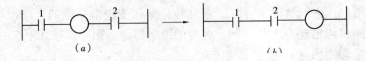

图 5-4　梯形图 (三)

(5) 不包含触点的分支应画在垂直分支上，不可画在水平线上，以便于识别触点的逻辑组合和对输出线圈的控制路径，如图 5-5 (a) 应改成 (b)

(6) 梯形图的逻辑关系应尽量简单、清晰，便于阅读，检查和输入。而不必考虑触点的数量，因为软触点无数量上的限制，编号相同的触点可在梯形图中多次出现。图 5-6 (a) 所示的梯形图逻辑关系不够清楚，不利于编程，应改成图 5-6 (b) 所示的梯形图。

(7) 除了有跳转指令和步进指令等的程序段以外，梯形图中不允许出现同一编号继电

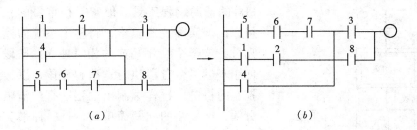

图 5-5 梯形图（四）

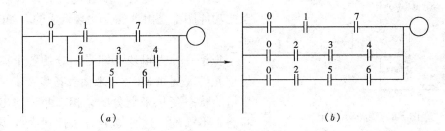

图 5-6 梯形图（五）

器线圈重复输出。如图 5-7，这时前面的输出都无效，只有最后一次输出才是有效的。

二、指令表（IL）

PLC 的指令是一种与微机的汇编语言中的指令相似的助记符表达式，但小型 PLC 的指令系统比汇编语言简单得多。由若干条指令组成的程序叫指令表程序。梯形图是一种图形语言，指令表是一种文字语言。指令表与梯形图是一一对应的，可以相互转换的。对应图 5-1（a）梯形图，它的指令表如图 5-1（b）所示。如果用图形编程器可以直

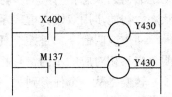

图 5-7 双线圈输出

接画梯形图，如果用简易编程器则必须输入指令表。编写指令程序时也应按照从上到下，从左到右的原则进行，每一条指令按步序号递增的方向顺序存放。

PLC 指令：操作码 + 操作数。

操作码：用助记符表示，指定执行什么功能。

操作数：指定执行某一功能操作所需要数据的所在地址及运算处理结果的存放地址。

不同型号的 PLC，指令系统助记符和编程元件符号是不相同的，但其基本指令的功能都大同小异，可参见第四章三菱 F_1 系列 PLC 的指令系统。

三、顺序功能图（SFC）

上面已经介绍了梯形图和指令表编程语言，尽管它们有许多优点，但它们对步进控制程序设计很困难，电路工作也不易理解，且编程难度较大，顺序功能图就是针对这些问题而问世的。

顺序功能图又叫做状态转移图或功能表图。是一种位于其他编程语言之上的图形语言，是一种结构块控制程序流程图，适用于顺序控制，是较新的一种编程语言。更确切地说 SFC 实际上是一种方法，一种组织编程的图形工具，需用其他编程语言（如梯形图或指令表）将它转换为 PLC 可执行的程序。因此，SFC 不是一种独立的编程语言，可作为

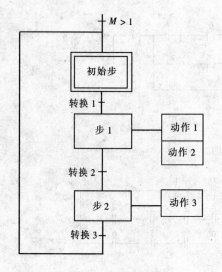

图 5-8　顺序功能图

PLC 的辅助编程工具。但它是很重要的，利用它可以根据实际控制要求，将整个系统的控制程序划分为若干个顺序相连的相对独立的阶段，然后使用步进指令分段执行这些程序段，以达到顺序控制的目的。这样编制出的程序直观清晰，结构分明，把复杂的问题简单化，是一种很实用的编程方法，并日益趋于国际标准化。

SFC 中有三要素：步、转换和动作。任何复杂的功能图都是由这三个要素组成的，如图 5-8 所示。

步是一种逻辑块，即是划分的各个阶段，用编程元件（例如 M，S）来代表各步，步是根据输出量的状态变化来划分的，相邻两步输出量总的状态是不同的。这种划分方法使代表各步的编程元件与各输出量的状态之间逻辑关系十分简单，简化整个复杂程序，用矩形框表示。方框中可以用数字表示该步的编号，也可以用代表该步的编程元件的元件号作为步的编号。与系统的初始状态相对应的步称为初始步，初始状态一般是系统等待启动命令的相对静止的状态，初始步用双线方框表示，每一个顺序功能图至少应该有一个初始步。

动作或叫命令，是控制任务的独立部分，也用矩形框表示，方框中用文字或符号说明，应与相对应的步的符号相连。

转换是从一个任务到另一个任务的原因，转换在有向连线上与之垂直的短划线来表示，转换将相邻两步隔开，步的活动状态的进展是由转换的实现来完成的，并与控制过程的发展相对应，转换条件是与转换相关的逻辑命题，使系统由当前步进入下一步的信号。转换条件可以是外部输入信号，如按钮、指令开关、限位开关的通断状态，可以是 PLC 内部产生的信号，如定时器、计数器常开触点的接通等，还可以是各个信号的与、或、非逻辑组合。用文字语言、布尔代数表达式或图形符号标注在短线旁边。

在顺序功能图中，随着时间的推移和转换条件的实现，将会发生步的活动状态的进展，这种进展按有向连线规定的路线和方向进行，习惯的进展方向是从上到下或从左到右。如果不是这个方向，应在有向连线上用箭头注明进展方向。

当系统正处于某一步所在的阶段时，称该步为"活动步"，步处于活动状态时，相应的动作被执行，处于不活动状态时，相应的非存储型动作被停止执行。

（一）顺序功能图的基本结构

多流程步进过程是具有两个以上顺序动作的过程，其顺序功能图具有两条以上的状态转移支路。常用的顺序功能图有以下几种基本结构。

1. 单支流程结构

每一步的后面只有一个转换，每一个转换的后面只有一个步，如图 5-9（a）所示。

2. 选择分支与合并结构

图 5-9（b）称为选择分支，如果步 1 是活动的，那么转换条件为"1"，则发生步 1 到步 2 进展，若转换条件 b 为"1"，则发生步 1 到步 3 的进展，若转换条件 c 为"1"，则发

生步 1 到步 4 的进展。转换符号只能标在水平连线之下，一般情况下只允许选择一个序列。图 5-9（c）称为选择合并，转换符号只允许标在水平连线之上，一般情况下也是只允许选择一个序列。如果步 1 是活动步，并且转换条件 a 为"1"，则发生步 1 到步 4 的进展，若步 2 是活动步，并且转换条件 b 为"1"，则发生步 2 到步 4 的进展，若步 3 是活动的，并且转换条件 c 为"1"，则发生步 3 到步 4 的进展。

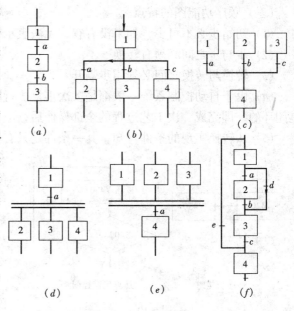

图 5-9　顺序功能图的基本结构

3. 并行分支与连接结构

图 5-9（d）称为并行分支，若步 1 是活动步，并且转换条件 a 为"1"时，步 2、步 3、步 4 同时变为活动步，每个序列中活动步的进展将是独立的。为了强调转换的同步实现，水平连线用双横线表示，转换符号只允许标在双横线之上，且只允许有一个转换符号。

图 5-9（e）称为并行连接，当步 1、步 2、步 3 都处于活动状态，并且转换条件 a 为"1"时，步 4 变为活动步，步 1、步 2、步 3 同时变为不活动步。也用双横线表示，转换符号只允许标在双横线之下，且只允许有一个转换符号。

并行结构用来表示系统的几个同时工作的独立部分的工作情况。

4. 跳步与循环结构

见图 5-9（f）所示，若步 1 为活动步，当转换条件 b 为"1"时，则发生步 1 到步 3 的进展，称为跳步。步 3 为活动步，当转换条件 e 为"1"时，则发生步 3 到步 1 的进展，称为循环。

跳步与循环是选择分支的一种特殊情况，跳步属于正向分支流程的一种，而循环属于逆向分支流程。

以上为顺序功能图的基本结构，任何复杂的控制结构都可以由以上几种基本结构所组成。

（二）转换实现的条件

在顺序功能图中，转换实现必须同时满足两个条件：一个是该转换所有的前级步都是活动步，另一个是相应的转换条件得到满足。步的活动状态的进展是由转换的实现来完成的，转换的实现使所有由有向连线与相应转换符号相连的后续步都变为活动步，使所有由有向连线与相应转换符号相连的前级步都变为不活动步。

在梯形图中，用编程元件代表步，当某步为活动步时，该步对应的编程元件为"1"状态。当该步之后的转换条件满足时，与转换条件对应的触点或电路接通，因此可以将该触点或电路与代表所有前级步的编程元件的常开触点串联，作为与转换实现的两个条件同时满足对应的电路。

（三）顺序功能图的特点

（1）初始步必不可少，如果没有它，无法表示初始状态，系统也无法返回停止状态。

（2）步与步之间必须有转换。

（3）转换与转换之间必须用步隔开。

（4）由于自动控制系统一般都是多次重复执行同一工艺过程，因此顺序功能图一般都是闭环的，即完成一次工艺过程的全部操作后，应再返回初始步，系统停留在初始状态。

（5）从转换实现的条件可知，其一条件是只有当某一步的前级步是活动步时，该步才有可能变成活动步。所以顺序功能图中的初始步如果没有变成活动步的可能，系统将无法工作。三菱 F1 系列 PLC 一般用特殊辅助继电器 M71 的常开触点作为初始步的转换条件，将初始步预置为活动步。见图 5-8。

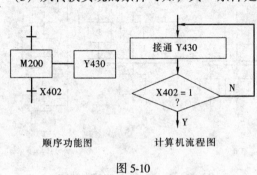

顺序功能图　　　　计算机流程图

图 5-10

（四）顺序功能图与计算机流程图的比较

综上所述，顺序功能图同计算机流程图相似，都是系统编程的有力的图形工具，都具有形象直观的优点。但它们又有所区别，图 5-10 给出了相对于同一个控制任务的顺序功能图和流程图。流程图中的矩形框称为处理框，表示要进行的工作；菱形图称为判断框，表示需要进行检查、判断。在出口处用"Y"表示条件满足，用"N"表示条件不满足。判断框的功能与顺序功能图中的转换相当。

由图可知，对于开关量控制系统用顺序功能图来描述比使用流程图要简单明了，特别是对于选择结构和并行结构更加明显，用计算机流程流程图无法描述并行结构。

第二节　控制环节的基本编程举例

许多在工程中应用的程序都是由一些简单、典型的基本程序组成的，这些基本程序可作为基本"程序库"，在编制较大型的程序时，可以调用这些程序，缩短编程时间。

一、自锁、联锁控制

自锁、联锁控制是电气控制系统中最基本的环节，十分有用。

（一）自锁控制（自保持控制）

见图 5-11（a）所示，常开触点 X401 闭合，输出继电器 Y430 通电，触点闭合，由于 Y430 触点与 X401 触点并联，这时即使将 X401 断开（或断电），Y430 仍保持通电状态，直到常闭触点 X400 状态为"1"时 Y430 触点才断开。

在 F$_1$ 系列 PLC 中，还有一条置位指令 S/R，可以实现保持控制功能，如图 5-11（b）所示。

（二）联锁控制

当有两个或两个以上不能同时动作的控制触点时，就需要用到联锁控制电路，如图 5-12 所示，在这个梯形图中，无论先启动哪个输入继电器，同时都会将另一个启动控制回

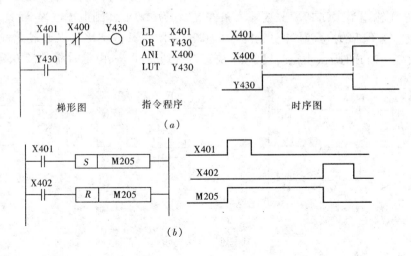

图 5-11　自保持电路

路断开，从而保证任何时候两者都不能同时启动，多个触点情况以此类推。

还有一种联锁控制是以一方的动作与否作为另一方动作的条件。如图 5-13 所示，继电器 Y531 能否导通是以继电器 Y530 是否接通为条件的。将 Y530 作为联锁信号串在断电器 Y531 的控制线路中，可以控制 Y531 的状态，在 Y530 闭合的条件下，继电器 Y531 可以自行启动和停止。

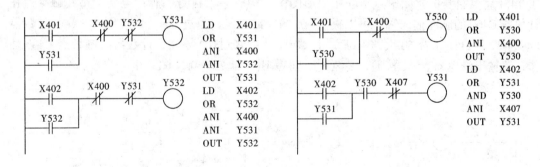

图 5-12　联锁控制　　　　　　　　　　　图 5-13　联锁控制

在可编程序控制器的实际应用编程中，自锁、联锁控制得到了广泛的应用。尤其是联锁控制在应用编程中起到连接程序的作用，它能够将若干段程序通过控制触点连接起来。

二、时间控制

在可编程序控制器的工程应用编程中，时间控制是非常重要的一个方面，它内部有许多定时器的"软"继电器（三菱 F_1 系列有 32 个定时器）可以无限次引用，十分方便，应用也十分广泛。

（一）用两个定时器组成振荡电路

用两个定时器可以组成占空比（t_1/t_2）任意的振荡脉冲，可以进行闪烁控制，如图 5-14 所示。当输入信号 X400 为"ON"时，启动定时器 T451 开始计时，t_1s 后 T451 导通为"ON"，相应继电器 Y531 输出为"ON"，同时定时器 T452 开始计时。又过 t_2s 后，T452 的常闭触点瞬时断开一个扫描周期，使 T451 复位并重新开始计时，此时因触点 T451 断开，输出线圈 Y531 输出为"OFF"。只要输入条件 X400 为"ON"，则上述过程不断重复。于是就可以得到连续不断的振荡脉冲，见图 5-14 中时序图。其占空比可以通过设置 t_1，t_2 的数值任意改变，断开时 t_1s 由定时器 T451 决定，接通时间 t_2s 由定时器 T452 决定。

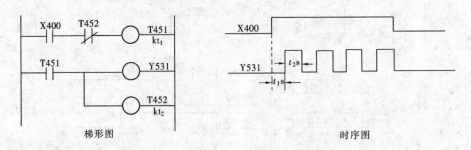

图 5-14 振荡电路

（二）长延时控制

在许多场合要用到长延时控制，但一个定时器的定时时间毕竟是有限的，三菱 F_1 系列定时器最大定时时间为 999s，采用定时器级联的方法可以扩大定时范围，如图 5-15 所示，总定时时间为各个定时器定时时间之和，即 $T = t_1s + t_2s$。如果用定时器和计数器结合起来，能实现更大范围的扩大定时时间，因为总定时时间为定时器常数与计数器常数之积，见图 5-16 所示。定时器 T451 的延时时间为 60s，计数器 C460 的计数初值定为 60。由于 T451 将其自身的常闭触点串联在梯形图中，构成一个自身的脉冲电路，将其触点接在计数器 C460 的脉冲输入端，可以提供 60s 的脉冲电路，每过 60s，T451 闭合一次，计数器 C460 减 1，T451 闭合 60 次即 1h 后，计数器 C460 减到 0，导通，计数器控制触点 C460 动作，使输出继电器 Y531 接通，总延时时间为 1h，即 $T = 60s \times 60 = 1h$。

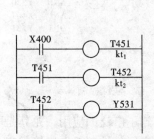

图 5-15 长延时电路（一）

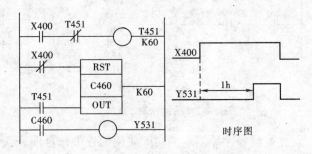

图 5-16 长延时电路（二）

（三）断开延时电路

大多数 PLC 产品内部的定时器都是接通延时型的，即定时器线圈接通后开始计时，当计时时间到，其常开触点闭合。在有些场合下，需要实现断开延时功能，即外部条件为"OFF"时，定时器开始计时，当计时时间到，定时器触点断开，这种功能可以通过将定时器与其他元件进行一定的组合来实现，见图 5-17 和图 5-18 所示，两个梯形图表示的时间控制线路虽然都是断开延时控制，但是有区别，对于图 5-17，当 X400 闭合后，立即启动定时器 T450，接通输出继电器 Y430，延时 10s 后，不管 X400 是否断开，输出继电器 Y430 都断电。

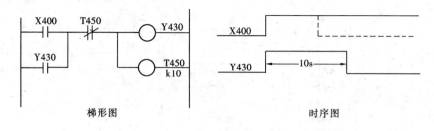

梯形图　　　　　　　　　　　　　　时序图

图 5-17　延时电路（一）

对于图 5-18，当 X400 闭合后，输出继电器 Y430 立即接通，但定时器 T450 不能启动，只有将 X400 断开，才能启动定时器 T450，从 T450 断开后算起，延时 10s 后输出继电器 Y430 断电。

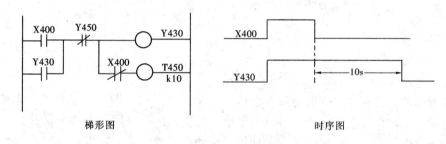

梯形图　　　　　　　　　　　　　　时序图

图 5-18　延时电路（二）

（四）接通/断开延时电路

见图 5-19，用 X400 控制输出继电器 Y430 延时接通和延时断开，X400 的常开触点接通后，T450 开始计时，5s 后 T450 的常开触点接通，使 Y431 导通为"ON"，其常闭触点断开，使 T451 复位。当 X400 变为"OFF"状态时，T451 开始计时，3s 后 T451 导通，它的常闭触点断开，使输出继电器 Y431 变"OFF"状态，T451 也被复位。

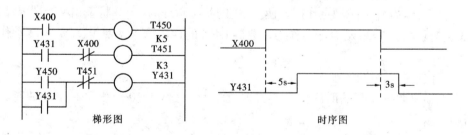

梯形图　　　　　　　　　　　　　　时序图

图 5-19　延时电路（三）

三、顺序控制

所谓顺序控制，就是按照生产工艺预先规定的顺序，在各个输入信号的作用下，根据内部状态和时间的顺序，在生产过程中各个执行机构自动地有秩序地进行操作。它是工业控制领域中最常见的一种控制，用 PLC 来实现顺序控制，可以说是物尽其用。

（一）连续式顺序控制

见图 5-20 所示，将前一个动作的常开触点串联在后一个动作的启动线路中，作为后

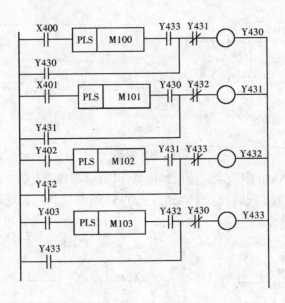

图 5-20 顺序控制（一）

一个动作发生的必要条件，同时将后一个动作的常闭触点串入前一个动作的关断线路中。这样只有前一个动作发生了，才允许后一个动作发生，而一旦后一个动作发生了，就立即迫使前一个动作停止，因此可以实现各动作严格的按照顺序逐步发生。

（二）定时器式顺序控制

见图 5-21（a）所示。

定时器控制程序自动按顺序一步步进行。下一个动作发生时，自动把上一个动作关断。常用于设备的顺序启动的控制。

如图 5-21（b）是两台电动机顺序控制梯形图，按下启动按钮 X400，M100 线圈接通，定时器 T451 和 T452 组成振荡电路，使 Y430 得到通断间隔的输出，即电动机 M_1 运转 10s，停止 5s，由于 Y430 的常闭触点作用，使 Y431 的状态正好与 Y430 状态相反，即电动机 M_2 停止 10s，运行 5s。Y430 动合触点作为计数器 C460 的计数输入，使 M_1、M_2 反复动作 4 次后停止。

（三）计数器式顺序控制

三台电动机顺序控制的时序图如 5-22 所示，M_1 运行 T450 产生第二个脉冲时，C461 的动断触点断开，Y431 为"OFF"，M_1 停止 5s 后 M_2 运行；M_2 运行 5s 后 M_3 运行，M_1 停止；M_3 运行 5s 后 M_2 停止；M_3 运行 10s 后 M_1 运行，M_3 停止，如此循环。利用计数器设计出图 5-22 的梯形图，合上运行开关 X400，Y430 导通，M_1 运行，M106 产生的脉冲使 C460 ~ C463 复位，计时器 T450 每 5s 产生一个脉冲，作为 C460 ~ C463 的计数脉冲，T450 产生第一个脉冲时，C461 的动合触点闭合，Y432 导通，M_2 运行；T450 产生第二个脉冲时，C461 的动断触点断开，Y431 为"OFF"，M_1 停止；同时 C461 的动合触点闭合，Y433 导通，M_3 运行。T450 产生第三个脉冲时，C462 动断触点断开，Y433 为"OFF"，M_3 停止；同时 C463 的动合触点闭合，C460 ~ C463 重新复位，C461 动断触点闭合，Y431 导通，M_1 又运行，如此不断循环下去。

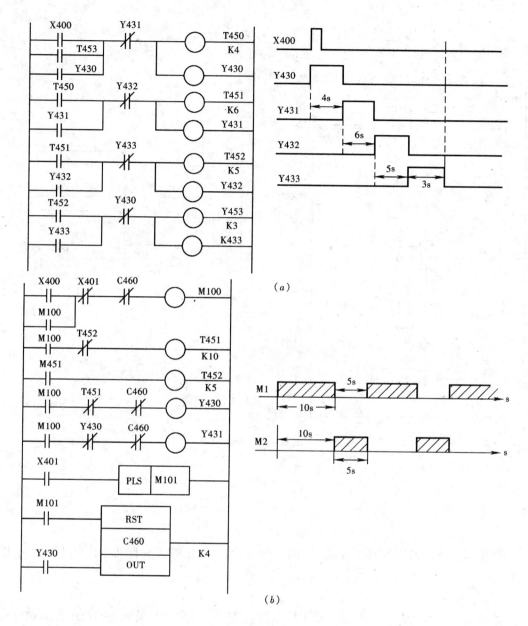

图 5-21　顺序控制（二）

（a）顺序控制；（b）顺序控制

（四）移位寄存器式顺序控制

图 5-23 是一个 8 路彩灯控制梯形图。由图可知，利用移位寄存器可以进行顺序控制。由于三菱 F_1 系列 PLC 的移位寄存器只能右移，因此通过改变外接开关 X400 的状态和条件跳转指令，就可以改变 M200 ～ M207 与输出继电器 Y430 ～ Y437 的连接关系，从而控制顺序方向。

因为移位寄存器 M200 共 16 位，用它的第 9 位 M210 作数据输入端，就形成了一个 8 位环形移位寄存器，可以通过 Y430 ～ Y437 控制 8 路彩灯。

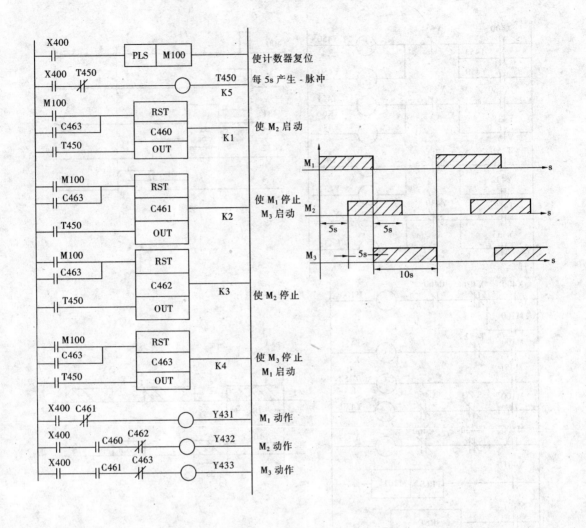

图 5-22 顺序控制（三）

利用移位寄存器实现顺序控制，除了流水灯外，常见的还有自动生产线上的顺序控制。

（五）用步进指令进行顺序控制

除以上方法进行顺序控制外，步进控制设计法是一种最新、最先进的顺序控制设计方法，它用转换条件控制代表各步的编程元件，让它们的状态按一定的顺序变化，然后用代表各步的编程元件去控制各输出继电器。它可以使程序的设计、阅读、修改十分方便，使复杂的问题变得清晰，提高设计的效率。

顺序功能图是设计顺序控制程序的一种极为重要的图形编程语言和工具。它的基本结构和特点已经在本章第一节中详细介绍了。下面以三菱 F_1 系列 PLC 为例，以它所提供的步进指令和状态寄存器来了解如何用顺序功能图进行顺序控制，这是现代 PLC 编程方法的最新发展趋势。

三菱 F_1 系列 PLC 为顺序控制提供了 40 个状态寄存器，S600～S647，还有一条步进指令 STL 和步进返回指令 RET，步进指令 STL 的功能特点在其基本指令中有所介绍。下面侧

90

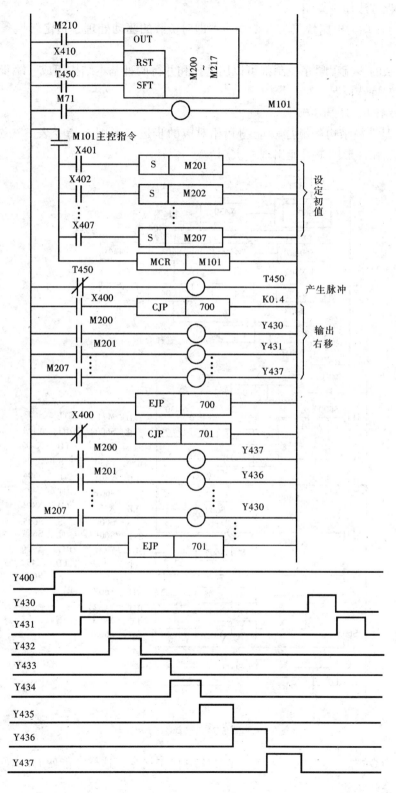

图 5-23 彩灯控制

重于它的编程方法作一介绍：

STL触点驱动的电路块具有三个功能：即对负载的驱动处理、指定转换条件和指定转换目标。

任何复杂的多流程顺序控制都可以用选择和并行两种基本结构组成（跳步和循环是选择分支结构的特殊情况）。

1. 选择结构的编程方式

图 5-24 是选择结构的顺序功能图和相对应的步进梯形图与指令表。在选择结构中，一个 STL 触点在梯形图中只能出现一次。

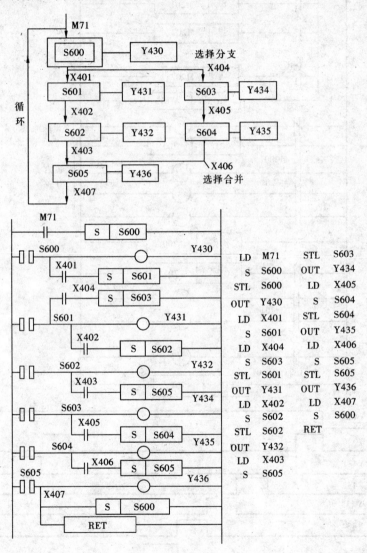

图 5-24 选择结构

在图中指令 $\dashv\vdash$ X407 — S | S600 — 下面一定要使用 RET 指令，这样才能使 LD 点回到左侧母线上，否则系统将不能正常工作。

92

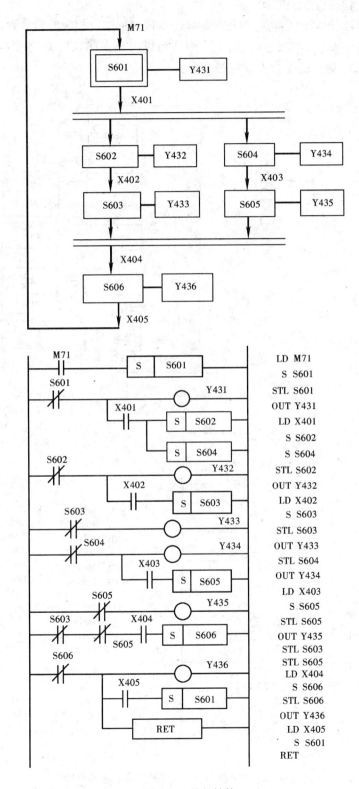

图 5-25 并行结构

2．并行结构的编程方式

图 5-25 是并行结构的顺序功能图和相对应的步进梯形图及相应的指令表。

在并联结构中，同一 STL 触点在同一程序中可以出现多次，F_1 系列 PLC 规定一个并行序列中串联的 STL 触点的个数不能超过 8 个。

3．应用举例

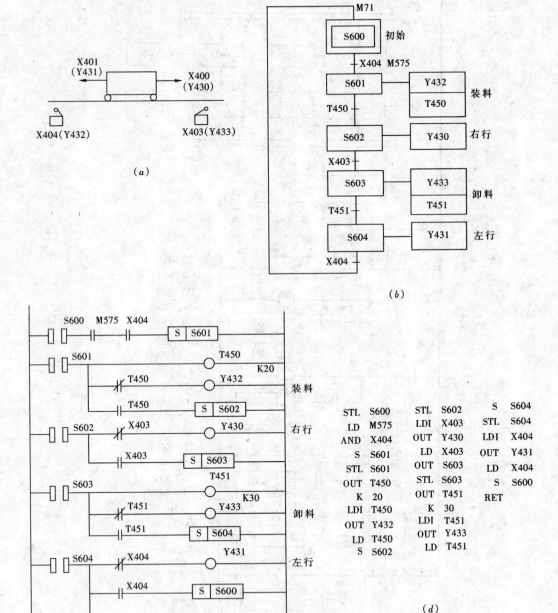

图 5-26　工程示意图、顺序功能图和步进梯形图
(a) 工作示意图；(b) 顺序功能图；(c) 步进梯形图；(d) 指令表程序

94

以运料小车的自动顺序控制为例了解步进指令的编程方法。

见图 5-26（a）所示。运料小车在限位开关 X404 处装料，20s 后装料结束，开始右行，碰到 X403 后停下来卸料，30s 后左行，碰到 X404 后又停下来装料，如此反复循环工作，直到按下停止按钮 X402。按钮 X400 和 X401 分别用来控制运料小车的右行和左行。

要完成以上顺序工作过程，它的顺序功能图如图 5-26（b）所示，把整个工作过程分成 5 步，用 S600～S604 表示。初始步前必须对各步进行初始化复位，F₁ 系列 PLC 通常用 M71 的常开触点作为转换条件，将初始步预置为活动步，否则系统将无法工作。F₁ 中有 2 个特殊辅助继电器 M574 和 M575 专用于步进指令，当 M575 为"ON"时状态自动转换，当 M574 为"ON"时禁止状态的转换。

图 5-26（c）是相对应的步进梯形图，图 5-26（d）是相对应的指令表程序。由此例可知，用步进控制设计法编制顺序程序，把任何复杂的系统都可划分为若干个顺序相连的步，画出顺序功能图，借助顺序功能图很容易就可以画出相应的步进梯形图，直观，易懂，不易出错，是一种非常重要并且实用的编程方法。

思 考 题 与 习 题

1. 简述梯形图的主要特点。
2. 梯形图编程的基本规则。
3. 简述顺序功能图的三要素。
4. 画出顺序功能图的六种基本结构。
5. 设计满足图 5-27 所示时序关系的梯形图。

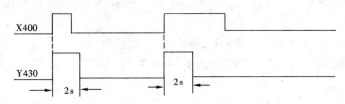

图 5-27

6. 在图 5-28 所示梯形图中当 X400 为"1"状态多长时间 Y530 变为"1"状态。

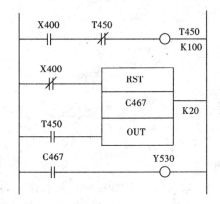

图 5-28

7. 设计可以形成占空比 t_1/t_2 为 5:3 的振荡电路的梯形图。

8. 画出图 5-29 中 M103、M104、M205 的波形。

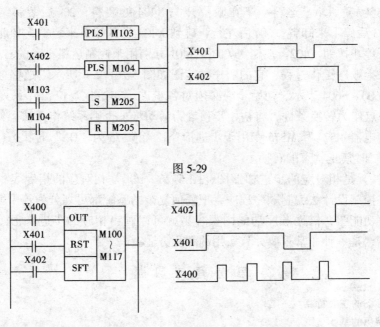

图 5-29

图 5-30

9. 画出图 5-30 中 M100、M101 和 M102 的波形。

10. 在按钮 X430 按下后 Y530 变为 "1" 状态并且保持，X431 输入 3 个脉冲后（用 C460 计数）T450 开始定时，10s 后 Y530 变为 "0" 状态，同时 C460 被复位，在 PLC 开始执行用户程序时 C460 也被复位。设计出梯形图。

11. 根据图 5-31 所示的状态转移图写出其梯形图和指令表程序。

12. 编制 X400 接通后，Y430 产生通断间隔为 1 个扫描周期的脉冲信号的程序。时序图见图 5-32。

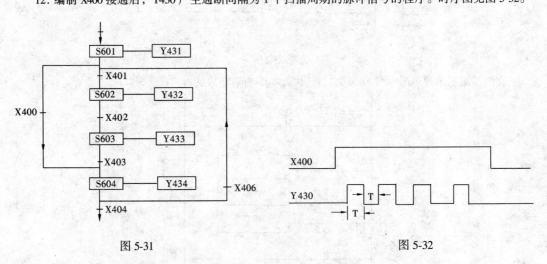

图 5-31   图 5-32

13. 设计一个先输入优先电路。辅助继电器 M100-M103 分别表示接收 X400-X403 的输入信号（若 X400 有输入，M100 线圈接通）。电路功能如下：（1）当未加复位信号时（X404 无输入），这个电路仅接收最先输入的信号，即对以后的输入不予接收（设 X402 有输入时，M102 线圈接通，此后若 X400、X401、X403 有输入，M100、M101、M103 线圈均断开）。（2）当有复位信号（X404 加一短脉冲信号），该电路复位,可重新接收新的输入信号。

14.F_1-40MPLC 的 X401、X402、X403、X404 四个输入端,每当有两个输入"1"信号,另两个输入"0"信号,就有输出响应,编写满足这要求的梯形图。

15. 小车在初始位置时限位开关 X400 接通。按下启动按钮 X403,小车按图 5-33 所示顺序运动,最后返回并停在初始位置,画出其顺序功能图并写出步进梯形图。

16. 设计满足图 5-34 所示波形梯形图。

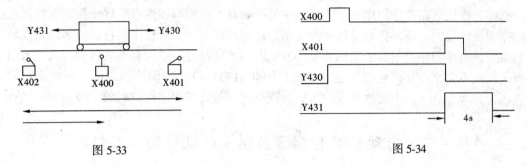

图 5-33   图 5-34

17. 按下按钮 X400 后,Y430-Y432 按图 5-35 所示的时序变化,设计出梯形图和顺序功能图。

图 5-35

18. 某组合机床动力头在初始状态时停在最左边,限位开关 X400 为"1"状态,按下启动按钮 X404,动力头的进给运动如图 5-36 所示,工作一个循环后,返回并停在初始位置。控制各电磁阀的 Y430-Y433 在各工步的状态如下表所示。表中的"1"、"0"分别表示接通和断开,试画出顺序功能图。

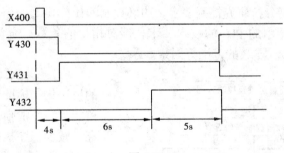

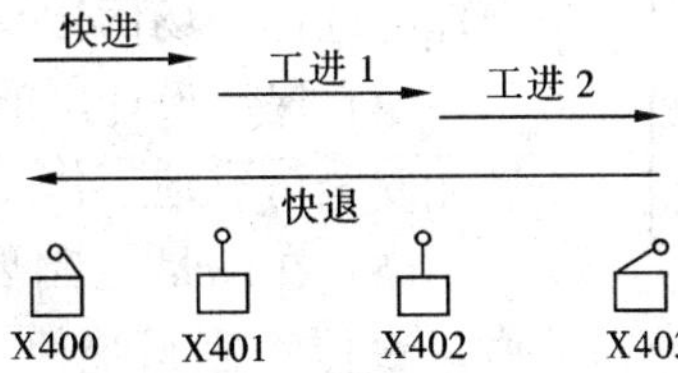

步	Y430	Y431	Y432	Y433
快进	0	1	1	0
工进 1	1	1	0	0
工进 2	0	1	0	0
快退	0	0	1	1

图 5-36

第六章　可编程序控制器的系统设计

可编程序控制器是专门用于工业环境中的控制器，应用编程是可编程序控制器控制系统设计中最重要的一环，根据具体控制要求，编写调试程序，使程序运行后能够满足控制上的需求。可编程序控制器的结构和工作方式既与继电器控制系统有本质区别，又与通用微型计算机不完全一样，它有自己的特点，因此用 PLC 设计自动控制系统，应根据它的特点进行系统设计，其中硬件和软件可分开进行设计是可编程序控制器的一大特点。

第一节　可编程序控制器控制系统设计的基本内容

一、可编程序控制器控制系统设计的基本原则

（1）在设计前认真分析研究控制要求，明确控制的任务和范围，合理选择 PLC。所编的程序一定要符合所使用的 PLC 的技术要求，即对指令的条数、意义准确理解，正确使用。考虑内存容量、I/O 点数的范围等因素。

（2）要注意编程方法，讲究程序的模块化、标准化，使所编的程序尽可能简短、清晰。这样既可以节省内存，减少程序执行的时间，提高响应速度，又便于调试、修改和补充程序。

（3）根据设备或生产过程的操作要求、工艺指标、原材料及能源消耗、安全规范等多种因素综合考虑，合理地选择现场信号及控制参数。

（4）保证设计出的控制系统在现场能安全可靠地工作。

（5）在满足控制要求的前提下，应尽量使控制系统便于操作和维护，有很高的性能价格比。

（6）考虑到生产的发展和工艺的改进，在选择 PLC 时，应留有适当的余量以作备用。

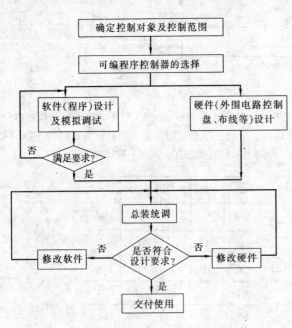

图 6-1　PLC 系统设计的一般步骤流程图

二、可编程序控制器控制系统设计的一般步骤

PLC 控制系统是由 PLC 与输入输出设备等连接而成的，图 6-1 是 PLC 控制系统设计的一般步骤流程图，比较简单。

具体设计步骤应包括以下几个方面：

（一）分析控制要求和控制过程

设计前认真分析控制要求，深入了解被控对象（机械设备、生产线和生产过程等）的工艺条件，明确输入输出物理量的性质，明确划分控制过程的各个状态和各状态的特点。例如所要完成的动作规律（顺序、条件、必要的保护和联锁等），执行装置的类型，操作方式（手动、自动；连续、单步等），信号指示及报警、电源情况，是否需联网等。对于较复杂的控制系统，应绘制顺序功能图，以大化小，以难化易，清楚地表明动作的顺序和条件。

（二）确定控制方案

在分析控制对象和控制过程的基础上，确定出最佳的控制方案。

（三）确定输入输出信号性质及个数

根据被控对象对 PLC 控制系统的要求，确定输入信号（如按钮、限位开关、指令开关、传感器等）和输出信号（如继电器、接触器、指示灯、电磁阀等）的性质（开关量、模拟量、直流信号、交流信号等），以及估计 I/O 点数。

（四）合理选择 PLC 的型号

选择 PLC 应包括机型、容量、I/O 模块、电源模块等的选择，分配 PLC 的输入输出端子，列出 I/O 分配表，进行编号。正确选择 PLC 对于保证整个控制系统的技术经济性能指标起着重要作用。

（五）编写应用程序

根据已确定的控制方案，进行 PLC 的程序设计，它是保证控制系统工作正常、安全、可靠的关键。对于较复杂的控制系统，应绘制顺序功能图，以大化小，以难化易，清楚地表明动作的顺序和条件。借助顺序功能图很容易就编制出相应的梯形图。同步可以进行控制台（柜）的设计制作及现场安装接线，即软件、硬件同时进行。

（六）检验、修改和完善程序

在实验室可以进行模拟调试，将编写完的程序送入 PLC，运行调试程序，检验程序是否满足控制要求。若出现问题，可以在实验室直接进行修改，直到调试成功。

（七）联机调试（现场调试）

待控制台（柜）的设计制作及现场施工完成后，就可以将 PLC 安装在控制现场进行联机总调试。如不满足要求，应重新修改用户程序或检查外部接线，直到满足控制要求。

（八）收尾工作

运行成功后，要编制完整的技术文件，如软件图（顺序功能图、梯形图及其注释）、硬件图（外部接线图、电器布置图、电气安装图）以及说明书、编程元件明细表等，交付使用部门。

三、可编程序控制器的选择

随着 PLC 的迅速发展，它的种类越来越多，功能也各有侧重，它的结构形式、性能、容量、编程方法及价格等都各不相同，所以合理选择 PLC，对提高所设计控制系统的性能价格比起着重要的作用，注意不要大材小用，以避免造成硬件资源浪费。

（一）机型的选择

主要从以下几个方面进行考虑：

1. 功能与控制任务相当

对于只有开关量控制要求的任务，不需考虑控制速度，所需 PLC 的指令系统只要一般的逻辑运算功能即可，因此只要选用一般的低档小型机即能满足要求。如果选用有增强型功能指令的 PLC，如 FX_2 系列 PLC 就显得有些大材小用。

如果在开关量为主的前提下，还有少量的模拟量，需 PLC 的指令系统中应有数据传送、算术运算、模拟量处理等指令，可以选用带有 A/D、D/A 转换功能的低档机。

对于那些包含大量模拟量、联网通信的复杂控制系统，应选用扫描速度快、功能强大、具有 PID 运算能力、联网通讯能力的中高档 PLC，可以组成全分布式集散控制系统。

2. 选择合理的结构

根据物理结构可以将 PLC 分为整体式和模块式，整体式每一 I/O 点的价格低于模块式，因此对于工艺过程比较固定、环境条件较好（维修量较小）的场合，选用整体式 PLC。而模块式 PLC 在 I/O 点数的数量、比例、种类等方面的选择余地比整体式 PLC 大得多，在功能扩展、维修更换模块、判断故障范围等方面十分方便，因此对于控制功能较复杂、现场信号多、需经常维修的场合，应选用模块式 PLC。

3. 机型应统一

在大量使用 PLC 的同一企业，应尽量做到机型统一，即选择相同型号的 PLC，这样不仅其功能和编程方法统一，便于培训、开发；而且编程器、软件包、I/O 模块等资源可以共享，减少硬件投资，便于用上位计算机组成集散分布式控制系统。

4. 根据是否在线编程选择机型

PLC 的编程分为离线编程和在线编程两种。离线编程的 PLC，其特点是主机和编程器共用一个 CPU，在编程器上有一个"编程/运行"选择开关，当选择编程方式时，CPU 将失去对现场的控制，只为编程器服务，这就是离线编程。程序编好后，应选择运行方式，这时 CPU 就去执行用户程序完成对现场的控制，对编程指令将不做出响应。由此可见，采用离线编程的 PLC 节省硬件资源，价格便宜，中小型 PLC 多采用离线编程。

在线编程的 PLC，主机与编程器各有一个 CPU 可以同时工作，主机还可以在执行用户任务的同时处理编程器送来的消息，这称为"在线"编程。由于增加了硬件，此类 PLC 价格高，但应用领域较宽，大型 PLC 多采用在线编程。

是否在线编程，应根据被控设备工艺要求的不同来选择。对于产品定型的设备和工艺不常变动的设备，应选用离线编程的 PLC；反之，可考虑选用在线编程的 PLC。

（二）容量的选择

PLC 容量的选择除满足控制要求外，还应留有适当的余量以作备用，从存储容量和 I/O 点数两方面考虑。

1. 用户程序存储容量的估算

每个 PLC 都有"存储容量"这个技术指标，指存储用户程序的最多数，通常以"字"为单位，各种指令占存储器的字数可查阅 PLC 使用手册。一般来说，一条逻辑指令占存储器一个字，定时、计数、移位以及算术运算、数据传送等指令占存储器两个字。

存储容量与很多因素有关，如 I/O 点数、指令类型、程序结构等，在设计前只能进行估算。在初步估算时，对于开关量控制系统，所需的存储器的字数等于开关量输入/输出总点数×10，一般的 PLC 都能满足这个要求。

对于模拟量控制系统，模拟量在 10 路左右的经验公式是：当只有模拟量输入时：

$$模拟量所需存储器字数 = 模拟量路数 \times 120$$

当既有模拟量输入又有模拟量输出时：

$$模拟量所需存储器字数 = 模拟量路数 \times 250$$

在自动测量、自动存储和对系统补偿修正等场合，对存储器的需求量是很大的，有时甚至要求 PLC 有十几 k 字，甚至几十 k 字的存储容量。

在考虑余量时，一般可按上述经验公式的 25% 考虑，对有经验者可以少留一些，对初学者可以多留一些余量。

2. I/O 点数的估算

确定 I/O 点数是 PLC 控制系统设计的重要步骤。一般典型传动设备及电气元件所需 I/O 点数见表 6-1。一般系统中开关量输入点和开关量输出点的比例为 3:2，在统计出实际 I/O 点数的基础上，也应留有适当余量。I/O 点数是衡量 PLC 规模大小的重要指标，如果留多了就会增加硬件成本，因此，通常按实际需要点数的 10% ~ 15% 考虑余量。

一般典型传动设备及电气元件所需 I/O 点数　　　　　表 6-1

序　　号	电 气 设 备 元 件	输入点数	输出点数	I/O 总点数
1	Y—△ 启动的鼠笼型电动机	4	3	7
2	单向运行的鼠笼型电动机	4	1	5
3	可逆的鼠笼型电动机	5	2	7
4	单向变极电动机	5	3	8
5	可逆变极电动机	6	4	10
6	单向运行的直流电机	9	6	15
7	可逆运行的直流电动机	12	8	20
8	单线圈电磁阀	2	1	3
9	双线圈电磁阀	3	2	5
10	比例阀	3	5	8
11	按钮开关	1	—	1
12	光电开关	2	—	2
13	信号灯	—	1	1
14	拨码开关	4	—	4
15	三档波段开关	3	—	3
16	行程开关	1	—	1
17	接近开关	1	—	1
18	抱　闸	—	1	1
19	风　机	—	1	1
20	位置开关	2	—	2

（三）I/O 模块的选择

根据 PLC 的输入量和输出量的点数和性质，可以确定 I/O 模块的型号和数量，不同的 I/O 模块性能和特点不同，它直接影响着 PLC 的应用范围和价格，合理进行选择十分必要。

1. 输入模块的选择

输入模块按工作电压分类有直流 5V/12V/24V/48V/60V；交流 110V/220V，按外部接线方式分为汇点式、分组式和分隔式三种。选择输入模块首先应考虑现场设备与模块之间的距离，一般 5V/12V/24V 属低电平，传输距离不宜太远，例如 5V 输入模块的连接距离最远不能超过 10m，如果现场设备较远，外界干扰又强，应选用较高电压的模块比较可靠。另外，高密度的输入模块如 32 点、64 点，同时接通点数取决于输入电压和环境温度，一般而言，同时接通的点数不得超过输入点数的 60%，为了提高系统的可靠性，必须考虑门槛电平（接通电平与关断电平的差值）的大小，门槛电平越高，抗干扰能力越强，传输距离就越远。

直流输入电路的延迟时间较短，可以直接与接近开关、光电开关等电子输入装置连接，而交流输入方式的触点接触可靠，适合于在有油雾、粉尘的恶劣环境下使用。

由于隔离式的每点平均价格较高，所以如果信号之间不需要隔离，应选用汇点式和分组式。此规则同样适用输出模块的选择。

2. 输出模块的选择

输出模块按输出方式可分为继电器输出、晶体管输出和双向可控硅输出，按外部接线方式也可以分为汇点式、分组式和分隔式三种。

选择输出模块应考虑负载电压的种类和大小、系统对延迟时间的要求、负载状态变化是否频繁等，还应注意同一输出模块对电阻性负载、电感性负载和白炽灯的驱动能力的差异。

继电器输出模块价格便宜，适用电压范围广，导通压降小，承受瞬时过电压和过电流的能力强；但它属于触点元件，动作速度较慢，寿命（动作次数）较短，因此，当输出量的变化不是很频繁，应优先选用继电器输出模块。

晶体管和双向可控硅输出模块分别用于直流负载和交流负载，它的可靠性高，反应速度快、寿命长，但过载能力稍差。对于频繁通断的低功率因数的电感负载，应选用晶体管或双向可控硅输出模块。

另外，输出模块的输出电流必须大于负载电流的额定值，输出模块同时接通点数的电流累计值必须小于公共端所允许通过的电流值。

（四）电源模块的选择

只需考虑输出电流，电源模块的额定输出电流必须大于 CPU 模块、I/O 模块、专用模块等消耗电流的总和。

四、可编程序控制器的布局

（一）PLC 使用环境条件

PLC 是专为工业环境设计的控制装置，它对使用环境要求不高，但这并非意味着 PLC 对使用环境没有任何要求，若在下列任一环境下使用，都会影响 PLC 寿命，甚至会影响其操作性能。

（1）环境温度低于 0℃或高于 55℃的场所。

（2）温度变化急剧和凝露场所。

（3）环境湿度低于 10%或高于 90%的场所。

（4）具有高腐蚀气体或易燃气体的场所。

（5）有过多尘埃（特别是导电尘埃）或氯化物的场所。

（6）会接触到水、油或化学试剂的场所。

（7）直接暴露在阳光下的场所。

（8）有较强振动和冲击的场所。

如果 PLC 使用环境有上述情况，则必须采取适当措施，如采用机罩、安装空气净化装置、用减振橡胶和电源采用隔离变压器等措施来改善 PLC 的使用环境。

（二）PLC 的元件安装

某一特定控制器主要元件的位置安装，取决于系统元件数和每个元件的物理设计或模块特点，尽量不同的控制器可有不同的安装和隔离要求。

（1）为达到最大程度的对流冷却，所有 PLC 元件都应垂直位置安装。

（2）本地 I/O 机架应安置在 I/O 机架互联电缆允许的距离范围内。一般情况下，机架常安置于 PLC 主机之下或与其相邻位置。

（3）PLC 可根据要求用 DIN 导轨安装，也可直接安装在任一符合环境技术要求坚固的支持物上。

（三）PLC 的 I/O 连接

PLC 的每个 I/O 端子都设计成标准形式，端子配有 3.5mm 的螺钉和自增压片，建议导线采用 C 型压接端子（最大尺寸 7mm），在每根导线两端应使用导线号标识管，如果导线使用屏蔽电缆，最好在机架底盘处只将一端接地，避免地线环流影响接地效果。

（四）外部接线

噪声通常随输入、输出和电源线进入 PLC，也可通过这些导线和噪声信号线之间的电容发生耦合进入 PLC，这种情况一般由高压线或长导线存在而产生的，当控制线与大电流导线相距较近时，也能发生磁场耦合。潜在的噪声源包括继电器、接触器、电动机等，当噪声信号与所需的输入信号具有相似特性时，为了提高系统噪声容量，信号线与电源线、大容量负载应分开走线，分开走线的线槽也应留有足够的间距。如果电源电缆与 I/O 线平行走线，则两线之间必须相距 300mm 以上，良好的接地能有效地减少干扰，PLC 最好与其他设备分别使用自己的接地装置，如果不能单独接地，也可以采用公共接地方式，接地线的截面积应大于 2mm^2，接地点应尽量靠近 PLC，但禁止使用串联接地方式。

第二节　可编程序控制器系统设计的应用编程实例

一、三相异步电动机正反转控制

（一）分析控制要求

三相异步电动机正反转控制是在继电器控制系统中最常见的控制电路，这里用 PLC 来实现，大家可以看出它们的联系与区别，要求有自锁、互锁、联锁功能。

（二）确定 I/O 点数，分配外部接线端子编号

由控制要求分析可知，整个控制系统需 5 个端子，其中有 3 个输入点：总停止按钮 SB$_1$（X400）、正转控制按钮 SB$_2$（X401）、反转控制按钮 SB$_3$（X402）。2 个输出点：正转输出继电器 K$_1$（Y531）、反转输出继电器 K$_2$

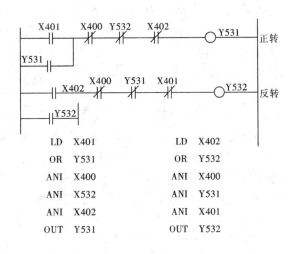

图 6-2　电动机正反转控制梯形图

103

（Y532）。用于自锁、互锁、联锁的那些触点，由内部"软"继电器承担，无须占用外部接线端子。

（三）画梯形图

梯形图及相应指令表见图 6-2 所示。

其中触点 Y531、Y532 可以实现电动机的自锁（自保持）功能，当正转启动按钮 X401 或反转启动按钮 X402 按下后，无论它们导通还是断开，电动机都会一直保持正转或反转，直到停止按钮 X400 按下才停止。

将 Y532 的常闭触点串在正转控制电路中，将 Y531 的常闭触点串在反转控制电路中，可以实现电动机的互锁功能，使电动机正转和反转不能同时进行，只能进行一个动作。

假如想改变电动机的转向，则需先按停止按钮 X400，然后再按相应的启动按钮，如果把 X402 的常闭触点串在正转控制电路中，把 X401 的常闭触点串在反转控制电器中，称为"按钮联锁"，当想改变电动机的转向时，不需按停止按钮 X400，只需直接按相应的启动按钮即可。

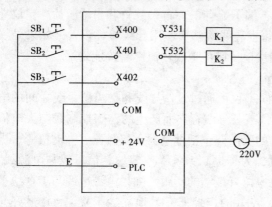

图 6-3　PLC 外部接线图

（四）实际外部接线

PLC 的外部接线图见图 6-3 所示，图中输入、输出按钮均并联在电源上，直流电源 E 由 PLC 内部供给，只需将 PLC 电源端子的负载接在开关上即可。输出变量 220V 交流电源需外部供给，具体接线方式可按具体控制情况而定。

二、某自动剪板机的行程顺序控制

行程顺序控制，即按行程原则进行顺序控制，它以行程（或位置）作为工步转移条件，当受控部件到达某一位置时，自动地转移到下一工步。

该剪板机的动作示意图如图 6-4 所示，它的送料由电动机驱动，由接触器 KM 控制；压钳的下行和复位由液压电磁阀 YV$_1$ 和 YV$_3$ 控制；剪刀的下行和复位由液压电磁阀 YV$_2$ 和 YV$_4$ 控制，SQ$_1$ ～ SQ$_5$ 为限位开关。

（一）分析控制要求

当压钳和剪刀在原位（即压钳在上限位 SQ$_1$ 处），剪刀在上限位 SQ$_2$ 处，按下启动按钮后，自动按以下顺序动作：电动送料，板料右行，至 SQ$_3$ 处停→压钳下行→至 SQ$_4$ 处将板料压紧，剪刀下行剪板→板料剪断落至 SQ$_5$ 处，压钳和剪刀上行复位，至 SQ$_1$、SQ$_2$ 处回到原位，等待下一次启动。

（二）确定 I/O 点数，分配 I/O 编号

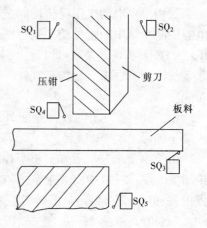

图 6-4　某剪板机动作示图

6个输入点　　　5个输出点

启动按钮：X400　　　电动机接触器：Y430

限位开关 SQ$_1$：X401 电磁阀 YV$_1$：Y431

限位开关 SQ$_2$：X402 电磁阀 YV$_2$：Y432

限位开关 SQ$_3$：X403 电磁阀 YV$_3$：Y433

限位开关 SQ$_4$：X404 电磁阀 YV$_4$：Y434

限位开关 SQ$_5$：X405

(三) 画顺序功能图、梯形图、指令表（图 6-5）

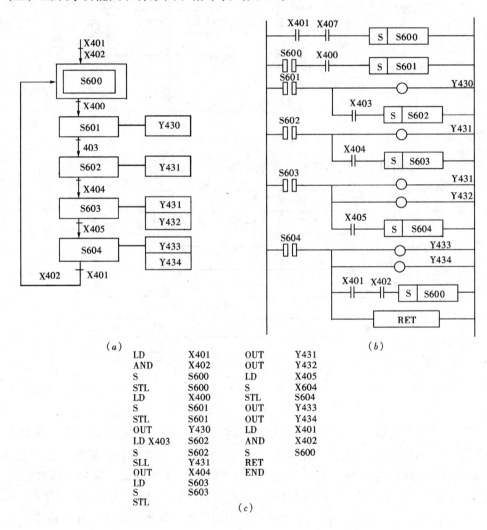

LD	X401	OUT	Y431
AND	X402	OUT	Y432
S	S600	LD	X405
STL	S600	S	X604
LD	X400	STL	S604
S	S601	OUT	Y433
STL	S601	OUT	Y434
OUT	Y430	LD	X401
LD X403	S602	AND	X402
S	S602	S	S600
SLL	Y431	RET	
OUT	X404	END	
LD	S603		
S	S603		
STL			

(c)

图 6-5　顺序功能图、梯形图和指令表

(a) 顺序功能图；(b) 步进梯形图；(c) 指令表

(四) PLC 接线图（图 6-6）

三、十字路口交通信号灯控制

(一) 分析控制要求

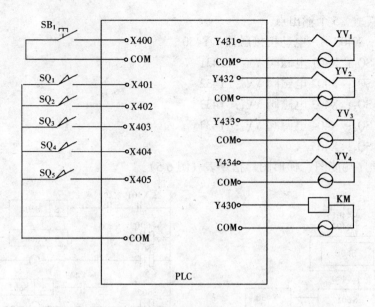

图 6-6 PLC 接线图

图 6-7 是十字路口交通信号灯的工作顺序图。

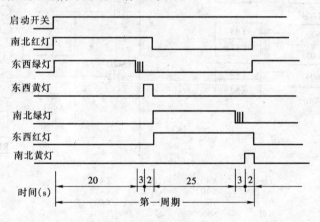

图 6-7 时序图

信号灯受一个启动开关控制。当启动开关接通时，信号灯系统开始工作。先南北红灯亮维持 25s，同时东西绿灯也亮，并维持 20s，到 20s 时，东西绿灯以周期为 1s（亮 0.5s，灭 0.5s）闪亮，绿灯闪亮 3s 后熄灭，此时东西黄灯亮，并维持 2s，2s 后东西黄灯灭，东西红灯亮，同时南北红灯灭，南北绿灯亮，东西红灯亮维持 30s，南北绿灯亮维持 25s，到 25s 时，南北绿灯闪亮 3s（也是以 1s 为周期）后熄灭，南北黄灯亮，并维持 2s，2s 后，南北黄灯熄灭，南北红灯亮，同时东西红灯熄灭，东西绿灯亮，开始第二周期的动作。如此周而复始地循环，当启动开关断开时，所有信号灯均熄灭。

（二）确定 I/O 点数及分配 I/O 编号

1 个输入点，启动开关：X400。

6 个输出点：南北绿灯：Y430，

南北黄灯：Y431，南北红灯：Y432

东西绿灯：Y434，

东西黄灯：Y435，东西红灯：Y436

这里用一个输出点驱动两盏信号灯，也可以用一个输出点驱动一盏信号灯。

（三）画顺序功能图

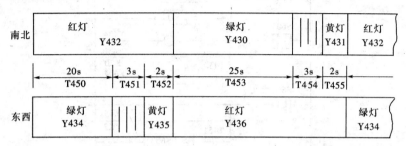

图 6-8　动作时序图

南北方向和东西方向信号灯的动作过程可以看成两个独立的顺序动作过程。根据分配的定时器和输出继电器，它的动作时序还可以用图 6-8 表示，它的顺序功能图和相对应的步进梯形图如图 6-9 所示。

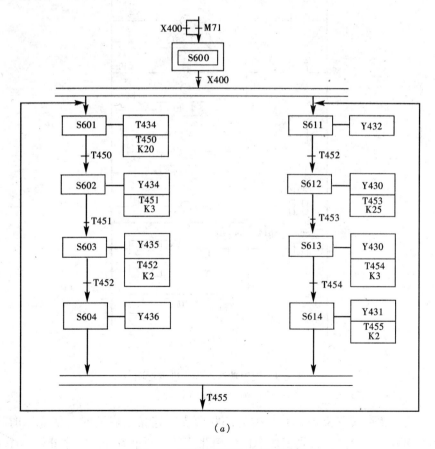

（a）

图 6-9　顺序功能图和步进梯形图

（a）顺序功能图

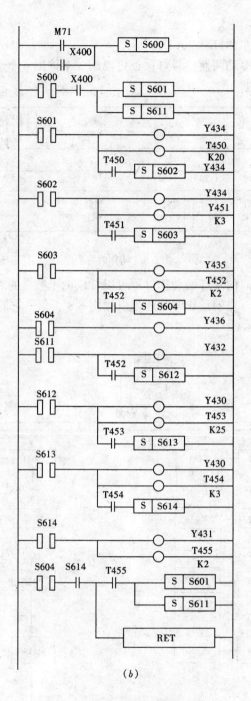

图 6-9 顺序功能图和步进梯形图

(b) 步进梯形图

它具有两条状态转移支路，其结构为并联分支与连接。启动时，状态同时转移，使 S601、S611 同时置位，然后分别按照东西、南北信号灯两个流程的时序开始顺序动作，最后，当南北黄灯的计时器 T455 计时到时，两个流程的状态又同时转移，使 S601、S611 又重新同时置位，然后两个流程的动作又重新开始循环。

四、电梯控制

电梯是广泛用于高层建筑内垂直运送乘客及物体的大型机电设备，随着建筑业的发展，它的作用日益重要。

电梯的种类很多，按驱动电源可分为交流和直流两种电梯，按主拖动系统可分为双速电梯及调速电梯，按信号的控制方式可分为按钮控制和集选控制等类型。

本例以三层楼电梯采用轿外按钮控制方式为例，介绍采用 PLC 实现电梯自动控制的方法。

（一）分析控制要求

轿外按钮控制方式是电梯的一种较简单、最常见的自动控制方式，由安装在各楼层厅门口的呼叫按钮进行操纵，其操作内容为呼叫电梯、指令运行方向和停靠楼层。

它的工作示意图见图 6-10 所示。

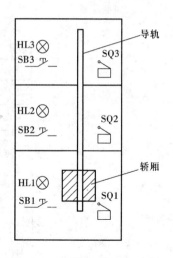

图 6-10 三层楼电梯工作示意图

电梯上下运行由一台电动机驱动：电动机正转，驱动电梯上升；电动机反转，驱动电梯下降。每层楼设有呼叫按钮 $SB_1 \sim SB_3$，相应指示灯 $HL_1 \sim HL_3$ 和到位行程开关 $SQ_1 \sim SQ_3$。

电梯上升途中只响应上升呼叫，下降途中只响应下降呼叫，任何反方面呼叫均无效（简称"不可逆响应"）。响应呼叫楼层时，相应的指示灯亮，电梯到达呼叫楼层时，指示灯灭，呼叫无效时，呼叫指示灯不亮。

电梯动作要求见表 6-2。

三层楼电梯轿外按钮控制的动作要求　　　　　　　　　　　　　　　表 6-2

序　号	输　入			输　出
	原停楼层	呼叫楼层	运行方向	运　行　结　果
1	1	3	升	上升到 3 层停
2	2	3	升	上升到 3 层停
3	3	3	停	呼叫无效
4	1	2	升	上升到 2 层停
5	2	2	停	呼叫无效
6	3	2	降	下降到 2 层停
7	1	1	停	呼叫无效
8	2	1	降	下降到一层停
9	3	1	降	下降到一层停
10	1	2.3	升	先升到 2 层暂停 2s 后再升 3 层停
11	2	先 1 后 3	降	下降到 1 层停 ｝运行中，后发反向呼叫信号无效
12	2	先 3 后 1	升	上升到 3 层停
13	3	2、1	降	先降到 2 层暂停 2s 后，再降到 1 层停
14	任意	任意	任意	各楼层间运行时间必须小于 10s，否则自动停车

（二）确定 I/O 点数，分配 I/O 点编号

6 个输入点：　　　5 个输出点：

呼叫按钮 SB_1：X401　指示灯 HL_1：Y431

呼叫按钮 SB_2：X402　指示灯 HL_2：Y432

呼叫按钮 SB_3：X403　指示灯 HL_3：Y433

行程开关 SQ_1：X501　上升接触器：Y531

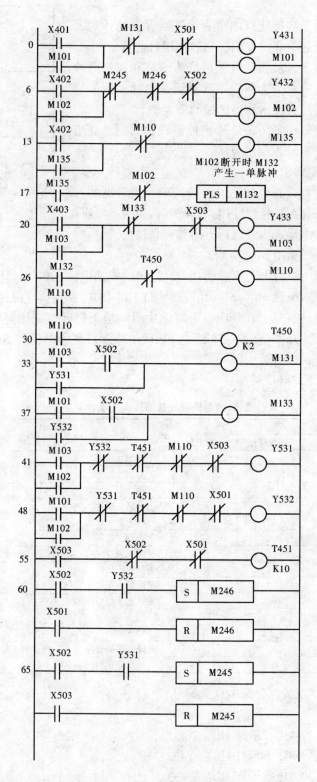

图 6-11 F₁PLC 电梯控制梯形图

行程开关 SQ_2：X502 下降接触器：Y532

行程开关 SQ_3：X503

（三）画梯形图

三层楼电梯轿外按钮控制的梯形图如图 6-11 所示。

1. 楼层呼叫指示

0、6、20 逻辑行分别为 1、2、3 层呼叫指示逻辑。

（1）0 行。当电梯原停楼层为 2、3 时，1 层呼叫，则 X401 接通，使 M101 接通并自保，Y431 接通，1 层呼叫指示灯亮，呼叫有效。

当电梯原停楼层为 1 时 $\overset{X501}{\dashv\!\!\vdash}$ 断开，使 Y431 断开，1 层呼叫指示灯不亮，1 层呼叫无效。

当电梯上升时，1 层呼叫为反向呼叫。此时，因 Y531 接通，使 M131 接通，Y431 断开，1 层呼叫无效。

（2）20 行。当电梯原停楼层为 1、2 时，3 层呼叫，则 X403 接通，使 M103 接通并自保，Y433 接通，3 层呼叫指示灯亮，呼叫有效。

当电梯原停楼层为 3 时，$\overset{X503}{\dashv\!\!\vdash}$ 断开，使 Y433 断开，3 层呼叫指示灯不亮，3 层呼叫无效。

当电梯下降时，3 层呼叫为反向呼叫。此时因 Y532 接通，使 M133 接通，Y433 断开，3 层呼叫无效。

当电梯原停楼层为 2 时，X502 接通，若 1 层先呼叫，则 M101 接通，使 M133 接通，Y433 断开，3 层呼叫无效。

（3）6 行。当电梯原停楼层为 1、3 时，2 层呼叫，则 X402 接通，使 M102 接通并自保，Y432 接通，2 层呼叫指示灯亮，呼叫有效。

当电梯原停楼层为 2 时，$\overset{X502}{\dashv\!\!\vdash}$ 断开，Y432 断开，2 层呼叫指示灯不亮，2 层呼叫无效。

当电梯从 3 层下降到 2 层后继续下降时，2 层呼叫为反向呼叫，此时呼叫应无效；当电梯从 1 层上升到 2 层后继续上升时，2 层呼叫为反向呼叫，此时呼叫应无效。这一控制是通过 60、65 逻辑行来实现的。

当电梯从 3 层下降到 2 层时，使 M246 复位，$\overset{M246}{\dashv\!\!\vdash}$ 断开，Y432 断开，2 层呼叫无效，当电梯下降到 1 层时，X501 接通，使 M246 复位，$\overset{M246}{\dashv\!\!\vdash}$ 闭合，此时 2 层呼叫才有效。

当电梯从 1 层上升到 2 层时，使 M245 复位，$\overset{M245}{\dashv\!\!\vdash}$ 断开，2 层呼叫无效。当电梯上升到 3 层时，X503 接通，使 M245 复位，$\overset{M245}{\dashv\!\!\vdash}$ 闭合，此时 2 层呼叫才有效。

2. 升降运行控制

41、48 逻辑行分别为电梯升降控制逻辑。

（1）41 行。当电梯原停楼层为 1 时，若 2 层呼叫，则 M102 接通，使 Y531 接通，电梯上升，到达 2 层时，$\overset{X502}{\dashv\!\!\vdash}$ 断开，使 M102 断开，Y531 断开，上升停止。

当电梯原停楼层为 1、2 时，若 3 层呼叫，则 M103 接通，使 Y531 接通，电梯上升，

到达 3 层时，$\overset{X503}{-\!\!|/\!|-}$ 断开，使 Y531 断开，上升停止。

当电梯原停楼层为 1 时，若 2、3 层呼叫，则先升到 2 层暂停 2s 后，再升到 3 层停，这一控制是通过 26、30 逻辑行来实现的。

当电梯原停楼层为 1 时，若 2、3 层呼叫，则 M102、103 接通，使 Y531 接通，电梯上升，到达 2 层时，$\overset{X502}{-\!\!|/\!|-}$ 断开，使 M102 断开，$\overset{M102}{-\!\!|\,|-}$ 闭合，M132 接通一个扫描周期，使 M110 接通并自保（26 逻辑行），$\overset{M110}{-\!\!|/\!|-}$ 断开，使 Y531 断开，上升停止；$\overset{M110}{-\!\!|\,|-}$ 闭合，T450 开始计时。T450 2s 计时到，M110 断开，$\overset{M110}{-\!\!|/\!|-}$ 又闭合，使 Y531 又接通，电梯再上升。到达 3 层时，$\overset{X503}{-\!\!|/\!|-}$ 断开，使 Y531 断开，上升停止。

（2）48 行。当电梯原停楼层为 3 时，若 2 层呼叫，则 M102 接通，使 Y532 接通，电梯下降。到达 2 层，M102 断开，使 Y532 断开，下降停止。

当电梯原停楼层为 2、3 时，若 1 层呼叫，则 M101 接通，使 Y532 接通，电梯下降。到达 1 层时，$\overset{X501}{-\!\!|/\!|-}$ 断开，使 Y532 断开，下降停止。

当电梯原停楼层为 3 时，若 1、2 层呼叫，则先降到 2 层暂停 2s 后，再降到 1 层停。这一控制也是通过 26、30 逻辑行来实现的；

当电梯原停楼层为 3 时，若 1、2 层呼叫，则 M101、M102 接通，使 Y532 接通，电梯下降。到达 2 层时，$\overset{X502}{-\!\!|/\!|-}$ 断开，使 M102 断开，$\overset{M102}{-\!\!|\,|-}$ 闭合，M132 接通一个扫描周期，使 M110 接通并自保。$\overset{M110}{-\!\!|/\!|-}$ 断开，使 Y532 断开，下降停止；$\overset{M110}{-\!\!|\,|-}$ 闭合，T450 开始计时，T450 2s 计时到，M110 断开，$\overset{M110}{-\!\!|/\!|-}$ 又闭合，使 Y532 又接通，电梯再下降。到达 1 层时，$\overset{X501}{-\!\!|/\!|-}$ 断开，使 Y532 断开，下降停止。

上升和下降不能同时进行，因此需在 Y531 和 Y532 的控制逻辑中分别设置 $\overset{Y532}{-\!\!|/\!|-}$ 和 $\overset{Y531}{-\!\!|/\!|-}$ 进行互锁。

（3）55 逻辑行。该逻辑行为楼层间运行的定时控制逻辑。当电梯在楼层间运行时，$\overset{X503}{-\!\!|/\!|-}$、$\overset{X502}{-\!\!|/\!|-}$、$\overset{X501}{-\!\!|/\!|-}$ 均闭合，T451 计时。T451 10s 计时到，$\overset{T451}{-\!\!|/\!|-}$ 断开，使 Y531 或 Y532 断开，升、降停止。

五、可编程序控制器模拟量控制举例

PLC 的模拟量控制功能日趋完善，应用日益广泛。本书所讲的三菱 F1 系列 PLC 就具有 6 路模拟量控制功能。下面以应用 F1-40MR PLC 来设计某工厂刨花板生产线的拌胶机系统为例，介绍采用 PLC 实现模拟量控制的方法，在建筑业上的搅拌机系统与之同理。

（一）分析控制要求

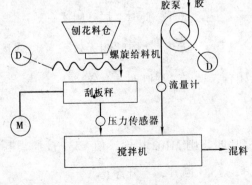

图 6-12 工艺流程图

图 6-12 为拌胶机工艺流程图，刨花由螺旋

给料机供给，压力传感器检测刨花量，胶由胶泵抽给，用电磁流量计检测胶流量，刨花和胶要按一定的比率送到拌胶机内搅拌，然后混料供给下一工序（热压机）蒸压成型。要求控制器控制刨花量和胶量恒定，并有一定的比率关系，即胶量随刨花量的变化而变化，精

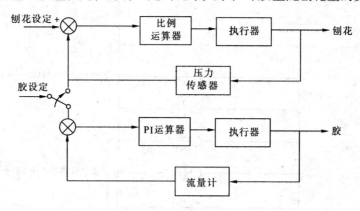

图 6-13　原理方框图

度要求小于 3%。根据控制要求，刨花回路采用比例控制，胶回路采用 PI 控制，其控制原理方框图如图 6-13 所示，随动选择开关用于选择随动方式。PLC 输出驱动可控硅调速装置及螺旋给料机驱动器。分别控制胶泵直流电机和螺旋给料机驱动电机的转速。

（二）机型选择

选用一台 F1-40MR 主机为基本单元和一台 F2-6A-E 模拟量单元进行控制，其硬件配置如图 6-14 所示，基本单元剩余的输入/输出点可根据需要作其他用途。

（三）画梯形图

此模拟量控制系统的梯形图如图 6-15 所示，刨花设定 CH410 通道和刨花反馈 CH411 通道，经 A/D 变换后作差值运算，并取绝对值，然后乘比例数 $P = 2$，由 CH400通道输出。当随动条件接通，刨花的反馈量用作胶的给定量，反之，胶单独给定。在两种情况下，给定量和反馈量作差值运算送 D707 数据寄存器，然后作积分运算，用计数 C660 来实现。当输入值变化，D707

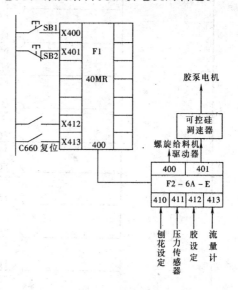

图 6-14　硬件配置

的数值变化时，如果计数器 C660 的现实值小于 D707 的数值，计数器 C660 作加计数（由 M471 加/减计数方式设定）；反之 C660 作减计数。如果 C660 的现实值等于 D707 的数值，C660 停止计数，这一过程即为积分过程。在系统启动时，输出值缓慢增加到输入值；在输入值出现波动的情况下，积分器抑制输入值的波动。

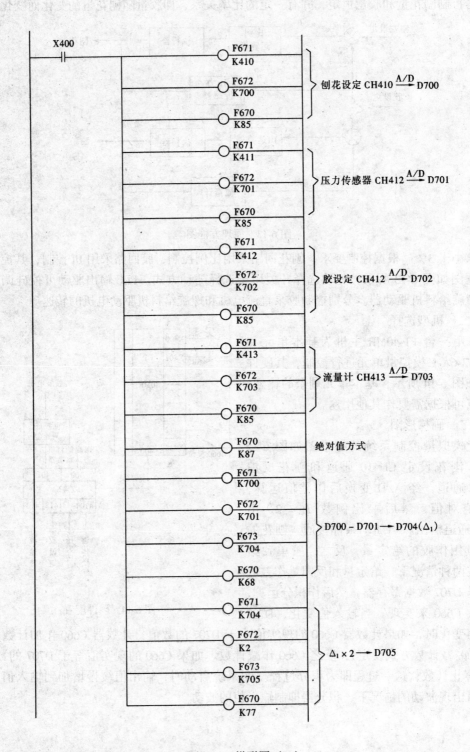

图 6-15　梯形图（一）

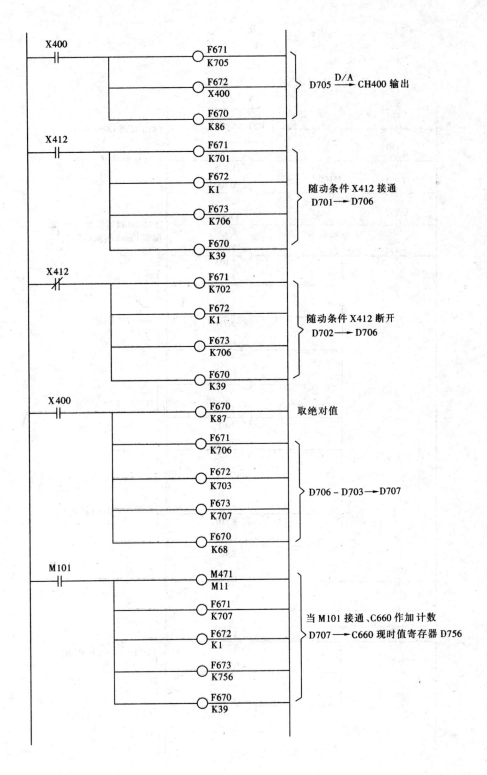

图 6-15　梯形图（二）

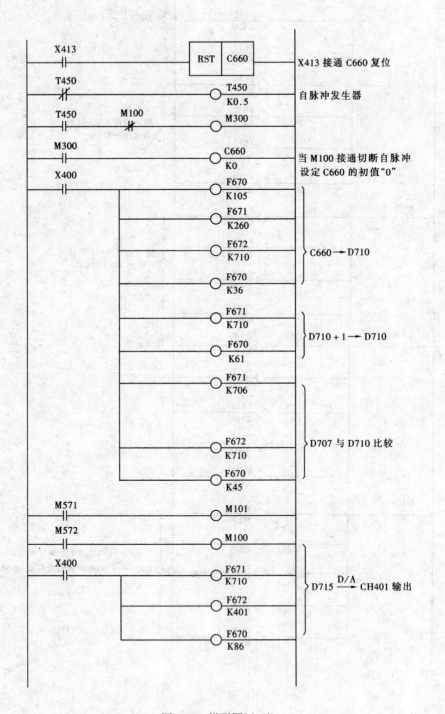

图 6-15 梯形图（三）

116

第三节　减少可编程序控制器所需输入点数的方法

可编程序控制器（PLC）作为新一代工业自动化控制装置，由于具有体积小、功能全、编程简单、抗干扰能力强、可靠性高等许多优点，被认为是今后工业生产自动化三大支柱之一。

通常小型 PLC 按输入/输出为 3/2 的比例给出，但在实际应用中，各种按钮，手动/自动转换、限位和外部设备输入占用较多输入点，输入点往往不够。一般用输入点扩展单元增加输入点数。

我们知道，可编程序控制器的可扩展性是它的一个重要的性能指标。控制点数的可扩展性是指除了 PLC 的基本模块本身所带的一定数量的 I/O 点数外，使用者还可以通过扁平电缆连接扩展单元，以扩展 I/O 点数。但实际工作中，目前 PLC 的每一扩展 I/O 点平均价格高达几十元甚至上百元，如果增加 I/O 扩展单元将使系统的硬件费用增加，那么减少所需输入点数就是降低费用的好办法，下面就介绍几种在不增加系统配置的情况下对输入点数进行扩展的方法。

一、只用一个按钮的控制电路

普通的启保停电路需要启动和停止两个按钮，如图 6-16 所示，还可以用一个按钮 X400 来实现。如图 6-17 所示。

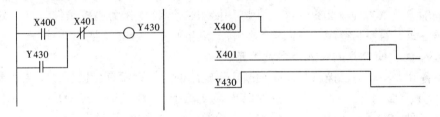

图 6-16　启保停电路

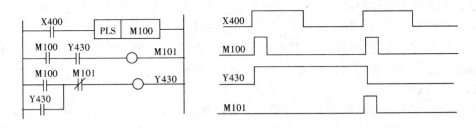

图 6-17　只用一个按钮的启保停电路

按下按钮 X400 接通，M100 产生的窄脉冲，使 Y430 线圈导通并自锁。再按一次 X400，M100 产生的窄脉冲使 M101 线圈导通，其常闭触点使 Y430 变为"OFF"状态。再按 X400，将重复上述的动作。

另外，系统的某些功能简单，涉及面很窄的输入信号，如启停按钮，热继电器 FR 的常闭触点等，可以将它们设置在 PLC 外部的硬件电路中，不必作为 PLC 的输入信号，这样也可以节省 PLC 的输入点。

二、分组输入

可以将不同时进行的控制任务分组，共用输入点。例如控制要求应实现"自动"和"手动"两种功能，且所用的外部输入元件不同。显然自动程序和手动程序不会同时执行，因此可以把它们所使用的输入元件分为两组，共用 PLC 的输入点，如图 6-18 所示。

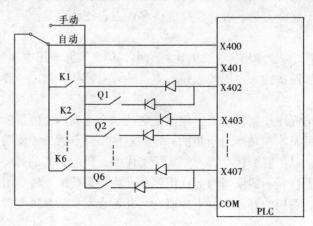

图 6-18　分组输入法

其中 X400、X401 用来输入自动程序和手动程序的启动命令，输入元件 K1、K2…K6 用作自动方式下的输入信号，输入元件 Q1、Q2…Q6 用作手动方式下的输入信号，它们共用 PLC 的输入点 X402、X403…X407。因为用 X400 和 X401 作为主控条件，可以分别设计两种工作方式下的控制程序，它们互不影响，相互独立，这样就把 12 个输入元件用 6 个输入点送入 PC，使 PLC 的输入点得到扩充。

图中各开关串联的二极管是用来切断寄生电路的。假设没有二极管，系统处于图示状态，K1、Q1、Q2 闭合，K2 断开，这时有电流从端子 X403 流出，经 Q2、Q1、K1 形成的寄生回路流回 COM 端，使输入继电器 X403 导通，但此时 K2 并没有接通，因此产生了错误的输入信号。各开关串入了二极管后，切断了寄生回路，保证信号的正确输入。

三、输入开关元件的合并

在有些情况下，很多开关元件起着相同的控制作用。例如电梯的安全开关分布在各处，但其中任何一个动作都可使电梯停止运行。我们就可以将这些功能相同的常闭触点串联或将常开触点并联起来，只占 PLC 的一个输入点即可。

四、矩阵输入

矩阵输入可以显著地扩展 PLC 的输入点数。如图 6-19 所示。Y430 导通时读 K1～K3 的状态，Y431 导通时读 K4～K6 的状态，Y432 接通时，读入 K7～K9 的状态，这样就把 9 个输入元件用 3 个输入点送入 PLC。

设输入出模块是继电器型的，Y430～Y432 轮流导通，从输入端 X400～X402 分时输入 3 组开关的状态，Y430～Y432 的公共端 COM3 与输入电路的公共端 COM 连在一起。设 K1 接通，电流从 X400 端流出，经 D1、K1 流入 Y430 端，再经 PLC 中相应的硬件继电器触点流出 COM3 端，最后流回 COM 端，使输入继电器 X400 导通。以此类推。图 6-20 是控制 Y430～Y432 分时导通的梯形图和时序图。

与移位寄存器的工作原理相同，移位脉冲的周期应大于 PLC 的扫描周期，图 6-20 中

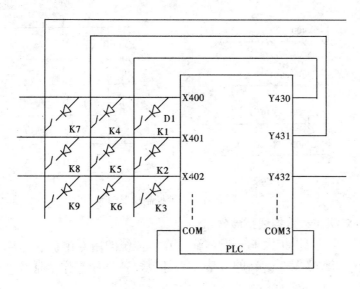

图 6-19　矩阵输入法

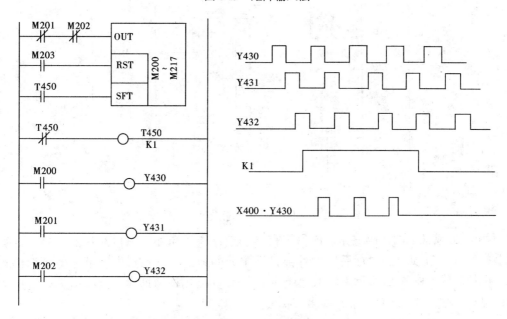

图 6-20　矩阵输入的梯形图与时序图

T450 产生周期为 1s 的时钟信号去控制移位寄存器的循环移位，M200～M202 使 Y430～Y432 按 1s 的周期轮流导通。另外应注意，外部输入脉冲的宽度应大于矩阵输入的周期（即图 6-20 中 Y430 的工作周期），否则可能丢失输入信息。

五、输入开关元件的组合

利用输入开关元件开闭触点的状态进行组合，可以扩大 PLC 所需输入点，例如只用两个开关就能实现独立控制四个输入的控制程序，如图 6-21 所示，只要改变输入触点 X400、X401 的状态，就可以独立控制四个输出继电器 Y430、Y431、Y432 和 Y433 的通断，以此类推。可以扩展更多的输入点。

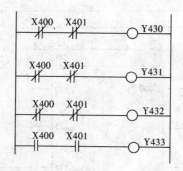

图6-21 联锁控制梯形图

六、用 PLC 机主板数据线扩展端口地址

扩展端口地址也可以扩大 PLC 所需输入点。传统的用专用扩展芯片（如 8255）的手法已经不能满足实际需要了。新的方法是将计算机数据线当作地址线使用，来扩展 PLC 机的 I/O 端口。如图 6-22 所示。

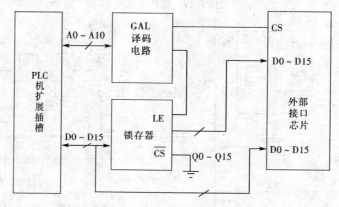

图6-22 扩展示意图

用 GAL 或其他的译码电路，译出锁存器的锁存信号和外部端口的片选信号，计算机的数据线在经过锁存器锁存后用做外部扩展单元的地址线，外部扩展单元的数据仍然用 PLC 机数据线，图 6-22 所示为用 16 根数据线经锁存后用作地址线，这样最大就可以扩展 64k，16 位的空间，以此类推，最多可扩展到 4G 空间。

对扩展端口的操作需两步：先向外送出要访问的单元（端口）地址，再送外部扩展单元选通的信号，访问单元（端口）。

第四节　可编程序控制器常见故障分析

可编程序控制器作为新一代工业自动化控制装置，与传统的继电控制系统相比，可靠性大大提高，故障率大大降低，它的维护工作量极少，查找故障也极为方便，出现故障时可通过主机面板上的发光二极管（LED）和编程器所给信息迅速查明故障原因。PLC 用户手册中也有详细介绍。并且据统计资料表明，90% 故障出现在外围输入、输出电路上，只有 10% 故障由 PLC 本身引起的。因此排除故障也非常容易。

PLC 本身对电源、报警、出错、输入和输出都有发光二极管指示其状态，因此运用状态指示，可判断故障出在哪一部分。检查思路是：在判断 PLC 主控单元正常后，先查相关的输出，后查该输出应具备的输入条件。检查程序见图 6-23 流程图：

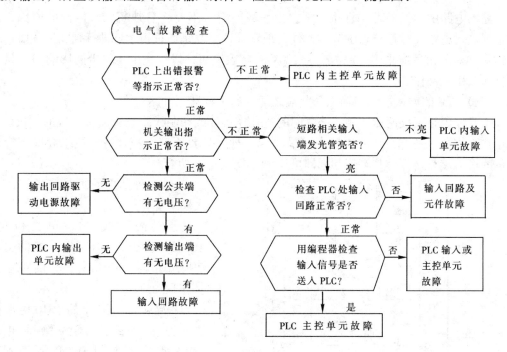

图 6-23　PLC 故障检查流程图

下面详细介绍在实际工作中出现的 PLC 常见故障及处理（这里只讨论硬件故障，不讨论指令程序错误的情况）。

一、输入电路故障

PLC 输入电路在弱电状态下工作（与强电电路相比），各控制触点的闭合和断开必须安全可靠，即触点间闭合状态的接触电阻和断开状态的漏电流必须极小，否则会产生如下故障：

（一）重复操作按钮，设备才动作

一般发生该类故障的原因是有粉尘进入触点间隙，附着其上，应及时清灰或更换按钮，对操作周期长的按钮的及限位开关，传感器触头等尤其要注意这个问题。预防：CPV 模块，扩展电源模块和交流 220V 的输入模块都应采用隔离变压供电，另外，PLC 应单独接地。

（二）触头接触不良而产生错误输入信号

其原因有：

（1）漏电流输入大。元件触头潮湿或灰尘多，使触头间绝缘降低，对 PLC 的输入模块产生一干扰通路电阻 R（见图 6-24）。发生此故障

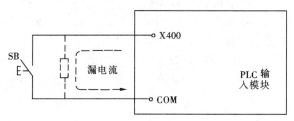

图 6-24　PLC 输入故障电路

时，在 PLC 面板上相应的指示灯比其他指示灯暗得多。

（2）触头闪死，触头动片因弹簧卡住，未复位，使触头直接连通，此时指示灯正常亮。

输入电路中的元件可靠性很重要，发生故障时，不要轻易判断 PLC 内部的原因，而应根据输入电路及时检查外围输入元件，现场维护主要是通过指示灯进行判断。预防：现场输入 PLC 的信号应采用电源为交流 220V 的输入模块，以避免由于粉尘的影响引起接触不良而产生误动作。

（三）PLC 的输入端子与输入公共端之间导通不良甚至开路

主要原因是正反两面印制线路之间的过孔连接处或印制线路被腐蚀所导致的，PLC 不能正常工作，这是 PLC 故障中发生率最高的一种。只要用截面积合适的绝缘导线把导通不良的输入端与输入公共端连起来即可使 PLC 恢复正常功能。

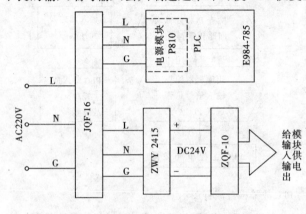

图 6-25　PLC 单独供电预防电路

（四）外部电源短路造成 PLC 输入模块烧坏

预防：（1）对 PLC 单独供电。AC220V 电源经具有稳压功能的交流切换分路器（JQF-16），分两路输出（见图 6-25）：

一路供给 PLC 中的 P810 电源模块，另一路供给直流稳压电源（ZWY2415）转换成 DC24V 后送到直流切换分路器（ZQF-10），分成多路供给 PLC 的各个输入、输出模块。对 PLC 系统采取单独供电后，有效地避免了因外接电源异常带来的 PLC 工作异常。

（2）加装隔离继电器。在 PLC 输入点与现场传感器之间加装一个隔离继电器，其线圈串在传感器的有源回路中，而触点串接在 PLC 开关量输入模块的输入回路中。此方法对 PLC 输出模块同样运用。在 PLC 输出点与现场执行元件之间加装一个中间继电器，其线圈串接在 PLC 开关量输出模块的输出回路中。加装隔离继电器后，隔离继电器与输入、输出模块放在同一柜中，置于较安全地方。PLC 与外界联系只靠磁耦合，因此耦合为开关量，对 PLC 内部起到有效的保护作用。

二、输出电路故障

（1）在外部负载为感性时，PLC 的输出接口很容易损坏。预防：在外部电路中增加抑制浪涌电流和尖峰电压的保护电路。晶体管输出接口可采用二极管稳压二极管保护电路。继电器输出接口可采用阻容保护电路。

（2）当控制回路发生接地或短路故障时，或由于使用时间过长，都会造成 PLC 输出模块输出点的损坏，熔断器熔断。表现为输出 LED 亮，硬件输出继电器触点不动作，表明输出口正烧坏，可用万用表检测出故障。预防：设计 PLC 输出电路时，在有短路可能的输出点，应接小型继电器或中间继电器，以保证 PLC 内部不为短路损坏，凡有柜外配线的输出点都应加接继电器。另外 PLC 的用户手册中也有相关的预防措施。如三菱 F_1 系列 PLC 的用户手册中提出"过载短路保护 PLC，应对每 4 点输出接入一个 5～10A 的熔丝。"解决：如果 PLC 输出模块已造成损坏，按如下方法解决：1）整体更换输出模块：更换同类规格型号的输出模块备用件是最简单可靠的一种方法。2）更换有损坏输出点的晶闸管：如果每块输出模块上的多个输出点只有一个或少数几个输出点损坏，就不必要整体更换，以造成很大的经济损失。PLC 输出点的多数是晶闸管损坏，在确定故障原因后，可以把损坏的输出点晶闸管更换以后再重新使用。3）通过变通梯形图和局部接线更换输出点：一般情况，在设计选型时，PLC 都预留一定数量的备用输入、输出点。可采取局部改动接线并相应变更梯形图中输出点的编码来排除 PLC 输出点故障,合理利用,节省费用。

三、可编程序控制器的 CPU 停机故障

以 OMRON C200H 为例，当 PLC 控制出现下列优先级错误时会引起 CPU 停机：CPU WAIT'G（CPU 等待）、NO END INST（无结束语句）、MEMORY ERR（存贮器错误）、I/O BUS ERR（I/O 总线错误）、I/O SET ERR（I/O 设置错误）、I/O UNIT ERR（I/O 单元错误）、SYS FAIL FALS（系统出错）等。用编程器读出出错信息如下：CPU WAIT 'G,MEMORY ERR。

故障原因：当电源电压高于 PLC 的额定电压最高值或该集成件本身质量欠佳造成的，使 CPU 烧坏及存储器烧坏。预防：（1）PLC 控制系统设计时，其电源的稳压设计必须引起重视，以满足当地电压波动范围适合 PLC 要求。（2）PLC 的输入、输出端必须与易产生过电压的感性元件进行可靠的隔离。

四、编程器与 PLC 地址相同导致通信失败

以 ST-200 系列 CPU214 型 PLC 为例，准备从与编程器已连接好的 PLC 上载程序进行编辑时，编程器屏幕出现字幕"COMMTIME OUT（通信超时）"以及"PROG NOT LOADABLE（程序未能上载）。"通过各项检查均正常，最后查出问题的症结：编程器的地址不能设置成与 PLC（即 CPU）的地址相同，导致两者之间的通信失败。

五、可编程序控制器系统通信故障

PLC 的通信接口 RS485（或 RS232）和通信电缆一般是作隔离的，当与不共地的作隔离设备（如计算机或其他个设等）构成网络时，电缆内形成地电流会导致通信错误，甚至损坏内部电路。预防：（1）当多台 PLC 和其他设备通过通信接口连接成网络时，要选择相同的接地参考点，若必须连接不同接地参考点的 PLC，则在连接线上应设置阻抗网络，见图 6-26（以 PLC 站间的地电位差为 AC20V 为例），以限制地电流的幅值，尽量降低地电流对信号的干扰。（2）选用隔离的 RS485（或 RS232）转换器，替代通信连接电缆。

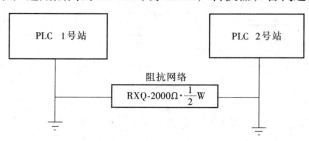

图 6-26　PLC 通信故障预防电路

六、PLC 模拟量输入信号采样值的不稳定故障

当模拟量输入信号受到来自电源和输入端电气噪声干扰或不正确的接地引起的干扰后会变得不稳定，预防：（1）对模块（A/D）的采样值，在用户程序中可采取数字滤波方法。（2）若判断出噪声来自电源，可在交流电源输入 PLC 之前经滤波设备滤波，若噪声来自传感器信号线，可采取以下措施：对 A/D 模块进行校准；仅在传感器的终端一点接地；不用的信道要短接；布线要采用走线槽，避免信号线与高能量导线平行敷设，若必须相交，应保证相交的角度是直角。

思 考 题 与 习 题

1. 简述 PLC 控制系统设计，调试的步骤？

2. 如何估算 PLC 系统的 I/O 点数和存储容量？

3. 简述在实验室中模拟调试 PLC 程序的方法？

4. 在什么情况下需要将 PLC 的用户程序写入 EPROM 写入器？

5. 什么叫"离线编程"和"在线编程"？各适用于什么场合？

6. PLC 的常见故障有哪些？如何提高它的可靠性？

7. 某加工工序过程分为四道工序完成，共需 30s，其时序图见图 6-27。X400 为运动控制开关，X400 为"ON"时启动，X400 为"OFF"时停机，而且每次启动均从第一道工序开始，四道工序分别用 Y531，Y532，Y533，Y534 来反应，试画出梯形图和步进梯形图。

8. 参加智力竞赛的 A、B、C 三人的桌上各有一只抢答按钮，并分别有指示灯显示。当主持人按下允许开关 SW 后抢答开始。最先按下抢答按钮的抢答者对应的灯亮。同时禁止另两个抢答者的灯亮，指示灯在主持人断开开关 SW 后熄灭。

（1）分析问题、分配 I/O 点数及继电器编号。

（2）画出相应梯形图。

（3）画出 PLC 实际外部接线图。

9. 十字路口交通指示灯的变化过程如图 6-28 所示，试画出顺序功能图。

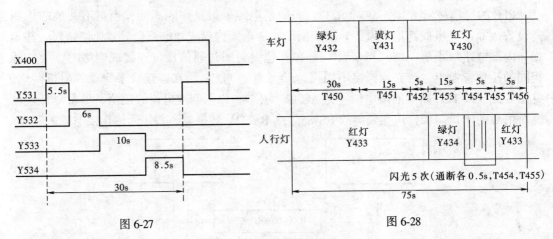

图 6-27

图 6-28

10. 某组合机床有两个动力头，它们的动作由液压电磁阀控制，其动作过程及对应的执行元件的状态如图 6-29 所示。$SQ_0 \sim SQ_5$ 为行程开关，$YV_1 \sim YV_7$ 为液压电磁阀。

控制要求：（1）当动力头在原位（SQ_0 处）时，按下启动按钮后，两动力头同时启动，启动后两动力头分别执行各自的动作；（2）当 1 号动力头到达 SQ_5 处，且 2 号动力头到达 SQ_4 处时，两动力头才同

时转入快退；(3) 两动力头退回原位后，继续重复上一次的动作。

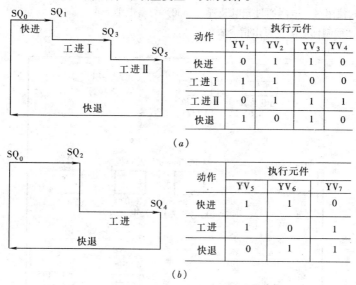

图 6-29

(a) 1 号动力头；(b) 2 号动力头

11. 冲床运动示意图如图 6-30 所示。在初始状态时机械手在最左边，X404 为 "1" 状态，冲头在最上面，X403 为 "1" 状态，机械手松开 (Y430 为 "0" 状态)，按下启动按钮 X400，Y430 变为 "1" 状态，工件被夹紧并保持，2s 后 Y431 变为 "1" 状态，机械手右行，直到碰到 X401 后，将顺序完成以下动作，冲头下行，冲头上行，机械手左行，机械手松开，系统最后返回初始状态，各限位开关提供的信号是相应步之间的转换条件，画出顺序功能图及步进梯形图。

12. 粉末冶金制品压制机 (见图 6-31) 装好金属粉末后，按下启动按钮 X400，冲头下行，将粉末压紧后，压力继电器 X401 (图中未画出) 为 "1" 状态，保压延时，5s 后冲头上行，限位开关 X402 变为 "1" 状态，然后模具下行至限位开关 X403 变为 "1" 状态，取走成品后工人按下按钮 X405，模具上行至 X404 变为 "1" 状态，系统返回初始状态。画出顺序功能图，设计出梯形图，并画出 PLC 实际外部接线图。

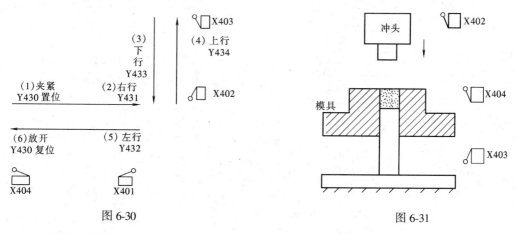

图 6-30

图 6-31

13. 防盗器自动控制，示意图如图 6-32 所示。

(1) 门、窗、顶棚有光电开关 (X402 ~ X407)，自动检知入侵者，并且 5s 后发出警报 (Y431)。

(2) 防盗器有停电检测装置（X401），电网停电时，将蓄电池（Y432）供应给防盗系统。

(3) 防盗器投入使用时，电网通过充电装置（Y430）对蓄电池充电。

分析控制要求，编制梯形图，写出指令表程序。

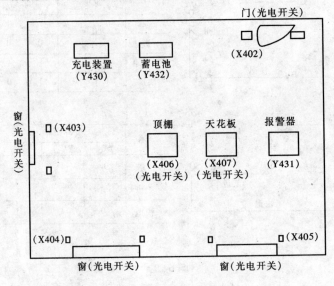

图 6-32

第七章 变频调速系统及其应用

第一节 绪 论

一、变频调速系统的概况

直流电动机拖动和交流电动机拖动先后诞生于 19 世纪，距今已有 100 多年的历史，并已成为动力机械的主要驱动装置。但是，由于技术上的原因，在很长一段时期，占整个电力拖动系统 80% 左右的不变速拖动系统中采用的是交流电动机（包括异步电动机和同步电动机），而在需要进行调速控制的拖动系统中则基本上采用的是直流电动机。

但是，众所周知，由于结构上的原因，直流电动机存在以下缺点：

（1）需要定期更换电刷和换向器，维护保养困难，寿命较短；

（2）由于直流电动机存在换向火花，难以应用于存在易燃易爆气体的恶劣环境；

（3）结构复杂，难以制造大容量、高转速和高电压的直流电动机。

而与直流电动机相比，交流电动机则具有以下优点：

（1）结构坚固，工作可靠、易于维护保养；

（2）不存在换向火花，可以应用于存在易燃易爆气体的恶劣环境；

（3）容易制造出大容量、高转速和高电压的交流电动机。

因此，很久以来，人们希望在很多场合下能够用可调速的交流电动机来代替直流电动机，并在交流电动机的调速控制方面进行了大量的研究开发工作。但是，直至 20 世纪 70 年代，交流调速系统的研究开发方面一直未能得到真正令人满意的成果，也因此限制了交流调速系统的推广和应用。也正是因为这个原因，在工业生产中大量使用的诸如风机、水泵等需要进行调速控制的电力拖动系统中不得不采用挡板和阀门来调节风速和流量。这种做法不但增加了系统的复杂性，也造成了能源的浪费。

经历了 20 世纪 70 年代中期的第二次石油危机之后，人们充分认识到了节能工作的重要性，并进一步重视和加强了对交流调速技术的研究开发工作。随着同时期内电力电子技术的发展，作为交流调速系统中心的变频器技术也得到了显著的发展，并逐渐进入了实用阶段。

虽然发展变频驱动技术最初的目的主要是为了节能，但是随着电力电子技术、微电子技术和控制理论的发展，电力半导体器件和微处理器的性能不断提高，变频驱动技术也得到了显著发展，随着各种复杂控制技术在变频器技术中的应用，变频器的性能不断得到提高，而且应用范围也越来越广。目前变频器不但在传统的电力拖动系统中得到了广泛的应用，而且几乎已经扩展到了工业生产的所有领域，并且在空调、洗衣机、电冰箱等家电产品中也得到了广泛的应用。

变频器技术是一门综合性的技术，它建立在控制技术、电力电子技术、微电子技术和计算机技术的基础之上，并随着这些基础技术的发展而不断得到发展。

二、通用变频器的发展过程

自 20 世纪 80 年代初通用变频器更新换代了五次：第一代是 80 年代初的模拟式通用变频器，第二代是 80 年代中期的数字式通用变频器，第三代是 90 年代初的智能型通用变频器，第四代是 90 年代中期的多功能通用变频器，本世纪研制上市的第五代集中型通用变频器。通用变频器的发展情况可以从以下几个方面来说明。

（一）通用变频器的应用范围不断扩大

通用变频器不仅在工业的各行业广泛应用，就连家庭也逐渐成为通用变频器的应用场所。通用变频器应用范围在不断扩大，其产品正向三个方面发展变化：其一，向无需调整便能得到最佳运行的多功能与高性能型变频器方向发展；其二，向通过简单控制就能运行的小型及操作方便的变频器方向发展；其三，向大容量、高启动转矩及具有环境保护功能的变频器方向发展。

（二）通用变频器使用的功率器件不断更新换代

变频技术是建立在电力电子技术基础之上的。在低压交流电动机的传动控制中，应用最多的功率器件有 GTO、GTR、IGBT 及智能模块 IPM（Intelligent Power Module），集 GTR 的低饱和电压性和 MOSFET 的高频开关特性于一体的后两种器件是目前通用变频器中广泛使用的主流功率器件。采用沟道型栅极技术、非穿通技术等方法大幅度降低集电极-发射极之间饱和电压的产品问世，使变频器的性能有了很大的提高。20 世纪 90 年代末还出现了一种新型半导体开关器件——集成门极换流晶闸管 IGCT（Integrated Gate Commutated Thyristor），该器件是 GTO 和 IGBT 取长补短的结果。总之，电力电子器件正朝着发热减少、高载波控制、开关频率提高、驱动功率减小的方向发展。

IPM 的投入应用比 IGBT 约晚 2 年，由于 IPM 包含了 IGBT 芯片及外围的驱动和保护电路，甚至还有的把光耦也集成于一体，因此是一种更为好用的集成型功率器件。目前，在模块额定电流 10～600A 范围内，通用变频器均有采用 IPM 的趋向，其优点是：

（1）开关速度快，驱动电流小，控制驱动更为简单。

（2）内含电流传感器，可以高速地检测出过电流和短路电流，能对功率芯片给予足够的保护，故障率大大降低。

（3）由于在器件内部电源电路和驱动电路的配线设计上做到优化，所以浪涌电压，门极振荡、噪声引起的干扰等问题能有效地得到控制。

（4）保护功能较为丰富，如电流保护、电压保护、温度保护一应俱全。

（5）IPM 的售价已逐渐接近 IGBT，而计入采用 IPM 后的开关电源容量和驱动功率容量减小、器件的节省及综合性能提高等因素后，在许多场合中其性价比已高过 IGBT，有很好的经济性。

为此，IPM 在工业变频器中被大量采用后，经济型的 IPM 在近几年内也开始在一些民用品中得到应用。

（三）控制方式不断发展

早期通用变频器大多数为开环恒压比（U/f 为常数）的控制方式，其优点是控制结构简单、成本较低，缺点是系统性能不高，比较适合应用在风机、水泵的调速场合。具体来说，其控制曲线随着负载的变化而变化；转矩影响慢，电机转矩利用率不高，低速时因定子电阻和逆变器死区效应的存在而使性能下降稳定性变差等。对变频器 U/f 控制系统的改造主要经历了如下三个阶段：

第一阶段：20 世纪 80 年代初日本学者提出了基本磁通轨迹的电压空间矢量（或称磁通轨迹法）。该方法以三相波形的整体生成效果为前提，以逼近电机气隙的理想圆形旋转磁场轨迹为目的，一次生成二相调制波形。这种方法被称为电压空间矢量控制。典型机种如 1989 年前后进入中国市场的 FUJI（富士）FRN500G5/P5、SANKEN（三肯）MF 系列等。

第二阶段：矢量控制，也称磁场定向控制。它是 20 世纪 70 年代初由西德 F.Blasschke 等人首先提出，以直流电动机和交流电动机比较的方法阐述了这一原理，由此开创了交流电动机和等效直流电动机控制的先河。它使人们看到交流电动机尽管控制复杂，但同样可以实现转矩、磁场独立控制的内在本质。矢量控制的基本点是控制转子磁链，以转子磁通定向，然后分解定子电流，使之成为转矩和磁场两个分量，经过坐标变换实现正交或解耦控制。1992 年开始，德国西门子开发了 6SE70 通用型系列，通过 FC、VC、SC 板可以分别实现频率控制、矢量控制、伺服控制。1994 年将该系列扩展至 315kW 以上。

第三阶段：1985 年德国鲁尔大学 Depenbrock 教授首先提出直接转矩控制理论（Direct Torque Control，简称 DTC）。直接转矩控制与矢量控制不同，它不是通过控制电流磁链等量来间接控制转矩，而是把转矩直接作为被控制量来控制。转矩控制的优越性在于：转矩控制是控制定子磁链，在本质上并不需要转速信息，控制上对除定子电阻外的所有电机参数变化鲁棒性良好；所引入的定子磁链观测器能很容易估算出同步速度信息，因而能方便地实现无速度传感器，这种控制被称为无速度传感器直接转矩控制。1995 年 ABB 公司首先推出的 ACS600 直接转矩控制系列，已达到小于 2ms 的转矩响应速度，在带 PG 时的静态速度精度达 0.01%；在不带 PG 的情况下，即使受到输入电压的变化或负载突变的影响，同样可以达到 0.1% 的速度控制精度。

控制技术的发展完全得益于微处理器技术的发展。自从 1991 年 INTEL 公司推出 8×196MC 系列以来，专门用于电动机控制的芯片在品种、速度、功能、性价比等方面都有很大发展。如日本三菱电机开发用于电动机控制的 M37705、M7906 单片机和美国德州仪器的 TMS320C240DSP 等都是颇具代表性的产品。

（四）PWM 控制技术进一步发展

PWM 控制技术一直是变频技术的核心技术之一。从最初采用模拟电路完成三角调制波和参考正弦波比较，产生正弦脉宽调制 SPWM 信号以控制功率器件的开关开始，到目前采用全数字化方案，完成优化的实时在线的 PWM 信号输出，PWM 在各种应用场仍占主导地位，并一直是人们研究的热点。

由于 PWM 可以同时实现变频变压反抑制谐波的特点，因此在交流传动乃至其他能量变换系统中得到广泛应用。PWM 控制技术大致可以分为三类：正弦 PWM（包括电压、电流或磁通的正弦为目标的各种 PWM 方案），优化 PWM，随机 PWM。正弦波 PWM 已为人所知，前者因有改善输出电压和电流波形、降低电源系统谐波的多重 PWM 技术，在大功率变频器中有其独特的优势；优化 PWM 所追求的则是实现电流谐波畸变率（THD）最小、电压利用率最高、效率最优、转矩脉动最小及其他特定优化目标；随机 PWM 原理是随机改变开关频率使电机电磁噪声近似为限带白噪声（在线性频率坐标系中，各频率能量分布是均匀的），尽管噪声的总分贝数未变，但以固定开关频率为特征的有色噪声强度大大削弱。对于载波频率必须限制在较低频率的场合，随机 PWM 仍然有其特殊的价值（DTC 控制即为一例）；另一方面则告诉人们，消除机械和电磁噪声的最佳方法不是盲目地提高工作频率，因此随机 PWM 技术提供了一个分析、解决问题的全新思路。磁通矢量控制技术，其性能达到了直流电机调速的水平。

三、通用变频器技术的发展展望

通用变频器的发展是世界经济高速发展的产物。其发展的趋势大致如下。

（一）主控一体化

日本三菱公司将功率芯片和控制电路集成在一块芯片上的 DIPIPM（即双列直插式封装）的研制已经完成并推向市场。一种使逆变功率和控制电路达到一体化、智能化和高性能化的 HVIC（高耐压 IC）SOS（System On Chip）的概念已被用户接受，首先满足了家电市场低成本、小型化、高可靠性和易使用等的要求。因此可以展望，随着功率增大，此产品在市场上极有竞争力。

（二）小型化

变频器的小型化就是向发热挑战。这就是说，变频器的小型化除了出自支撑部件的安装技术和系统设计的大规模集成化外，功率器件发热的改善和冷却技术的发展已成为小型化的重要因素。小功率变频器应当像接触器、软启动器等电器元件一样使用简单、安装方便、工作安全可靠。

（三）低电磁噪声化

今后的变频器都要求在抗干扰和抑制高次谐波方面符合 EMC 国际标准。主要做法是在变频器输入侧加交流电抗器或有源功率因数校正电路，改善输入电流波形，降低电网谐波及逆变电桥采取电流过零的开关技术。而控制电源用的开关电源将推崇半谐振方式，这种开关控制方式在 30 ~ 50MHz 时的噪声可降低 5 ~ 20dB。

（四）专用化

通用变频器中出现专用型家族是近年来的事。其目的是更好地发挥变频器的独特功能并尽可能地方便用户。如用于起重机负载的 ABB ACC 系列，用于交流电梯的 SIEMENS MIC0340 系列和 FUJI FRN500G11UD 系列，其他还有用于恒压供水、机械主轴传动、电源再生、纺织、机车牵引等的专用系列。

（五）系统化

作为发展趋势，通用变频器从模拟式、数字式、智能化、多功能向集中型发展。最近，日本安川电机提出了以变频器、伺服装置、控制器及通讯装置为中心的"D&M&C"的概念，并控制了相应的标准，目的是为用户提供最佳的系统。

（六）在数字控制技术与接口技术方面

通用变频器使用了 32 位 RISC 型 CPU 与快速存贮器，解决了缩短运算处理时间与内置大规模程序两者之间的矛盾。同时，可以大幅度提高变频器的控制性能与功能。应用该技术的 U/f 控制与矢量控制兼备的变频器适用于各个行业。

由于实现了与用户界面的对话方式，变频器的状态显示与操作用的数字式操作器的操作性能得到提高。若采用自动调谐功能，可以既简单又准确地设定电动机参数。另外，利用其内置的程序功能及各种通讯功能可很容易地扩展系统。

第二节 变频器的分类

变频器的分类可以有多种方式,例如可以按其主电路工作方式进行分类,可以按其开关方式进行分类,可以按其控制方式进行分类,还可以按其用途进行分类。下面就根据这几种分类方式对变频器进行简单介绍。

一、按照主电路工作方式分类

当按照主电路工作方式进行分类时,变频器可以分为电压型变频器和电流型变频器。电压型变频器的特点是将直流电压源转换为交流电源,而电流型变频器的特点则是将直流电流源转换为交流电源。

(1)电压型变频器。在电压型变频器中,整流电路或者斩波电路产生逆变电路所需要的直流电压,并通过直流中间电路的电容进行平滑后输出。整流电路和直流中间电路起直流电压源的作用,而电压源输出的直流电压在逆变电路中被转换为具有所需频率的交流电压。

在电压型变频器中,由于能量回馈给直流中间电路的电容,并使直流电压上升,还需要有专用的放电电路,以防止换流器件因电压过高而被破坏。

(2)电流型变频器。在电流型变频器中,整流电路给出直流电流,并通过中间电路的电抗将电流进行平滑后输出。整流电路和直流中间电路起电流源的作用,而电流源输出的直流电流在逆变电路中被转换为具有所需频率的交流电流,并被分配给各输出相后作为交流电流提供给电动机。在电流型变频器中,电动机定子电压的控制是通过检测电压后对电流进行控制的方式实现的。

对于电流型变频器来说,在电动机进行制动的过程中可以通过将直流中间电路的电压反向的方式使整流电路变为逆变电路,并将负载的能量回馈给电源。

由于在采用电流控制方式时可以将能量回馈给电源,而且出现负载短路等情况时也更容易处理,电流型控制方式更适合于大容量变频器。

图 7-1 中给出了电压型变频器和电流型变频器主电路的基本结构。

二、按照开关方式分类

当谈到变频器的开关方式时通常讲的都是变频器逆变电路的开关方式。而在按照逆变电路的开关方式对变频器分类时,则变频器可以分为 PAW 控制方式,PWM 控制方式和高载频 PWM 控制方式三种。

(1)PAM 控制。PAM 控制是 Pulse Amplitude Modulation(脉冲振幅调制)控制的简称,是一种在整流电路部分对输出电压(电流)的幅值进行控制,而在逆变电路部分对输出频率进行控制的控制方式。因为在 PAM 控制的变频器中逆变电路换流器件的开关频率即为变频器的输出频率,所以这是一种同步调速方式。

由于逆变电路换流器件的开关频率(以下简称载波频率)较低,在使用 PAM 控制方式的变频器进行调速驱动时具有电动机运转噪声小,效率高等特点。但是,由于这种控制方式必须同时对整流电路和逆变电路进行控制,控制电路比较复杂。此外,这种控制方式也还具有当电动机进行低速运转时波动较大的缺点。

(2)PWM 控制。PWM 控制是 Pulse Width Modulation(脉冲宽度调制)控制的简称,是在逆变电路部分同时对输出电压(电流)的幅值和频率进行控制的控制方式。在这种控

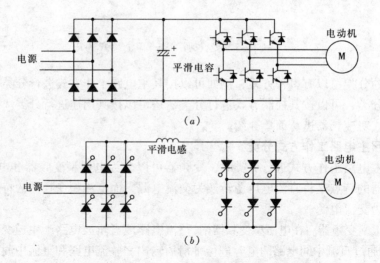

图 7-1　电压型变频器和电流型变频器主电路基本结构

（a）电压型变频器主电路；（b）电流型变频器主电路

方式中，以较高频率对逆变电路的半导体开关元器件进行开闭，并通过改变输出脉冲的宽度来达到控制电压（电流）的目的。

为了使异步电动机在进行调速运转时能够更加平滑，目前在变频器中多采用正弦波PWM 控制方式。所谓正弦波 PWM 控制方式指的是通过改变 PWM 输出的脉冲宽度，使输出电压的平均值接近于正弦波。这种控制方式也被称为 SPWM 控制。

采用 PWM 控制方式的变频器具有可以减少高次谐波带来的各种不良影响，转矩波动小，而且控制电路简单，成本低等特点，是目前在变频器中采用最多的一种逆变电路控制方式。但是，该方式也具有当载波频率不合适时会产生较大的电动机运转噪声的缺点。为了克服这个缺点，在采用 PWM 控制方式的新型变频器中都具有一个可以改变变频器载波频率的功能，以便使用户可以根据实际需要改变变频器的载波频率，从而达到降低电动机运转噪声的目的。

图 7-2 给出了电压型 PAM 控制和 PWM 控制变频器的基本结构以及正弦波 PWM 的波形示意图。

（3）高载频 PWM 控制。这种控制方式原理上实际是对 PWM 控制方式的改进，是为了降低电动机运转噪声而采用的一种控制方式。在这种控制方式中，载频被提高到人耳可以听到的频率（10～20kHz）以上，从而达到降低电动机噪声的目的。这种控制方式主要用于低噪声型的变频器，也将是今后变频器的发展方向。由于这种控制方式对换流器件的开关速度有较高的要求，所用换流器件只能使用具有较高开关速度的 IGBT 或 MOSFET 等半导体元器件，目前在大容量变频器中的利用仍然受到一定限制。但是，随着电力电子技术的发展，具有较高开关速度的换流元器件的容量将越来越大，所以预计采用这种控制方式的变频器也将越来越多。

PWM 控制和高载频 PWM 控制都属于异步调速方式，即变频器的输出频率不等于逆变电路换流器件的开关频率。

三、按照工作原理分类

当按照工作原理对变频器进行分类时,按变频器技术的发展可以分为 U/f 控制方式、转

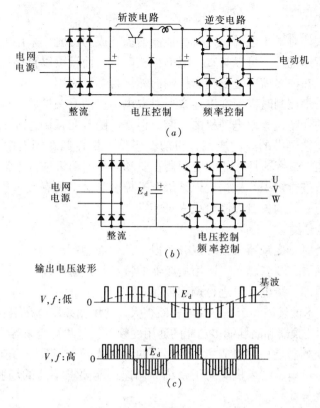

图 7-2　PAM 控制和 PWM 控制变频器的基本结构和正弦波 PWM
(a)电压型 PAM 控制；(b)电压型 PWM 控制；(c)正弦波 PWM 的波形

差频率控制方式和矢量控制方式三种。下面我们将分别介绍一下这三种控制方式的特点。

（1）U/f 控制变频器。U/f 控制是一种比较简单的控制方式。它的基本特点是对变频器输出的电压和频率同时进行控制，通过使 U/f（电压和频率的比）的值保持一定而得到所需的转矩特性。采用 U/f 控制方式的变频器控制电路成本较低，多用于对精度要求不太高的通用变频器。

（2）转差频率控制变频器。转差频率控制方式是 U/f 控制的一种改进。在采用这种控制方式的变频器中，电动机的实际速度由安装在电动机上的速度传感器和变频器控制电路得到，而变频器的输出频率则由电动机的实际转速与所需转差频率的和被自动设定，从而达到在进行调速控制的同时控制电动机输出转矩的目的。

转差频率控制是利用了速度传感器的速度闭环控制，并可以在一定程度上对输出转矩进行控制，所以和 U/f 控制方式相比，在负载发生较大变化时仍能达到较高的速度精度和具有较好的转矩特性。但是，由于采用这种控制方式时需要在电动机上安装速度传感器，并需要根据电动机的特性调节转差，通常多用于厂家指定的专用电动机，通用性较差。

（3）矢量控制变频器。矢量控制是 20 世纪 70 年代由西德 Blaschke 等人首先提出来的对交流电动机的一种新的控制思想和控制技术，也是交流电动机的一种理想的调速方法。矢量控制的基本思想是将异步电动机的定子电流分为产生磁场的电流分量（励磁电流）和与其相垂直的产生转矩的电流分量（转矩电流）并分别加以控制。由于在这种控制方式中必须同时控制异步电动机定子电流的幅值和相位，即控制定子电流矢量，这种控制方式被称为矢量控制方式。

矢量控制方式使对异步电动机进行高性能的控制成为可能。采用矢量控制方式的交流调速系统不仅在调速范围上可以与直流电动机相匹敌，而且可以直接控制异步电动机产生的转矩。所以已经在许多需要进行精密控制的领域得到了应用。

由于在进行矢量控制时需要准确地掌握对象电动机的有关参数，这种控制方式过去主要用于厂家指定的变频器专用电动机的控制。但是，随着变频调速理论和技术的发展以及现代控制理论在变频器中的成功应用，目前在新型矢量控制变频器中已经增加了自调整（Auto-tuning）功能。带有这种功能的变频器在驱动异步电动机进行正常运转之前可以自动地对电动机的参数进行辨识并根据辨识结果调整控制算法中的有关参数，从而使得对普通的异步电动机进行有效的矢量控制也成为可能。

四、按照用途分类

按照用途分类时，变频器大致可以分为以下几种类型：

(1) 通用变频器。顾名思义，通用变频器的特点是其通用性。这里通用性指的是通用变频器可以对普通的异步电动机进行调速控制。

随着变频器技术的发展和市场需要的不断扩大，通用变频器也在朝着两个方向发展：低成本的简易型通用变频器和高性能多功能的通用变频器。这两类变频器分别具有以下特点：

简易型通用变频器是一种以节能为主要目的而削减了一些系统功能的通用变频器。它主要应用于水泵、风扇、鼓风机等对于系统的调速性能要求不高的场所，并具有体积小，价格低等方面的优势。

高性能多功能通用变频器在设计过程中充分考虑了在变频器应用中可能出现的各种需要，并为满足这些需要在系统软件和硬件方面都做了相应的准备。在使用时，用户可以根据系统的需要选择厂家所提供的各种选件来满足系统的特殊需要。高性能多功能变频器除了可以应用于简易型变频器的所有应用领域之外，还广泛应用于传送带、升降装置以及各种机床、电动车辆等对调速系统的性能和功能有较高要求的许多场合。

过去，通用型变频器基本上采用的是电路结构比较简单的 U/f 控制方式，与采用了转矩矢量控制方式的高性能变频器相比，在转矩控制性能方面要差一些。但是，随着变频器技术的发展和变频器参数自调整的实用化，目前一些厂家已经推出了采用矢量控制方式的高性能多功能通用变频器，以适应竞争日趋激烈的变频器市场的需要。这种高性能多功能通用变频器在性能上已经接近过去的高性能矢量控制变频器，但在价格方面却与过去采用 U/f 控制方式的通用变频器基本持平。因此，可以相信，随着电力电子技术和计算机技术的发展，今后变频器的性能价格比将会不断提高。

(2) 高性能专用变频器。随着控制理论，交流调速理论和电力电子技术的发展，异步电动机的矢量控制方式得到了充分地重视和发展，采用矢量控制方式高性能变频器和变频器专用电动机所组成的调速系统在性能上已经达到和超过了直流伺服系统。此外，由于异步电动机还具有对环境适应性强、维护简单等许多直流伺服电动机所不具备的优点，在许多需要进行高速高精度控制的应用中这种高性能交流调速系统正在逐步替代直流伺服系统。

同通用变频器相比，高性能专用变频器基本上采用了矢量控制方式，而驱动对象通常是变频器厂家指定的专用电动机，并且主要应用于对电动机的控制性能要求较高的系统。此外，高性能专用变频器往往是为了满足某些特定产业或区域的需要，使变频器在该区域中具有最好的性能价格比而设计产生的。例如，在机床主轴驱动专用的高性能变频器中，为了便于和数控装置配合完成各种工作，变频器的主电路、回馈制动电路和各种接口电路等被做成一体，从而达到了缩小体积和降低成本的要求。而在纤维机械驱动方面，为了便于大系统的维修保养，变频器则采用了可以简单地进行拆装盒式结构。

（3）高频变频器。在超精密加工和高性能机械区域中常常要用到高速电动机。为了满足这些高速电动机驱动的需要，出现了采用 PAM 控制方式的高速电动机驱动用变频器。这类变频器的输出频率可以达到 3kHz，所以在驱动两极异步电动机时电动机的最高转速可以达到 180000r/min。

（4）单相变频器和三相变频器。交流电动机可以分为单相交流电动机和三相交流电动机两种类型，与此相对应，变频器也分为单相变频器和三相变频器。二者的工作原理相同，但电路的结构不同。由于单相电动机和三相电动机的有功功率 P 与电压的有效值 E，电流的有效值 I 以及功率系数 $\cos\phi$ 之间有如下关系：

单相　　$P = EI\cos\phi$

三相　　$P = \sqrt{3}\,EI\cos\phi$

为了得到相同的驱动转矩（即有功功率），采用三相变频器时的驱动电流只是单相变频器驱动电流的 1/3。由于在使用单相变频器时需要给出更大的驱动电流，所以在选择变频器时也应加以注意。

第三节　变频器的组成结构与功能

一、变频器的基本外形结构

变频器是把电压、频率固定的交流电变换成电压、频率分别可调的交流电的交换器。变频调速器与外界的联系基本上分三部分：

一是主电路接线端，包括接工频电网的输入端（R、S、T），接电动机的频率、电压连续可调的输出端（U、V、W、），如图 7-3 所示。

二是控制端子，包括外部信号控制变频调速器工作的端子、变频调速器工作状态指示端子、变频器与微机或其他变频器的通讯接口。

三是操作面板，包括液晶显示屏和键盘。

变频器的主电路主要由整流电路、直流中间电路和逆变电路三部分以及有关的辅助电路组成。

（一）整流电路

整流电路的主要作用是对电网的交流电源进行整流后给逆变电路和控制电路提供所需要的直流电源。在电流型变频器中整流电路的作用相当于一个直流电流源，而在电压型变频器中整流电路的作用则相当于一个直流电压源。根据所用整流元器件的不同，整流电路也有许多种形式。

1. 二极管整流电路

二极管整流电路主要用于 PWM 变频器，其电路结构如图 7-4 所示。直流电压 E_d 经直流中间电路的电容进行平滑后送至逆变电路。

由于二极管整流电路不具有开关功能，图 7-4 所示整流桥的输出电压决定于电源电压

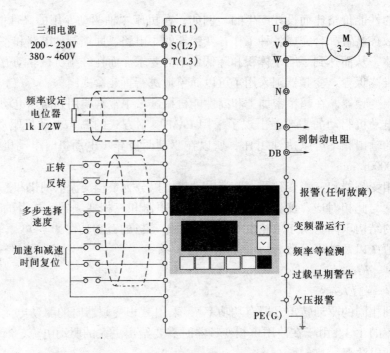

图 7-3　变频器的基本外部接线端子

三相电源
200~230V
380~460V

R(L1)
S(L2)
T(L3)

频率设定
电位器
1k 1/2W

正转
反转

多步选择
速度

加速和减速
时间复位

U
V
W

N

P
到制动电阻

DB

报警(任何故障)

变频器运行

频率等检测

过载早期警告

欠压报警

PE(G)

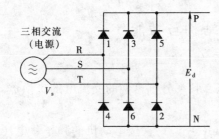

图 7-4　二极管整流电路

三相交流
(电源)

R
S
T

V_s

E_d

P

N

的幅值。

2. 晶闸管整流电路

为了控制输出电压的幅值,可以利用晶闸管作为换流器件并构成晶闸管整流桥。当晶闸管整流桥的电流只能朝一个方向流动时称为单向型晶闸管整流电路,而当电流的方向既可以为正向也可以为反向时则称为可逆型晶闸管整流电路。单向型晶闸管整流电路可以用于电压型和电流型变频器,而可逆型晶闸管整流电路则主要用于电流型变频器。

与单向型晶闸管整流电路只可工作在Ⅰ、Ⅳ象限相比,可逆型晶闸管整流电路可以工作在所有四个象限。

图 7-5 给出了这两种晶闸管整流电路的基本结构和工作范围。

3. 带斩波器的二极管整流电路

带斩波器的二极管整流电路主要用于电压型 PAM 方式变频器。虽然大容量电压型 PAM 方式的变频器通常使用晶闸管整流电路,但小容量 PAM 方式变频器,则往往采用斩波器对二极管整流电路输出的恒幅电压进行控制,以得到所需的电压幅值。

图 7-6 给出了带斩波器的二极管电路的基本结构。通过控制斩波电路三极管的开通时间即可以控制所输出的直流电压的幅值。

4. 晶体管和 IGBT 整流电路

由于晶体管和 IGBT 的特性基本上相同,使用这两种换流器件的整流电路的电路结构也完全相同。图 7-7 给出了电压型晶体管整流电路的基本结构。

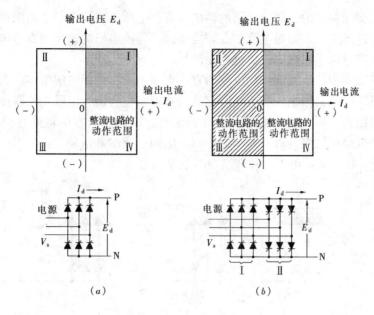

图 7-5　晶闸管整流电路及其工作范围
（a）单向型晶闸管整流电路；（b）可逆型晶闸管整流电路

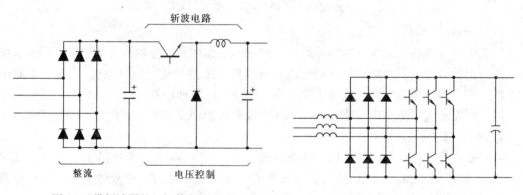

图 7-6　带斩波器的二极管整流电路 　　　　图 7-7　电压型晶体管整流电路

晶体管整流电路通常采用 PWM 控制方式，并且有以下特点：

（1）可以使来自电源的电流成为正弦波电流（几乎不包含高次谐波成分）；

（2）相对于电源电压，可以控制电流的相位（可以使功率因数为 1）；

（3）可以抑制所输出的电流电压的波动；

（4）可以将直流侧的电力逆变后馈还给电网电源。

（二）直流中间电路

　　虽然利用整流电路可以从电网的交流电源得到直流电压或直流电流，但是这种电压或电流含有频率为电源频率六倍的电压或电流纹波。此外，变频器逆变电路也将因为输出和载频等原因而产生纹波电压和电流，并反过来影响直流电压或电流的质量。因此，为了保证逆变电路和控制电源能够得到较高质量的直流电流或电压，必须对整流电路的输出进行平滑，以减少电压或电流的波动。这就是直流中间电路的作用。而正因为如此，直流中间电路也被称为平滑电路。

对电压型变频器来说，整流电路的输出为直流电压，直流中间电路则通过大容量的电容对输出电压进行平滑。而对电流型变频器来说，整流电路的输出为直流电流，直流中间电路则通过大容量电感对输出电流进行平滑。

电压型变频器中用于直流中间电路的直流电容为大容量铝电解电容。为了得到所需的耐压值和容量，往往根据电压和变频器容量的要求将电容进行串联和并联使用。

当整流电路为二极管整流电路时，由于在电源接通时电容中将流过较大的充电电流（浪涌电流），有烧坏二极管以及影响处于同一电源系统的其他装置正常工作的可能，必须采取相应措施。图 7-8 给出了几种抑制浪涌电流的方式。

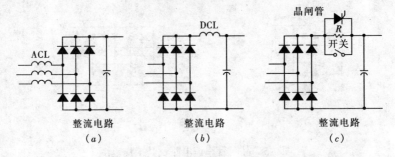

图 7-8　抑制浪涌电流的方式举例

（a）插入交流电抗；（b）插入直流电抗；（c）电阻＋开关

（三）逆变电路

逆变电路是变频器最主要的部分之一。它的主要作用是在控制电路的控制下将直流中间电路输出的直流电压（电流）转换为具有所需要频率的交流电压（电流）。逆变电路的输出即为变频器的输出，它被用来实现对异步电动机的调速控制。

逆变电路的组成形式因其使用的半导体换流器件的种类和开关方式的不同而不同。

1. 逆变电路的基本结构

（1）晶体管方式，GTO 晶闸管方式（电压型 PAM 方式用）。图 7-9 中给出了用于电压型 PAM 方式的晶体管方式和 GTO 晶闸管方式逆变电路的基本结构。这两种电路的工作原理基本相同，其区别仅仅在于前者所需的是基极驱动信号，而后者所需的则是门极驱动信号。

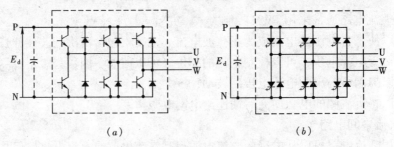

图 7-9　电压型 PAM 方式逆变电路

（a）晶体管方式逆变电路；（b）GTO 晶闸管方式逆变电路

在 PAM 方式的逆变电路中，直流电压 E_d 被整流电路或者斩波电路控制，而输出频率则由逆变电路控制。PAM 方式逆变电路的一个较大的缺点是在输出波形的每一个周期中将产生 6 次电流的峰值，电流的波形较差。

138

（2）晶体管方式，GTO晶闸管方式（电压型PWM方式用）。对于采用了PWM控制的逆变电路来说，虽然其电路结构与PAM方式时相同，但由于要同时产生输出频率和输出电压，其输出电压的波形较为复杂。此外，同PAM方式相比，采用了PWM控制的逆变电路的输出电压波形也有较大的改善。

（3）晶闸管方式（电压型方式用）。由于晶闸管允许过电流能力强，所以常常用于大容量变频器。目前用于变频器的晶闸管的容量已达到数千伏，1000A。但是，由于在对晶闸管进行换流时必须通过外部电路才能切断晶闸管中的电流，采用晶闸管的逆变电路的电路结构较为复杂。

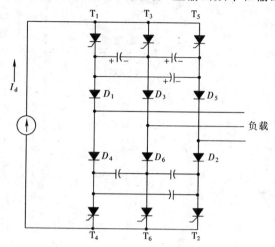

图7-10 三相电压型晶闸管逆变电路

为了保证逆变电路进行可靠换流，人们对逆变电路的形式进行了长期的研究，并提出了多种电路形式。图7-10给出了三相电压型晶闸管逆变电路的一种典型结构。

（4）晶闸管方式（电流型方式用）。同电压型相同，电流型晶闸管逆变电路也同样需要换流电路，但其电路结构却和电压型逆变电路有很大区别。图7-11给出了一个三相电流型晶闸管逆变电路的基本结构图。

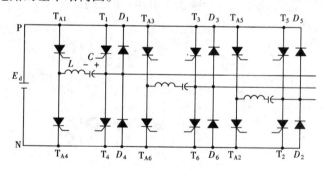

图7-11 三相电流型晶闸管逆变电路

2. 其他形式的逆变电路

共用直流电源的逆变电路。由于在利用变频器进行调速控制时进行的是一个交流-直流-交流的电源转换过程，在许多情况下，可以利用同一整流电路给出的直流电源为多个逆变电路供电，从而达到驱动多台电动机的目的。这就是图7-12给出的共用直流电源的逆变电路。

这种共用直流电源的逆变电路的特点是可以提高系统整体的运行效率，并可以降低变频器本身的价格。

多重结合型逆变电路。为了得到大容量的变频器，除了使用大容量的晶闸管或GTO作为换流器件之外，还可以采用在变频器中将多个逆变电路并联运行的方式，这就是所谓的多重结合型逆变电路。

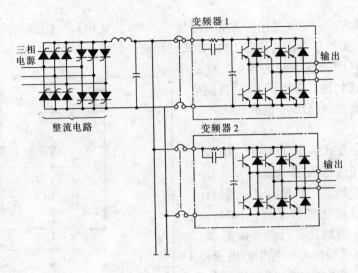

图 7-12　共用直流电源的逆变电路

　　多重结合型逆变电路的工作原理是，在电路工作时，通过改变结合变压器绕组的接法使各逆变电路在运行时具有一定的相位差，并使他们产生的高次谐波中次数较低的成分互相抵消。多重结合型逆变电路分为电流型和电压型两种，如图 7-13 和图 7-14 所示。目前，四重结合型的逆变电路已经得到了实际应用。

　　（四）主电路的几种常见结构

　　前面我们已经介绍了几种常用的直流电路和逆变电路。虽然将这些整流电路和逆变电路进行不同的组合时可以得到不同的变频器主电路，但由于各种实用方面的原因，目前在

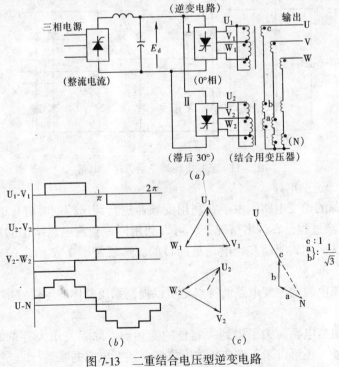

图 7-13　二重结合电压型逆变电路

（a）电路图；（b）电压波形；（c）电压矢量图

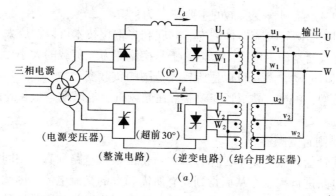

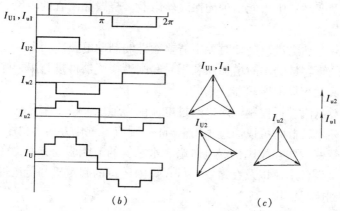

图 7-14　二重结合电流型逆变电路

（*a*）电路图；（*b*）电压波形；（*c*）电压矢量图

变频器中得到应用的主电路主要有以下五种基本形式：PWM 晶体管变频器；PWM GTO 晶闸管变频器；电压型（PAM）晶闸管变频器；电流型晶闸管变频器；PAM 晶体管变频器（斩波方式）。

下面简单介绍一下这几种主电路的主要特点。

1. PWM 晶体管变频器

PWM 晶体管变频器是应用较广的一种变频器，目前已成为中小容量通用变频器的主流。它主要具有以下特点：

（1）输出波形接近正弦波，既可以进行高效的调速控制，又可以保证电动机在低速区域进行平滑运行。

（2）不需要换流回路，体积小，重量轻。

（3）采用普通的二极管整流电路和晶体管整流电路，电路结构简单，并可以得到较大的功率因数。

2. 电压型（PAM）晶闸管变频器

由于功率晶体管和 IGBT 等具有自我灭弧能力的换流器件的普及，晶闸管在中小容量变频器中的应用已经逐步减少，但是，随着晶闸管容量的不断增加，晶闸管换流器件串、并联使用技术和多重化技术的成熟及实用化，晶闸管在大容量变频器中仍然得到广泛的应用。

电压型（PAM）晶闸管变频器的主要特点为：

（1）通过利用晶闸管换流器件的串、并联和多重化技术可以构成大容量的变频器。

（2）虽然变频器是作为电压源，但由于其换流能力和负载的大小无关，所以可以用于多台电动机的同时驱动，并且可以适应较大范围的负载变动。

因此，电压型（PAM）晶闸管变频器常在鼓风机、电风扇、水泵等设备的驱动方面作为共同电源。

3．电流型晶闸管变频器

电流型晶闸管变频器的基本工作方式为，将由整流电路和直流中间电路组成的电流源的输出在逆变电路进行控制，从而得到具有所需频率的交流电流。因此即使换流失败，也不会出现在电压型变频器中可能出现的保险丝熔断，烧毁晶闸管的现象。电流型晶闸管变频器的主要特点是：

（1）在对负载电动机进行制动时，不需要额外的制动电路。

（2）随着晶闸管容量的不断增加和利用对晶闸管换流器件进行串、并联的多重化技术的发展，可以构成大容量的变频器。

（3）因为是对电流进行控制，所以耐过电流能力强。

（4）在输出频率较低时可以通过采用 PWM 控制或多重化方式实现波动小的平滑运行。

电流型晶闸管变频器在鼓风机、电风扇、水泵等的节能驱动方面，在需要进行急速的加减速的钢铁冶金设备中，以及在需要进行Ⅳ象限运行的起重机和传送带等所有需要大中容量变频器都得到广泛应用。

4．PWM GTO 晶闸管变频器

PWM GTO 晶闸管变频器通常简称为 GTO 变频器。与晶体管相比，GTO 晶闸管更容易得到高耐压、大电流的器件，所以主要用于中大容量的变频器。目前，在变频器中，输出为 400～3300V，1000～10000kVA 的产品已经得到实际应用。

GTO 变频器的主要特点：

（1）可以得到与普通的晶闸管具有同等耐压和电流容量的器件，适用于高电压、大容量的变频器。

（2）开关速度高于普通的晶闸管，可以通过 PWM 控制实现高效的调速控制，并可以保证电动机在低速区域进行平滑运行。

（3）不需要换流回路，装置体积小。

因此，GTO 变频器作为大中容量变频器不但在鼓风机、电风扇、水泵等驱动系统方面得到广泛应用，而且在抄纸机、薄膜加工机械等需要较高性能的调速系统中也得到了广泛应用。

5．PAM 晶体管变频器（斩波式）

PAM 晶体管变频器是一种通过斩波电路将二极管整流电路得到的恒幅值电压变为可变电压，并通过逆变电路的晶体管三相桥对输出频率进行控制的变频器。

由于逆变电路换流器件的开关频率（以下简称载波频率）较低，在使用 PAM 控制方式的变频器进行调速驱动时具有电动机运转噪声小、效率高等特点。但是，因为采用这种控制方式时必须同时对整流电路和逆变电路进行控制，所以控制电路比较复杂。

PAM 晶体管变频器的特点是：输出频率可以高达 3kHz 甚至更高。因此，在利用 PAM 晶体管变频器对二极异步电动机进行驱动时，电动机的最高转速可以达到 180000r/min 以上。PAM 晶体管变频器主要应用于需要超高速电动机驱动的印刷电路板打孔机、高速车床、真空泵等。

二、变频器的主要功能

随着变频器技术的发展，变频器，尤其是高性能通用型变频器的功能越来越丰富。在此我们将以通用型变频器为例，按其用途将变频器的主要功能进行分类并加以简单说明。

（一）系统所具有的功能

为了构成系统，变频器必须具有以下功能：

（1）全区域自动转矩补偿功能。由于电动机转子绕组中阻抗的作用，当采用 U/f 控制方式时，在电动机的低速区域将出现转矩不足的情况。因此，为了在电动机进行低速运行时对其输出转矩进行补偿，在变频器中采取了在低频区域提高 U/f 值的方法，称为变频器的转矩补偿功能或转矩增强功能。

所谓全区域全自动转矩补偿功能指的就是变频器在电动机的加速、减速和定常运行的所有区域中可以根据负载情况自动调节 U/f 值，对电动机的输出转矩进行必要的补偿。

（2）防失速功能。变频器的防失速功能包括加速过程中的防失速功能、恒速运行过程中的防失速功能和减速过程中的防失速功能三种。

加速过程中的防失速功能和恒速运行过程中的防失速功能的基本作用是：当由于电动机加速过快或负载过大等原因出现过电流现象时，变频器将自动降低变频器的输出频率，以避免变频器因为电动机过电流而出现保护电路动作和停止工作的情况。减速过程中防失速功能的基本作用是：在电压保护电路未动作之前暂时停止降低变频器的输出频率或减少输出频率的降低速率，从而达到防止失速的目的。

（3）过转矩限定运行。过转矩限定运行功能的作用是对机械设备进行保护和保证运行的连续性。利用该功能可以对电动机输出转矩极限值进行设定，使得当电动机的输出转矩达到该设定值时变频器停止工作并给出报警信号。

（4）无传感器简易速度控制功能。无传感器简易速度控制功能的作用是为了提高通用变频器的速度控制精度。当选用该功能时，变频器将通过检测电动机电流而得到负载转矩，并根据负载转矩进行必要的转差补偿，从而得到提高速度控制精度的目的。利用该功能通常可以使速度变动率得到 1/5～1/3 的改善。

在利用该功能时，为了能够正确地进行转差补偿，必须将电动机的空载电流和额定转差等参数事先输入变频器。因此，必须对每一台电动机分别进行设定。

（5）带励磁释放型制动器电动机的运行。带励磁释放型制动器电动机的运行功能的作用是为了使变频器能够对带励磁释放制动器的电动机进行可靠驱动和调速控制。对于起重机、自动仓库等负载来说，为了达到防止滑落和进行稳定可靠的停止的目的，需要使用带励磁释放制动器的电动机。为了与这种电动机进行有效的配合，变频器中采取了与低频率区提高输出电压的同时设定一个防止电动机长时间流过饱和电流的区域的措

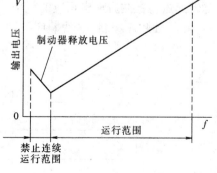

图 7-15 带励磁释放型制动器电动机的运行

施，以保证在使用这种电动机时制动器能够被可靠释放，如图 7-15 所示。

（6）减少机械振动，降低冲击的功能。减少机械振动，降低冲击的功能主要用于机床、传送带和起重机等，其作用是为了达到减少机械振动、减低冲击、保护机械设备和提高产品质量的目的。

（7）运行状态检测显示。运行状态检测显示功能主要用于检测变频器的工作状态，根据工作状态设定机械运行的互锁，对机械进行保护并使操作者及时了解变频器的工作状态。表 7-1 给出了这类功能的名称和内容。

运行状态检测显示　　　　　　　　　　　　　　　　　　表 7-1

名　　　称	内　　　　　容
（1）运行中信号	在电机运行时为"闭"状态，可以作为与停止状态进行互锁的信号
（2）零速信号	当输出变频器在最低频率以下时可为"闭"状态，可以作为机床的送刀、反转信号
（3）速度一致信号	当频率指令（速度指令）和输出频率一致时为"闭"状态，可以作为切削等用途时的互锁信号
（4）任意速度一致信号	仅在和任意速度的速度一致时才成为"闭合"状态
（5）输出频率检测 1）	输出频率高于设定频率时成为"闭合"状态
（6）输出频率检测 2）	输出频率低于设定频率时成为"闭合"状态
（7）过转矩信号	当电机产生的转矩超过设定的过转矩检测值时成为"闭合"状态，用于检测机床刀具磨损和过载检测，主要用于机械保护的互锁信号
（8）低电压信号	当变频器检测出电压过低，并切断输出时成为"闭合"状态，当在外部采用了停电对策时，可以作为停电检测继电器使用
（9）基极遮断信号	当变频器的输出被切断时处于"闭合"状态
（10）频率指令急变检测	当检测出频率指令发生设定值的 10% 以上的急变时成为"闭合"状态，主要用于检测上位 PLC 异常

（8）出现异常后的再启动功能。变频器的这项功能的作用是，当变频器检测到某些系统异常时将进行自我诊断和再试，并在这些异常消失后自动进行复位操作和启动，重新进入运行状态。具有这项功能的变频器在系统发生某些轻微异常时无需使系统本身停止工作，所以可以达到增加系统可靠性和提高系统运行效率的目的。

由于在进行自我诊断的过程中变频器处于停止输出的状态，在此过程中电动机的转速将会有一定程度的降低。对于这种速度降低，变频器将通过自己的自寻速功能对电动机的实际转速进行检测后输出相应的频率，直至电动机恢复原有速度。

（9）3 线顺序控制。3 线顺序控制功能主要用于构成简单的顺序控制，可以通过自动

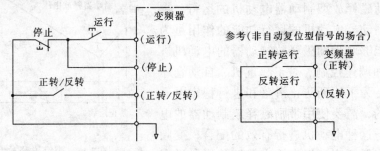

图 7-16　3 线顺序控制接线图

复位型按键开关进行启/停和正/反转操作,如图 7-16 所示。

(10)通过外部信号对变频器进行启/停控制。变频器通常都还具有通过外部信号强制性地使变频器停止工作的功能,这类功能包括:外部基极遮断信号接点;外部异常停止信号接点。

(二)频率设定功能

(1)多级转速设定功能。多级转速设定功能是为了使电动机能够以预定的速度按一定的程序运行。用户可以通过对多功能端子的组合选择记忆在内存中的频率指令。与用模拟信号设定输入频率相比,采用这种控制方式时可以达到对频率进行精确设定和避免噪声影响的目的。此外,该功能还为和 PLC 进行连接提供了方便的条件,并可以通过极限开关实现简易位置控制。

(2)频率上下限设定功能。频率上下限设定功能是为了限制电动机的转速,从而达到保护机械设备的目的而设置的。它通过设置频率指令的上下限,相对于输入信号的信号偏置值和信号增益完成,如图 7-17 所示。

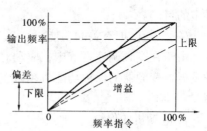

图 7-17　频率指令上下限、信号偏置值和增益设定功能

(3)特定频率设定禁止功能(频率跳越功能)。由于在进行调速控制的过程中,机械设备在某些频率上可能因与系统的固有频率形成共振而造成较大振动,应该避开这些共振频率。该功能就是为了这个目的而设置的。它可以用于泵、风机、机床等机械设备,以达到防止机械系统发生共振的目的。特定频率设定禁止功能的工作状态如图 7-18 所示。

(4)指令丢失时的自动运行功能。指令丢失时的自动运行功能的作用是,当模拟频率指令由于系统故障等原因急剧减少时,可以使变频器按照原设定频率的 80%的频率继续运行,以保证整个系统正常工作。

(5)频率指令特性的反转。为了和检测仪器等配合使用,某些变频器中还设置了将输入频率特性进行反转的功能,如图 7-19 所示。

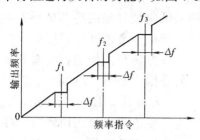

图 7-18　通过设定跳越频率避开共振频率

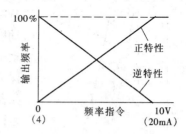

图 7-19　输入频率特性反转功能

(6)禁止加减速功能。为了提高变频器的可操作性,在加减速过程中,可以通过外部信号,使频率的上升/下降在短时间暂时保持不变,如图 7-20 所示。

(7)加减速时间切换。加减速时间切换功能的作用是利用外部信号对变频器的加减速时间进行切换。变频器的加减速时间通常可以分别设为两种,并通过外部信号进行选择。

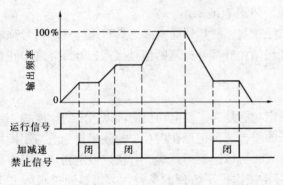

图 7-20　频率保持功能

该功能主要用于机械设备的紧急停止，用一台变频器控制两台不同用途的电动机，或在调速控制过程中对加减速速率进行切换等用途，如图 7-21 所示。

（8）S 型加减速功能。S 型加减速功能的作用是为了使被驱动的机械设备能够进行无冲击的启/停和加减速运行，在选择了该功能时，变频器在收到控制指令后可以在加减速的起点和终点使频率输出的变化成为弧形，从而达到减轻冲击的目的。

（三）与保护有关的功能

由于在变频调速系统中，驱动对象往往相当重要，不允许发生故障，随着变频器技术的发展，变频器的保护功能也越来越强，以保证系统在遇到意外情况时也不出现破坏性故障。

1. 电动机的保护

对电动机的保护功能包括以下内容：

（1）电动机过载保护。该功能的主要作用是通过根据温度模拟而得到的电子热继电器功能与电动机提供过载保护。当电动机电流（变频器输出电流）超过电子热保护功能所设定的保护值时，则电子热继电器动作，使变频器停止输出，从而达到对电动机进行保护的目的。图 7-22 给出了电子热继电器动作特性。

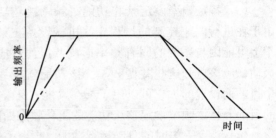

图 7-21　加减速时间切换

对于普通的异步电动机来说，由于是以在工频电源下以额定转速运行为前提的，采用了在电动机轴上安装冷却风扇的方法进行冷却。但是，当采用变频器驱动时，由于在低速范围冷却风扇转速的降低将使风扇的冷却效果变差，电动机的容许温升也相应降低。考虑到上述因素，普通电动机的电子热保护功能在低频范围按照容许温升范围对保护特性进行了一定的补偿，如图 7-23 所示。而对于变频器专用电动机来说，因为可以用 100% 的转矩进行连续运行，所以即使在低速区域也可以使用恒转矩特性下的电子热继电器动作特性，如图 7-24 所示。用户可以根据需要在一定范围内对电子热继电器的动作点和动作特性（热能时间常数）进行调节，以达到最大限度的发挥电动机的作用，并为电动机提供过载保护的目的。

应该注意的是，这种功能的保护对象主要是普通的四极三相异步电动机，而对其他类型的电动机有时则不能提供保护，因此必须注意研究对象电动机的特性。当

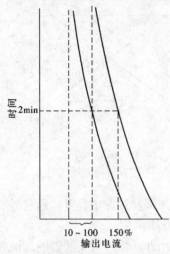

图 7-22　电子热继电器动作特性

用同一台变频器同时驱动数台电动机时，则应该另接入热敏继电器。

（2）电动机失速保护。通过光码盘等速度检测装置对电动机的速度进行检测，并在由于负载等原因使电动机发生失速时对电动机进行保护。

（3）光（磁）码盘断线保护。在转差频率控制和矢量控制方式中需要采用光（磁）码盘进行速度检测。当光（磁）码盘出现断线时，变频器的控制电路可以根据信号的波形和电流检测出码盘的故障，从而避免变频器和驱动系统出现故障。

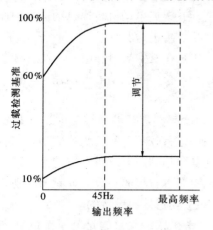

图 7-23　普通电动机用电子
热继电器动作特性

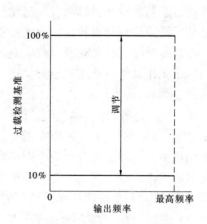

图 7-24　变频器专用电机用
电子热继电器动作特性

2. 系统的保护

（1）过转矩检测功能。该功能是为了对被驱动的机械系统进行保护而设置的。当变频器的输出电流达到了事先设定的过转矩检测值时，保护功能动作，使变频器停止工作，并给出报警信号。

（2）外部报警输入功能。该功能是为了使变频器能够和各种周边设备配合构成稳定可靠的调速控制系统而设置的。

（3）变频器过热预报。该功能主要是为了给变频器驱动的空调系统等提供安全保障措施。该功能的作用是当变频器周围的温度接近危险温度时发出警报，以便采用相应的保护措施。在利用该功能时需要在变频器外部安装热敏开关。

（4）制动电路异常保护。该功能的作用是为了给系统提供安全保障措施。当检测到制动电路晶体管出现异常或者制动电阻过热时给出警报信号，并使变频器停止工作。

（四）与运行方式有关的功能

（1）停止时直流制动。该功能的作用是为了在不使用机械制动器的条件下仍能使电动机保持停止状态。当变频器通过降低输出频率使电动机减速，并达到预先设定的频率时，变频器将给电动机加上直流电压，使电动机绕组中流过直流电流，从而达到进行直流制动的目的。

（2）无制动电阻时的快速停止。该功能的作用是在不使用机械制动器和制动电阻的条件下使电动机比自由停车短的时间进行快速停止。其具体的做法是：从电动机处于最高转速时起即给电动机加上直流电压，使电动机进入直流制动状态。通常其使用条件为：减速速率在 5% 以下，而制动转矩为 50% ~ 70%。

（3）运行前直流制动。对于泵、风机等机械设备来说，由于电动机本身有时能处于在外力的作用下进行自由运行的状态，而且其方向也处于不定状态，具有该功能的变频器在对电动机进行驱动时，将自动对电动机进行直流制动，并在使电动机停止后开始正常的调速控制。

（4）自寻速跟踪功能。对于风机、绕线机等惯性负载来说，当由于某种原因使变频器暂时停止输出，电动机进入自由运行状态时，具有这种自寻速跟踪功能的变频器可以在没有速度传感器的情况下自动寻找电动机的实际转速，并根据电动机转速自动进行加速，直至电动机转速达到所需转速，而无需等到电动机停止后再进行驱动。

（5）瞬时停电后自动再启动功能。该功能的作用是在发生瞬时停电时，使变频器仍能根据原定工作条件自动进入运行状态，从而避免进行复位、再启动等繁琐操作，保证整个系统的连续运行。

（6）电网电源/变频器切换运行功能。因为在用变频器进行调速控制时，变频器内部总是会有一些功率损失，所以在需要以电网电源频率进行较长时间的恒速驱动时，有必要将电动机由变频器驱动改变为电网电源直接驱动，从而达到节能的目的。与此相反，当需要对电动机进行调速驱动时，又需要将电动机由电网电源直接驱动改为变频器驱动。而变频器的电网电源/变频器切换运行功能就是为了满足上述目的而设置的。

（7）节能运行。该功能主要用于冲压机械和精密机床，其目的是为了节能和降低振动。在利用该功能时，变频器在电动机的加速过程中将以最大输出功率运行，而在电动机进行恒速运行的过程中，则自动将功率降至设定值。

（8）多 U/f 选择功能。该功能的作用是用一台变频器分别驱动几台特性各异的电动机或用变频器驱动变极电动机以得到较宽的调速范围。利用变频器的这个功能。可以根据电动机的不同特性设定不同的 U/f 值，然后通过功能输入端子进行选择驱动。该功能可以用于机床的驱动等用途。

（五）与状态检测有关的功能

与状态检测有关的功能有：显示负载速度功能；脉冲检测功能；频率/电流计的刻度校正功能；数字操作盒的监测功能等。

（六）其他功能

变频器的其他功能还包括：载频频率设定功能；高载频运行功能；平滑运行功能；全封闭结构等。

第四节　变频调速的基本控制方式和机械特性

一、变频调速的基本控制方式

根据异步电动机的转速表达式

$$n = \frac{60 f_1}{p}(1 - s) = n_0(1 - s)$$

可知，只要平滑的调节笼式异步电动机的供电频率 f_1，就可以平滑调节笼式异步电动机的同步转速 n_0，从而实现笼式异步电动机的无级调速，这就是变频调速的基本原理。

表面看来，只要改变定子电压的频率 f_1 就可以调节转速大小了，但事实上仅改变 f_1

并不能正常调速，在实际系统中是在调节定子电源频率 f_1 的同时调节定子电压 U_1，通过 U_1 和 f_1 的协调控制实现不同类型的变频调速。

由电机学可知

$$E_g = 4.44 f_1 N_1 K_{N1} \Phi_m \tag{7-1}$$

$$T_e = C_m \Phi_m I_2' \cos \varphi_2 \tag{7-2}$$

式中　E_g——每相中气隙磁通感应电动势有效值，V；

N_1——定子每相绕组串联匝数；

K_{N1}——基波绕组系数；

Φ_m——每极气隙主磁通，Wb；

T_e——电磁转矩，N·m；

C_m——转矩常数；

I_2'——转子电流折算至定子侧的有效值，A；

$\cos \varphi_2$——转子电路的功率因数。

如忽略定子上的电阻压降，则有

$$U_1 \approx E_g = 4.44 f_1 N_1 K_{N1} \Phi_m$$

式中　U_1——定子相电压。

于是，主磁通

$$\Phi_m = \frac{E_g}{4.44 f_1 N_1 K_{N1}} \approx \frac{U_1}{4.44 f_1 N_1 K_{N1}}$$

假设现在只改变 f_1 调速，设 $f_1 \uparrow$，则 Φ_m 将 $\downarrow$，于是拖动转矩 $T_e \downarrow$，这样电动机的拖动能力会降低，对恒转矩负载会因拖不动而堵转；倘若调节 $f_1 \downarrow$，则 $\Phi_m \uparrow$，当 f_1 小于额定功率时，主磁通 Φ_m 将超过额定值。由于在电机设计时，主磁通 Φ_m 的额定值一般选择在定子铁心的临界饱和点，所以当在额定功率以下调频时，将会引起主磁通饱和，这样励磁电流急剧升高，使定子铁心损耗 $I_m^2 R_m$ 急剧增加。这两种情况都是实际运行中所不允许的。

对于他励直流电机，励磁系统是独立的，只要对电枢反应的补偿合适，保持 Φ_m 不变是很容易做到的。而在交流笼式异步电动机中，磁通 Φ_m 是定子和转子磁势合成产生的，怎样才能保持磁通恒定？

根据三相笼式异步电动机定子每相电动势的有效值式（7-1）可知：在额定频率以下调频时只要控制好 E_g 和 f_1，便可达到控制磁通 Φ_m 恒定的目的。在额定频率以上调频时，应控制定子电压 U_1 不超过电机最高额定电压 U_{1N}，否则，会使电机磁路饱和，铁损加剧，严重时会使绕组过热。那么，如何考虑实现基频（额定频率）以下和基频以上两种情况的控制呢？

（一）基频以下调速控制方式

由式(7-1)可知，若要保持不变，则当频率从额定值向下调节时，必须同时降低 E_g，使

$$E_g / f_1 = 常数$$

即采用气隙磁通感应电动势与频率之比为常数的控制方式。

然而，绕组中的气隙磁通感应电动势是难以直接控制的，仅当电动势值较高时才可以忽略定子绕组的阻抗压降，而认为定子相电压 $U_1 \approx E_g$，则得

$$U_1/f_1 = 常数$$

这是恒压频比的控制方式。

低频时，U_1 和 E_g 都较小，定子阻抗压降所占的分量就比较显著，不能忽略。这时，可以人为的把电压 U_1 抬高一些，以便近似的补偿定子压降。带定子阻抗压降补偿的恒压频比控制特性如图 7-25 所示的 b 线，无补偿的控制特性则为 a 线。

（二）基频以上调速控制方式

在基频以上调速时，频率可以从 f_{1N} 往上增高，但电压 U_1 却不能增加得比额定电压 U_{1N} 大，一般保持在电动机允许的最高额定电压 U_{1N}。由式（7-1）可知，这样只能迫使磁通与频率成反比地降低，相当于直流电机弱磁升速的情况，即

$$\Phi_m = \frac{U_{1N}}{4.44 f_1 N_1 K_{N1}}\bigg|_{f_1 > f_{1N}}$$

把基频以下和基频以上两种情况结合起来，可得图 7-26 所示的笼式异步电动机变频调速控制特性。在基频以下，属于"恒转矩调速"的性质；而在基频以上，基本属于"恒功率调速"。

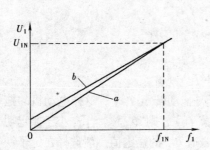

图 7-25　恒压频比控制特性

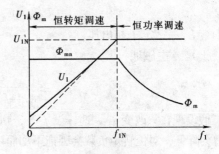

图 7-26　笼式异步电动机变
频调速控制特性

二、变频调速的机械特性

（一）笼式异步电动机恒压恒频时的机械特性

根据电机学原理，笼式异步电动机的电磁转矩为

$$T_e = \frac{P_m}{\Omega_1} = \frac{3p}{\omega_1} I_2'^2 \frac{R_2'}{s} \tag{7-3}$$

式中　P_m——电磁功率；

ω_1——电源角频率；

Ω_1——同步机械角速度。

当 U_1、ω_1 都为恒定值时，笼式异步电动机的电磁转矩可以写成如下形式

$$T_e = 3p\left(\frac{U_1}{\omega_1}\right)^2 \frac{s\omega_1 R_2'}{(sR_1 + R_2')^2 + s^2\omega_1^2(L_{l1} + L_{l2}')^2} \tag{7-4}$$

当 s 很小时，可忽略上式分母中含 s 的项，则

$$T_e \approx 3p\left(\frac{U_1}{\omega_1}\right)^2 \frac{s\omega_1}{R_2'} \propto s \tag{7-5}$$

即 s 很小时，转矩近似与 s 成正比，机械特性 $T_e = f(s)$ 是一段直线，如图 7-27 所示，当 s 接近 1 时，可忽略式 (7-4) 分母中的 R'_2，则

$$T_e \approx 3p\left(\frac{U_1}{\omega_1}\right)^2 \frac{\omega_1 R'_2}{s[R_1^2 + \omega_1^2(L_{l1} + L'_{l2})]} \propto \frac{1}{s} \tag{7-6}$$

即 s 接近于 1 时的转矩近似与 s 成反比，这时，$T_e = f(s)$ 是对称于原点的一段双曲线。

当 s 为以上两段的中间数值时，机械特性从直线段逐渐过渡到双曲线，如图 7-27 所示，这就是恒压恒频时的机械特性曲线形状。

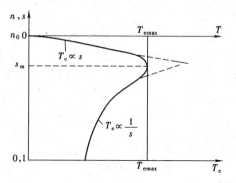

图 7-27　恒压恒频时异步
电动机的机械特性

（二）变频调速时的机械特性

1. 恒 E_g/ω_1 控制

当保持 E_g/ω_1 为恒定值时，无论频率高低由式 (7-1) 可知，每极磁通 Φ_m 均为常数，而转子电流为

$$I'_2 = \frac{E_g}{\sqrt{\left(\dfrac{R'_2}{s}\right)^2 + \omega_1^2 L'^2_{l2}}} \tag{7-7}$$

代入电磁转矩基本关系式，得

$$T_e = \frac{3p}{\omega_1} \frac{E_g^2}{\left(\dfrac{R'_2}{s}\right) + \omega_1^2 L'^2_{l2}} \frac{R'_2}{s} = 3p\left(\frac{E_g}{\omega_1}\right)^2 \frac{s\omega_1 R'_2}{R'^2_2 + s^2 \omega_1^2 L'^2_{l2}} \tag{7-8}$$

这就是恒 E_g/ω_1 时的机械特性方程式。

按前述相似的分析方法，当 s 很小时，可忽略式 (7-8) 分母中含 s^2 的项，则

$$T_e \approx 3p\left(\frac{E_g}{\omega_1}\right)^2 \frac{s\omega_1}{R'_2} \propto s \tag{7-9}$$

这表明机械特性的这一段近似为一条直线；当接近于 1 时，可忽略式 (7-8) 分母中的 R'_2 项，则

$$T_e \approx 3p\left(\frac{E_g}{\omega_1}\right)^2 \frac{R'_2}{s\omega_1 L'^2_{l2}} \propto \frac{1}{s} \tag{7-10}$$

这表明机械特性的这一段是双曲线。

s 为上述两段的中间值时，机械特性在直线和双曲线之间逐渐过渡，曲线形状与恒压恒频时的机械特性曲线形状相同。

当变频时，其同步转速为

$$n_0 = \frac{60\omega_1}{2\pi p}(\text{r/min}) \tag{7-11}$$

它随频率变化而变化。因此带负载时的转速降落为

$$\Delta n = sn_0 = \frac{60}{2\pi p}s\omega_1(\text{r/min}) \tag{7-12}$$

在式 (7-9) 所表示的机械特性的近似直线段上，可以导出

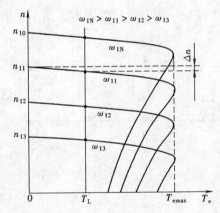

图 7-28 恒 E_g/ω_1 控制变频
调速时的机械特性

$$s\omega_1 \approx \frac{R_2' T_e}{3p\left(\dfrac{E_g}{\omega_1}\right)^2} \qquad (7\text{-}13)$$

由此可见，当 E_g/ω_1 为恒值时，对于同一转矩 T_e，$s\omega_1$，是基本不变的，因而 Δn 也是基本不变的，如式（7-12）所示。这就是说，在恒 E_g/ω_1 条件下改变频率时，机械特性基本上是平行移动的，如图7-28 所示。它和直流他励电动机调压调速时特性的变化情况相似，所不同的是，当转矩增大到最大值以后，转速再降低时特性又折回来了。

将式（7-8）对 s 求导，并令 $\mathrm{d}T_e/\mathrm{d}s = 0$，可得恒 E_g/ω_1 控制特性在最大转矩时的转差率和最大转矩为

$$s_m = \frac{R_2'}{\omega_1 L_{l2}'} \qquad (7\text{-}14)$$

$$T_{emax} = \frac{3}{2}p\left(\frac{E_g}{\omega_1}\right)^2 \frac{1}{L_{l2}'} \qquad (7\text{-}15)$$

由式（7-15）可知，当 E_g/ω_1 为恒值时，T_{emax} 恒定不变。由此可见，随着频率的降低，恒 E_g/ω_1 控制的机械特性是一组曲线形状与恒压恒频时的机械特性曲线相同，且平行下移的特性，如图7-28 所示。

2. 恒压频比控制（$U_1/\omega_1 = $恒值）

恒 E_g/ω_1 控制由于 E_g 是电机内部参数，这种控制难以实现。实践中是采用恒压频比控制（$U_1/\omega_1 = $恒值），这时同步转速与频率的关系与式（7-11）相同，带负载时的转速降落也与式（7-12）相同，在式（7-5）所示的机械特性的近似直线上，可以导出

$$s\omega_1 \approx \frac{R_2' T_e}{3p\left(\dfrac{U_1}{\omega_1}\right)^2} \qquad (7\text{-}16)$$

由上可见，当 U_1/ω_1 为恒值时，对同一转矩 T_e，$s\omega_1$ 是基本不变的，因而 Δn 也是基本不变的，这就是说在恒压频比的条件下改变频率时机械特性基本是平移的，如图7-29 所示。

当 U_1/ω_1 为恒值时，对式（7-4）稍加整理便可以看出，最大转矩 T_{emax} 随角频率 ω_1 的变化关系为

$$T_{emax} = \frac{3}{2}p\left(\frac{U_1}{\omega_1}\right)^2 \frac{1}{\dfrac{R_1}{\omega_1} + \sqrt{\left(\dfrac{R_1}{\omega_1}\right)^2 + (L_{l1} + L_{l2}')^2}} \qquad (7\text{-}17)$$

可见 T_{emax} 是随着 ω_1 降低而减小的。频率很低时，T_{emax} 太小将限制调速系统的带负载能力。为此需采用定子阻抗电压补偿。适当地提高定子电压可以增强带负载能力。如图7-29 所示的虚线特性就是采用定子阻抗电压补偿后的特性。而恒 E_g/ω_1 控制的机械特性就是恒压频比控制中补偿定子阻抗压降特性所追求的目标。

3. 基频以上变频调速时的机械特性

在基频 f_{1N} 以上变频调速时，由于电压 $U_1 = U_{1N}$ 不变，式（7-4）的机械特性方程式可写成

$$T_e = 3pU_{1N}^2 \frac{sR_2'}{\omega_1 \left[(sR_1 + R_2')^2 + s^2\omega_1^2(L_{l1} + L_{l2}')^2 \right]} \tag{7-18}$$

而式（7-17）的最大转矩表达式可改写成

$$T_{emax} = 3pU_{1N}^2 \frac{sR_2'}{\omega_1 \left[R_1 + \sqrt{\left(\dfrac{R_1}{\omega_1}\right)^2 + (L_{l1} + L_{l2}')^2} \right]} \tag{7-19}$$

同步转速的表达式仍与式（7-11）一样。由此可见，当角频率 ω_1 提高时，同步转速 n_0 随之提高，最大转矩减小，机械特性上移；从式（7-12）也可看出，转速降落随角频率的提高而增大，特性斜率稍变大，但其他形状基本相似，如图 7-30 所示。

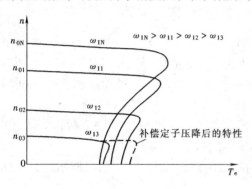

图 7-29　恒压频比控制变频
调速时的机械特性

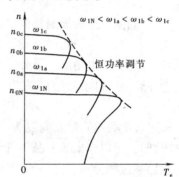

图 7-30　基频以上变频调速
时的机械特性

由于频率提高而电压不变，气隙磁通势必减弱，导致转矩的减小，但此时转速升高了，这样可以认为输出功率基本不变。所以基频以上变频调速属于弱磁恒功率转速。

第五节　交-直-交变频器及其变频调速系统

一、交-直-交电压源型变频器

（一）主电路组成

如图 7-31 所示的是串联电感式电压源型变频器逆变部分的主电路。变频器主电路由晶闸管整流器、中间滤波电容器及晶闸管逆变器组成，整流器可根据使用场合不同采用单相或三相晶闸管整流电路，此处不再讨论，因此图中电路只有电容滤波器及晶闸管逆变器两部分。

C_d 为滤波器电容，逆变器中 $VT_1 \sim VT_6$ 为主晶闸管，$VD_1 \sim VD_6$ 为反馈二极管，给感性电流提供续流回路，R_U、R_V、R_W 为衰减电阻，$L_1 \sim L_6$ 为换流电感，$C_1 \sim C_6$ 为换流电容，Z_U、Z_V、Z_W 为变频器的三相对称负载。

该逆变器部分没有调压功能，只要将 6 个晶闸管按一定的导通规则通断，就可以将滤波电容 C_d 送来的直流电压 U_d 逆变成频率可调的交流电。调压靠前级的可控整流电路完

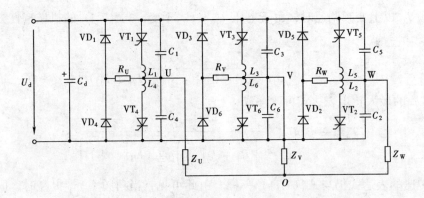

图 7-31　三相串联电感式电压源型变频器逆变部分主电路

成。

（二）晶闸管导通规则及输出波形分析

逆变器中 6 个晶闸管的导通顺序为 $VT_1 \to VT_2 \to VT_3 \to VT_4 \to VT_5 \to VT_6 \to VT_1$，各晶闸管的触发间隔为 60° 电角度。另外，这种电压型逆变器的导通区间采用 180° 导电型，即每个晶闸管导通 180° 电角度后被关断，由相同的另一个晶闸管导通。每相晶闸管导电间隔为 120°。

按照每个晶闸管触发间隔为 60°，触发导通后维持 180° 电角度才被关断的特征（180° 导电规则），可以作出 6 个晶闸管导通区间分布，如图 7-32（a）所示。

由导通区间分布，可以作出导通区间内的等效电路，如图 7-32（b）所示，并由此可求出输出相电压与线电压。例：

在 0°~60° 区间，从图 7-32（a）可知，有 VT_5、VT_6、VT_1 同时导通，等效电路如图 7-32（b）所示。

输出相电压为

$$U_{U0} = U_d \frac{Z_U \mathbin{/\mkern-5mu/} Z_V}{(Z_U \mathbin{/\mkern-5mu/} Z_W) + Z_V} = \frac{1}{3} U_d$$

$$U_{V0} = - U_d \frac{Z_V}{(Z_U \mathbin{/\mkern-5mu/} Z_W) + Z_V} = - \frac{2}{3} U_d$$

$$U_{W0} = U_{U0} = \frac{1}{3} U_d$$

输出线电压为

$$U_{UV} = U_{U0} - U_{V0} = U_d$$

$$U_{VW} = U_{V0} - U_{W0} = - U_d$$

$$U_{WU} = U_{W0} - U_{U0} = 0$$

在 60°~120° 区间，有 VT_6、VT_1、VT_2 同时导通，该区间相、线电压计算值为

$$U_{U0} = \frac{2}{3} U_d \qquad U_{UV} = U_d$$

$$U_{V0} = - \frac{1}{3} U_d \qquad U_{VW} = 0$$

$$U_{W0} = - \frac{1}{3} U_d \qquad U_{WU} = - U_d$$

同理可以求出其他区间的相电压、线电压大小。如图 7-32（c）所示为各区间连接起来之后的交-直-交电压型变频器输出相电压波形，三个相电压波形是阶梯状的互差 120°电角度的交变电压，三个线电压波形则为矩形波三相对称交变电压，如图 7-32（d）所示。

如图 7-32 所示相、线电压波形有效值为

$$U_{U0} = U_{V0} = U_{W0} = \sqrt{\frac{1}{2\pi}\int_0^{2\pi} u_{U0}^2 \mathrm{d}\omega t} = \frac{\sqrt{2}}{3}U_d$$

$$U_{UV} = U_{VW} = U_{WU} = \sqrt{\frac{1}{2\pi}\int_0^{2\pi} u_{UV}^2 \mathrm{d}\omega t} = \sqrt{\frac{2}{3}}U_d$$

$$U_l = \sqrt{3}U_p$$

即线电压为 $\sqrt{3}$ 倍相电压。由上分析可知，线电压、相电压及二者关系的结论与正弦三相交流电相同。

现将 180°导电型逆变器输出电压规律总结如下。

（1）每个脉冲触发间隔 60°区间内有 3 个晶闸管元件导通，它们分别属于逆变桥的共阴极组和共阳极组。

（2）在 3 个导通元件中，若属于同一组的有 2 个元件，则元件所对应相的相电压为 $\frac{1}{3}U_d$，另 1 个元件所对应相的相电压为 $\frac{2}{3}U_d$。

（3）共阳极组元件所对应相的相电压为正，共阴极组元件所对应相的相电压为负。

（4）每个脉冲触发间隔 60°内的相电压之和为 0。

（三）晶闸管换流原理

交-交变频器中晶闸管的换流同普通整流电路一样是采用电网电压自然换流，而交-直-交变频器的逆变部分则无法采用电网电压换流，又由于逆变器的负载一般为三相异步电动机，属电感性负载，也无法采用适用于容性负载的负载换流方式，故逆变器中晶闸管只能采用强迫换流方式。

为便于分析换流原理，特作如下假定。

（1）假定逆变器所输出交流电的周期 T 远大于晶闸管的关断时间。

（2）在换流过程的短时间内，认为负载电流 I_L 不变。

（3）上、下两个换流电感 L_1 和 L_4、L_3 和 L_6、L_5 和 L_2 耦合紧密。

（4）晶闸管的触发时间近似认为等于零，反向关断电流也近似为零。

（5）忽略各晶闸管及二极管的正向压降。

从图 7-32 中可以看出，VT_1 经 180°导电后换流至 VT_4，下面就以这个时刻为例说明其换流原理。

（1）换流前的初始状态。换流之前，逆变器工作于 120°～180°区间，这时 VT_1、VT_2、VT_3 三支管子导通，与负载形成初始的闭合回路，U 相负载电流如图 7-33（a）中虚线箭头所示。稳态时 VT_1、L_1 上无压降，C_4 上充有电压 U_d，极性上正下负，VT_4 上承受正压。

（2）触发 VT_4 后的 C_4 放电阶段。VT_1 导电 180°后触发 VT_4，电路主要有以下三个方面的变化：

首先，由于 C_4 上原来有电压 $U_{C4} = U_d$，VT_4 触发后立即导通，C_4 会通过 VT_4 释放能量。C_4 的放电回路为 C_4（+）$\rightarrow L_4 \rightarrow VT_4 \rightarrow C_4$（−），设放电电流为 i_4，如图 7-33（b）

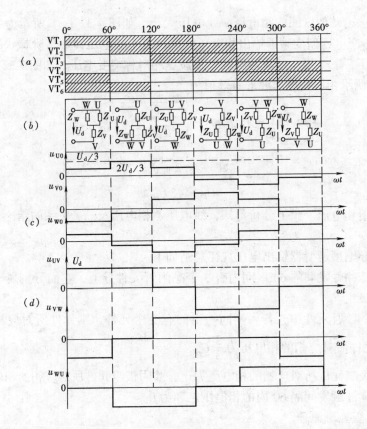

图 7-32 180°导电型逆变器的晶闸管导
通规律及输出波形分析

所示。

另一方面，触发 VT_4 后，由于 i_4 放电回路使 L_4 两端感应电压立即变为 $u_{L4} = u_{C4} = U_d$，又由于 L_1 和 L_4 紧密耦合，故 L_1 上也必然感应出 $u_{L1} = U_d$，于是 b 点电位被抬高至 $2U_d$，VT_1 承受反压而瞬间关断。

再一方面，电容上的电压 u_{C4} 随着放电的进行而降低，换向电容 C_1 同时开始充电，为下次换流做好准备。

这一阶段，负载 U 相电流 I_L 方向不变（由 C_1 和 C_4 的充放电提供），如图 7-33（b）所示。

当这一阶段结束时，u_{C4} 放电到零，电容 C_4 流向 L_4 振荡放电，电流 i_4 达到最大值 I_{4m}。各物理量的变化可表示为：

电容 C_4 上的电压 u_{C4}：$U_d \downarrow \to 0$；b 点电位：$2U_d \downarrow \to U_d \downarrow \to 0$；

电容 C_1 上的电压 u_{C1}：$0 \uparrow \to U_d$；VT_1 上电压：$-U_d \uparrow \to 0 \uparrow \to U_d$。

由于 C_4 放电阶段，b 点电位由 $2U_d$ 连续降至零，可见 b 点电位必然要经历 U_d 这一时刻，而在这一时刻以前，VT_1 承受的是反偏压，这时刻之后又恢复正偏。因此，应保证 VT_1 承受反偏压电压的时间大于 VT_1 元件的关断时间，以确保其可靠关断。

（3）电感释放储能阶段。当电容 C_4 放电完毕后，不能再提供给电感（包括 L_4 及 $L_{负载}$）能量了，于是电路中电感储能开始释放。

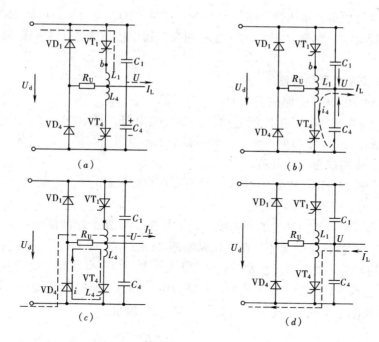

图 7-33　U 相电路的换流过程

(a) 换流前的初始状态；(b) C_4 放电前阶段；

(c) 电感释放储能；(d) 换流后的状态

电感 L_4 上储能为 $\frac{1}{2}L_4 I_{4m}^2$，通过 $VT_4 \rightarrow VD_4 \rightarrow R_U \rightarrow L_4 \rightarrow VT_4$ 构成闭合回路放电，放电电流为 i_{L4}，如图 7-33 (c) 所示，电感能量在 R_U 中消耗掉。VD_4 时在本阶段才开始导通的，由于第 (2) 阶段中 C_4 上有正向电压，故 VD_4 上承受反压，在 C_4 放电结束之后，VD_4 才承受 u_{L4} 正压而导通。

负载电感中储能为 $\frac{1}{2}L_{负载} I_L^2$，负载放电回路为 $Z_U \rightarrow Z_V \rightarrow VT_3 \rightarrow U_d \rightarrow VD_4 \rightarrow R_U \rightarrow Z_U$，回路可参考图 7-33 (c) 自己作出，该回路经过直流电源 U_d，可见换流时负载能量回馈电网。

当换流电感 L_4 及负载电感中的能量都释放完毕后，换流过程结束，接着 VT_4 导通，进入新的换流后状态。

(4) 换流后状态。VT_1 与 VT_4 换流后，逆变器进入 $180° \sim 240°$ 区间，该区间 U 相负载电流如图 7-33 (d) 所示。值得注意的是，这种逆变器必须具有足够的脉冲宽度去触发晶闸管。原因是，如果负载电感较大，第 (3) 阶段中 L_4 电感中的电能先释放完，而 $L_{负载}$ 中的储能后释放完，即 i_{L4} 先从 I_{L4m} 变到 0，这时 VT_4 就会因放电电流到零而关断，待负载电流 i_L 从 I_L 变到零再反向为 $-I_L$ 时，VT_4 已先关断了，为了防止 VT_4 先关断而影响换流，触发脉冲应采用宽脉冲（一般取 $120°$）或脉冲列，以保证 VT_4 在负载电感量较大时的再触发。

除了上述串联电感式逆变器外，晶闸管交-直-交电压型逆变器还有串联二极管式、采用辅助晶闸管换流等典型接线形式，由于晶闸管元件没有自关断能力，这些逆变器都需要配置专门的换流元件来换流，装置的体积与重量大，输出波形与频率均受限制。随着各种自控式开关元件（如电力晶体管 GTR、可关断晶闸管 GTO、电力场效应管 MOSFET、绝缘栅双极型晶体管 IGBT）的研制与应用，在三相变频器中已越来越少采用普通晶闸管作开关了。

二、交-直-交电流型变频器

（一）异步电动机等效电路的简化

如图 7-34（a）所示为三相异步电动机一相等效电路，其中 R_1、L_{l1} 分别为定子每相电阻及漏感，R_2'、R_{l2}' 分别为折合到定子侧的转子每相电阻及漏感，L_m 为定子每相绕组产生气隙主磁通对应的铁心电路电感。

为了简化分析，可以忽略定子电阻 R_1，并且可以将励磁电抗 L_m 移至 R_{l2}' 之后，形成如图 7-34（b）所示的近似等效电路。

如果将流入三相异步电动机的相电流 i 分为基波 i_1 与谐波 i_n 两部分 $i = i_1 + i_n$，则 i_1 和 i_n 都要在该相产生感应电动势。在串联漏电感 $L_{l1} + L_{l2}' = L_l$ 上，基波 i_1 与谐波 i_n 电流都会产生感应电动势，而在 L_m 与 R_2'/s 的并联支路中，却只有基波电流 i_1 的感应电动势 e_1 存在（由于电机主磁通分布是正弦的，故感应电动势只有基波分量而没有谐波），于是电动机的一相等效电路可进一步简化为如图 7-34（c）所示。

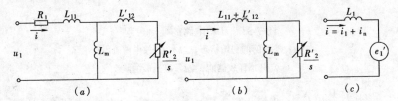

图 7-34 三相异步电动机一相等效电路及近似等效电路

在最后的简化电路中，设基波电流

$$i_1 = \sqrt{2} I_1 \sin\omega t$$

式中 $\omega = 2\pi f$，f 为逆变器对电动机的供电频率。

则 $e_1 = E_{1m}\sin(\omega t + \varphi_1)$，其中

$$\dot{E}_{1m} = \sqrt{2}\dot{I}_1\left(\frac{R_2'}{s} \ // \ j\omega L_m\right) = \sqrt{2}\dot{I}_1 \frac{\dfrac{R_2'}{s}j\omega L_m}{\dfrac{R_2'}{s} + j\omega L_m}$$

$$E_{1m} = \sqrt{2} I_1 \frac{\dfrac{R_2'}{s}\omega L_m}{\sqrt{\left(\dfrac{R_2'}{s}\right)^2 + (\omega L_m)^2}}$$

即

$$\varphi_1 = \tan^{-1}\frac{R_2'/s}{\omega L_m}$$

于是，电动机各相等效电压表达式可以写成

$$u_{相} = L_1\frac{\mathrm{d}i}{\mathrm{d}t} + e_1$$

以下对电流型变频器的分析中，将采用这种简化的各相等效电路。

（二）电流型变频器的主电路及输出波形分析

1. 主电路的组成

交-直-交电流型变频器逆变部分的典型电路为串联二极管式主电路结构，如图 7-35 所示，图中负载电动机采用上述简化后的各相等效电路作出。

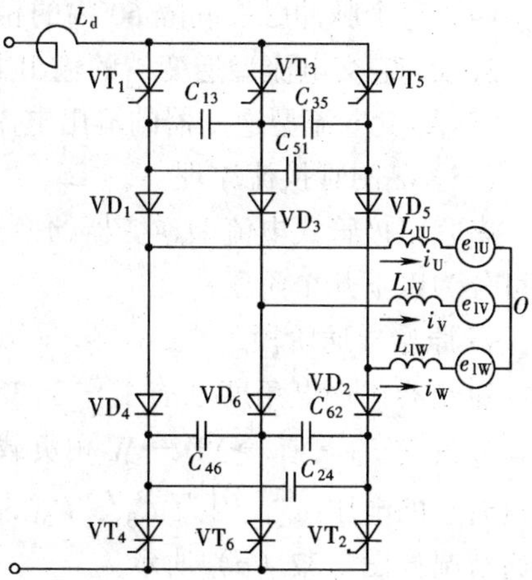

以 e_{1U}、e_{1V}、e_{1W} 分别表示各相基波电流感应电动势，L_{1U}、L_{1V}、L_{1W} 表示各相漏电感，则

$$u_U = L_{1U}\frac{\mathrm{d}i_U}{\mathrm{d}t} + e_{1U} \qquad u_V = L_{1V}\frac{\mathrm{d}i_V}{\mathrm{d}t} + e_{1V}$$

$$u_W = L_{1W}\frac{\mathrm{d}i_W}{\mathrm{d}t} + e_{1W}$$

图 7-35 串联二极管式电流型变频器主电路

图中 L_d 为整流与逆变两部分电路的中间滤波环节——直流平波电抗器，$VT_1 \sim VT_6$ 为主晶闸管，C_{13}、C_{35}、C_{51}、C_{46}、C_{62}、C_{24} 为换流电容，$VD_1 \sim VD_6$ 为隔离二极管。

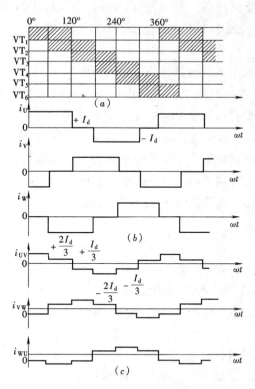

图 7-36 交-直-交电流型逆变器的导电规律及输出电流波形
（a）晶闸管导电规律；（b）星形连接对称负载；（c）三角形连接对称负载

2. 电流型逆变器导电规则

电流型逆变器一般采用 120°导电型，6 个晶闸管的触发间隔为 60°。每只管子在持续导通 120°后换流，晶闸管的导通区间分布如图 7-36（a）所示，从图中可以看出在每 60°区间内只有两个晶闸管导通，如在 0°~60°区间，VT_1、VT_6 导通，则主电路电流 I_d（经 L_d 滤波后为平直的电流）流向为 $VT_1 \rightarrow VD_1 \rightarrow U$ 相$\rightarrow 0 \rightarrow V$ 相 $\rightarrow VD_6 \rightarrow VT_6$。于是星形对称负载中：$i_U = + I_d$，$i_V = - I_d$，$i_W = 0$；若是三角形对称负载：$i_{UV} = (2/3) I_d$，$i_{VW} = (-1/3) I_d$，$i_{WU} = (-1/3) I_d$；其余区间也可同样计算。

与 180°导电型类似，将 120°导电型导电规律总结如下：

（1）每个脉冲触发间隔 60°有 2 个晶闸管元件导通，他们分别属于逆变桥的共阴极组和共阳极组。

（2）在 2 个导通元件中，每个元件所对应相的相电流为 I_d。而不是导通元件所对应相的电流为 0。

（3）共阳极组中元件所通过的相电流为正，共阴极组元件所通过的相电流为负。

159

（4）每个脉冲触发间隔60°内的相电流之和为0。

3. 交-直-交电流型逆变器的输出电流波形

交-直-交电流型逆变器的输出电流波形如图7-36（b）、（c）所示。

（三）晶闸管换流原理

串联二极管式电流型逆变器的换流过程以0°电角度时VT_5向VT_1换流为例进行分析，它可分为以下几个阶段：

1. 原始导通阶段

逆变器在0°电角度之前工作于300°~360°区段，有晶闸管VT_5、VT_6导通，负载电流$I_L = I_d$流向L_d→VT_5→VD_5→W相负载→0→V相负载→VD_6→VT_6，电容C_{35}、C_{51}上均充有左负右正的电压u_C，因为C_{35}、C_{51}的右端均为最高电位，C_{13}上无充电电压。该区间电流流通情况如图7-37（a）所示。

2. 电容器恒流充电阶段

在0°电角度处触发VT_1，则VT_1由于C_{51}与VT_5回路所施加的正电压而立即导通，VT_1导通后又与C_{51}一起对VT_5施加反压，于是VT_5立即关断。这时负载电流$I_L = I_d$不能突变，暂时保持恒定，流向变为：VT_1→C_{13}与C_{35}串，再并C_{51}的等效支路→VD_5→W相→0→V相→VD_6→VT_6，使三只电容接受恒流充电，由于电流I_d很大，C_{51}上电压将立即由左负右正转为左正右负，随着C_{51}上充电电压的不断反向升高，当u_{51}达到$u_{51} = e_{1U} - e_{1W}$时，将使VD_1导通，进入二极管换流阶段。恒流充电阶段电流流通路径如图7-37（b）所示。

3. 二极管换流阶段

VD_1导通后，等效电容支路立即通过VD_1放电，放电具体路径为C_{13}串C_{35}再并C_{51}等效支路→VD_1→U相→0→W相→VD_5，此外，负载电流$I_L = I_d$仍由恒流充电段的路径沿W、V相通过。本阶段中，U相只流过放电电流$i_U = i_放$，VD_5中流过的电流为$(I_d - i_U)$，W相电流$i_W = (I_d - i_U)$，V相电流同前一阶段。由于电容放电是振荡放电，由三个放电电容$(3/2)C$与电机的两相电感$(2L_1)$组成振荡电路，于是放电电流为一谐振电流，$i_U = i_放$从零上升，而电容电压下降，当$i_U = i_放$上升到I_d时，VD_5截至，这时$i_U = I_d$，$i_W = I_d - i_U = 0$，实质上电流从W相恰好换流至U相。该阶段的$i_放$与I_d各自的电流流向如图7-37（c）所示。

4. 换流后状态

二极管换流阶段结束时，VD_5已被切断，不再存在振荡回路，只有I_d流通，其流通回路为I_d→VT_1→VD_1→U相→0→V相→VD_6→VT_6，进入0°~60°稳定运行区段，换流电容C_{46}充电极性为左正右负，C_{62}极性为左负右正，为VT_6向VT_2换流做好准备。

三、晶闸管变频调速系统

要组成晶闸管变频调速系统仅有前面介绍的晶闸管变频器还不行，还必须加上相应的控制环节。为此，本节首先介绍晶闸管变频调速系统中的主要控制环节，然后再配上前述的静止型晶闸管交-直-交常规变频器组成晶闸管变频调速系统。

（一）晶闸管变频调速系统中的主要控制环节

1. 给定积分器

给定积分器又称软启动器，它是用来减缓突加阶跃给定信号造成的系统内部电流、电

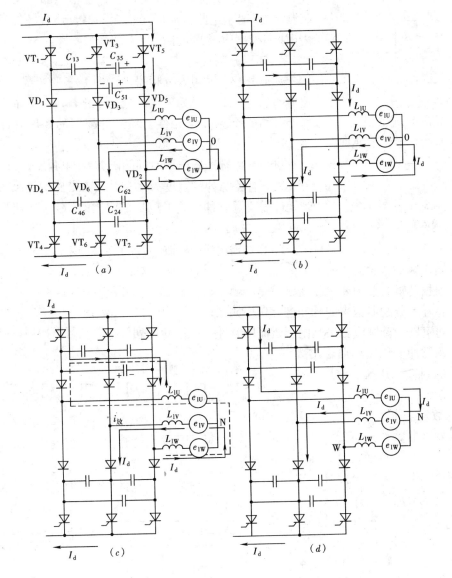

图 7-37　串联二极管式电流型逆变器的换流过程

（a）原始导通阶段；（b）电容器恒流充电阶段；（c）二极管换流阶段；（d）换流后状态

压的冲击，提高系统的运行稳定性。其输入输出信号对比如图 7-38 所示。

2. 绝对值运算器

绝对值运算器只反映输入给定信号的绝对值大小，不管正负，输出均为正。其输入输出关系为 $u_o = | u_i |$。

3. 电压-频率变换器

转速给定信号是以电压形式给出的，用晶闸管逆变桥实现变频就必须将其转换成频率的形式，电压-频率（U/f）变换器就是用来将电压给定信号转换成脉冲信号的装置，输入电压越高，脉冲频率越高；输入电压越低，则脉冲频率越低。该脉冲频率是逆变器（六拍逆变器）输出频率的 6 倍。

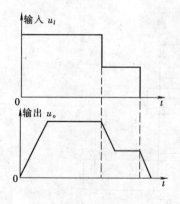

图 7-38 给定积分器
输入输出波形

电压-频率变换器的种类很多，有单结晶体管压控振荡器、555 时基电路构成的压控振荡器，还有各种专用集成压控振荡器构成的电路。

4. 环形分配器

环形分配器又称 6 分频器，它将 U/f 变换器送来的压控振荡脉冲，每 6 个为一组，分为 6 路输出，去依次触发逆变桥的 6 个晶闸管元件。环形分配器的输出脉冲特征是：

（1）各路脉冲发出的时间间隔为 60°电角度；

（2）各路脉冲的宽度为 120°（因为带感性负载的晶闸管元件需要宽脉冲触发）。其输入输出信号对比波形如图 7-39（a）、（b）所示。

5. 脉冲输出级

脉冲输出级的作用是：

（1）根据逻辑开关的要求改变触发脉冲顺序；

（2）将环形分配器送来的脉冲进行功率放大；

（3）将宽脉冲调制成触发晶闸管所需的脉冲列（用脉冲列发生器进行脉冲列调制）；

（4）用脉冲变压器隔离输出级与晶闸管的门极。其输出波形 7-39（c）所示。

6. 函数发生器

函数发生器其作用有二：（1）在 $f_{1min} \sim f_{1n}$ 的调频范围内，为确保恒转矩调速，将频率给定信号正比例转换为电压给定信号并在低频下将电压给定信号适当提升，进行低频电压补偿以保证 $E_g/f_1 = $ 常数；（2）在 f_{1n} 以上，无论频率给定信号如何上升，电压给定信号应保持不变，使输出电压 U_1 保持 U_{1n} 不变。函数发生器的输入与输出关系如图 7-40 所示。

7. 逻辑开关

逻辑开关电路的作用是根据给定信号为正、负或零来控制电动机的正转、反转或停车。如给定信号为正，则控制脉冲输出级按正相序触发，如给定信号为负，则控制脉冲输出级按负相序触发，相应控制

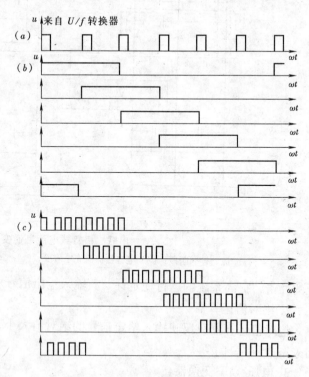

图 7-39 环形分配器与
脉冲输出级的波形
（a）来自 U/f 变换器的输入波形；
（b）环形分配器输出波形；（c）脉冲输出级输出波形

调速电动机的正、反转。如给定信号为零，则逻辑开关将脉冲输出级的正负脉冲都封锁，使电动机停车。

（二）晶闸管变频调速系统

1．转速开环的电压型变频调速系统

如图 7-41 所示为晶闸管交-直-交电压型变频器供电的转速开环变频调速系统结构图。这种系统的特点是没有测速反馈的转速开环变频调速，其调速性能不如转速闭环系统。因此适用于调速要求不高的场合。

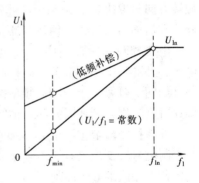

图 7-40　函数发生器的输入与输出关系

系统中电动机对变频器的要求如下：

（1）在额定频率 f_{1n} 以下，对电动机进行恒转矩调速，即要求在变频调速过程中，在改变频率的同时改变供电电压，保证变频器以恒压频比 $E_g/f_1 =$ 常数控制电机。

（2）在额定频率 f_{1n} 以上，对电动机进行近似恒功率调速，即要求变频器保持输出电压不变，只改变频率调速。

下面对转速开环的晶闸管变频调速系统组成作一说明。

该系统的控制分上、下两路，上路实现对晶闸管整流桥的变压控制，下路实现对晶闸管逆变桥的变频控制。

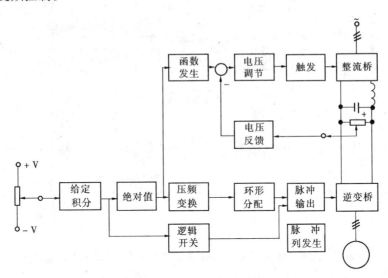

图 7-41　晶闸管交-直-交电压型变频器转速开环变频调速系统结构图

如图 7-41 所示的系统结构原理图中，主电路采用晶闸管交-直-交电压型变频器（主电路如图 7-31 所示），控制电路有两个控制通道，上面是电压控制通道，采用电压闭环控制可控整流器的输出直流电压；下面是频率控制通道，控制电压源型逆变器的输出频率。电压和频率控制采用同一控制信号（来自绝对值运算器），以保证两者之间的协调。由于转速控制是开环的，不能让阶跃的转速给定信号直接加到控制系统上，否则将产生很大的冲击电流而使电源跳闸。为了解决这个问题，设置了给定积分器将阶跃信号转变成合适的斜坡信号，从而使电压和转速都能平缓地升高或降低。其次，由于系统是可逆的，而电机的旋转方向只取决于变频电压的相序,并不需要在电压和频率的控制信号上反映极性,因此,在后面再设置绝对值运算器将给定积分器的输出变换成只输出其绝对值的信号。

电压控制环一般采用电压、电流双闭环的控制结构。内环设电流调节器,以限制动态电流;外环设电压调节器,以控制变频器输出电压。简单的小容量系统也可用单电压环控制(如图7-41所示)。电压-频率控制信号加到电压环以前,应补偿定子阻抗压降,以改善调速时(特别是低速时)的机械特性,提高带负载能力。

频率控制环节主要由压-频变换器、环形分配器和脉冲放大器三部分组成,将电压-频率控制信号转变成具有所需频率的脉冲列,再按6个脉冲一组依次分配给逆变器,分别触发桥臂上相应的6个晶闸管。

在交-直-交电压源型变频器的调速系统中,由于中间直流回路有大电容滤波,电压的实际变化很缓慢,而频率控制环节的响应是很快的,因而在动态过程中电压与频率就难以协调一致。为此,在压-频变换器前面应加设一个频率给定动态校正器(图7-41中未画出),它可以使一个惯性环节,用以延缓频率的变化,以便使频率和电压变化的步调一致起来。

2. 转速开环的电流源型晶闸管变频调速系统

转速开环的电流源型晶闸管变频调速系统结构原理图如图7-42所示。

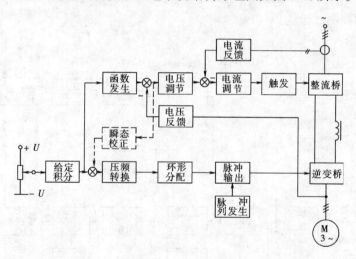

图7-42　晶闸管交-直-交电流型变频器转速开关变频调速系统结构图

与前面所述的电压型变频器调速系统的主要区别在于主电路采用了大电感滤波的电流源型逆变器(主电路如图7-35所示)。在控制系统上,两类系统结构基本相同,因为都是采用电压-频率协调控制。在这里,千万不要误认为电流源型变频器就只要电流控制而不要电压控制了。"电压源型"和"电压控制"是完全不同的两个概念。是"电压源型"还是"电流源型"取决于滤波环节,而采用"电压控制"或"电流控制",则要看控制目的。无论是电压源型还是电流源型变频调速系统,都要用电压-频率协调控制,因此都必须采用电压控制系统,只是电压反馈环节有所不同。电压源型变频器直流电压的极性是不变的,而电流源型变频器在回馈制动时直流电压要反向,因此后者的电压反馈不能从直流电压侧引出,而改从逆变器的输出端引出。

图 7-42 中所用各控制环节基本上与电压源型变频器调速系统类似，当然调节器参数调整会有较大差别。图中电流型逆变器采用电压闭环，能使电动机调速时保持恒磁通，但会引起系统不稳定。因为电流内环的响应较快，负载扰动会引起电动机端电压的波动，严重时，引起整流桥输出电压和电流的大幅度振荡，由于频率开环，电动机的压频比在过渡过程中不能保持恒定，使电动机转矩和转速也不断摆动。为了克服这种不稳定因素，在图 7-42 中增加了一个瞬态校正环节（图中虚线所示），该环节可以在电动机端电压发生波动时，使逆变器输出的频率也产生相应的波动，从而保证在调节过程中电动机的端电压与频率的瞬态比值保持不变，可使系统的稳定性得到较大的改善。瞬态校正中一般采用微分校正，也可以用别的方法，或者只延缓电压调节器的作用而不另加动态校正环节。

3. 转速闭环转差频率控制的变频调速系统

（1）转差频率控制的基本概念。直流电动机的转矩与电流成正比，控制电流就能控制转矩，问题比较简单。因此，直流双闭环调速系统转速调节器的输出信号实际上就代表了转矩给定信号。

在交流异步电动机中，影响转矩的因数很多，按照电机学原理中的转矩公式

$$T_e = C_m \Phi_m I_2' \cos\varphi_2$$

式中 $C_m = \dfrac{3}{\sqrt{2}} p N_1 K_{N1}$。可以看出，气隙磁通、转子电流、转子功率因数都影响转矩，而这些量又都和转速有关，所以控制交流异步电机转矩的问题就复杂得多了。

如果能够在变频时保持气隙磁通不变，则最大转矩 T_{emax} 也不变，显然能得到很好的稳定性能。这就是恒 E_g/ω_1 控制，其机械特性方程式如式（7-8）所示。而

$$E_g = 4.44 f_1 N_1 K_{N1} \Phi_m = 4.44 \frac{\omega_1}{2\pi} N_1 K_{N1} \Phi_m = \frac{1}{\sqrt{2}} \omega_1 N_1 K_{N1} \Phi_m \qquad (7\text{-}20)$$

将式（7-20）代入式（7-8）得

$$T_e = \frac{3p}{2} N_1^2 K_{N1}^2 \Phi_m^2 \frac{s\omega_1 R_2'}{R_2'^2 + s^2 \omega_1^2 L_{l2}'^2} \qquad (7\text{-}21)$$

令 $\omega_s = s\omega_1$，并定义为转差角频率；$K_m = \dfrac{3p}{2} N_1^2 K_{N1}^2$，是电机的结构常数

则

$$T_e = K_m \Phi_m^2 \frac{\omega_s R_2'}{R_2'^2 + s^2 \omega_1^2 L R_{l2}'^2} \qquad (7\text{-}22)$$

当电机在稳态运行时，s 值很小，因而 ω_s 也很小，只有 ω_1 的 2%～5%，可以认为 $\omega_s L_{l2}' \ll R_2'$，则转矩可以近似表示为

$$T_e \approx K_m \Phi_m^2 \frac{\omega_s}{R_2'} \qquad (7\text{-}23)$$

式（7-23）表明，在 s 值很小的范围内，只要能够保持气隙磁通 Φ_m 不变，异步电动机的转矩就近似与转差角频率 ω_s 成正比。这就是说，在异步电动机中控制 ω_s 就和直流电动机中控制电流一样，能够达到间接控制转矩的目的。控制转差频率就代表控制转矩，这就是转差频率控制的基本概念。

（2）转差频率控制的规律。上面分析所得的转差频率控制概念是在转矩近似式（7-23）上得到的。从近似条件可知，ω_s 较大时，情况就要改变了。现在再来研究一下精确

的转矩公式，即式（7-22），可以把这个转矩特性画在图7-43上面。可以看出，在 ω_s 较小的运行段上，转矩 T_e 基本上与 ω_s 成正比。当 T_e 达到其最大值 T_{emax} 时，ω_s 达到 ω_{smax} 值。

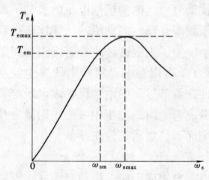

图 7-43　按恒 Φ_m 值控制的
$T_e = f(\omega_s)$ 特性

对于式（7-22）取 $\mathrm{d}T_e/\mathrm{d}\omega_s = 0$，可得

$$T_{emax} = \frac{K_m \Phi_m^2}{2L'_{l2}} \tag{7-24}$$

$$\omega_{smax} = \frac{R'_2}{L'_{l2}} = \frac{R_2}{L_{l2}} \tag{7-25}$$

在转差频率控制系统中，只要给 ω_s 限幅，使其限幅值为

$$\omega_s < \omega_{smax} = \frac{R_2}{L_{l2}} \tag{7-26}$$

就可以基本保持 T_e 与 ω_s 的正比关系，也就可以用转差频率控制来代表转矩控制。这是转差频率控制的基本规律之一。

上述规律是在保持 Φ_m 恒定时才成立的，于是问题又转化为如何保持 Φ_m 恒定？可以从分析磁通与电流的关系来着手解决这个问题。

当忽略饱和与铁损时，气隙磁通 Φ_m 与励磁电流 I_0 成正比，而相量 I_0 是定、转子电流相量 I_1、I_2 之差，即

$$\dot{I}_1 = \dot{I}_2 + \dot{I}_0 \tag{7-27}$$

又

$$\dot{I}_2 = \frac{\dot{E}_g}{\dfrac{R'_2}{s} + j\omega_1 L'_{l2}} \qquad \dot{I}_0 = \frac{E_g}{j\omega_1 L_m}$$

代入式（7-27）得

$$\dot{I}_1 = \dot{E}_g \left[\frac{1}{\dfrac{R'_2}{s} + j\omega L'_{l2}} + \frac{1}{j\omega_1 L_m} \right] = \dot{E}_g \frac{\dfrac{R'_2}{s} + j\omega_1 (L'_{l2} + L_m)}{j\omega_1 L_m \left(\dfrac{R'_2}{s} + j\omega_1 L'_{l2} \right)}$$

$$= \dot{I}_0 \frac{\dfrac{R'_2}{s} + j\omega_1 (L'_{l2} + L_m)}{\dfrac{R'_2}{s} + j\omega_1 L'_{l2}} = \dot{I}_0 \frac{R'_2 + j\omega_s (L'_{l2} + L_m)}{R'_2 + j\omega_s L'_{l2}}$$

令等式两侧相量的幅值相等，则

$$I_1 = I_0 \sqrt{\frac{R'^2_2 + \omega_s^2 (L_m + L'_{l2})^2}{R'^2_2 + \omega_s^2 L'^2_{l2}}} \tag{7-28}$$

当 Φ_m 或 I_0 不变时，I_1 与转差频率 ω_s 的函数关系应如上式，画成曲线如图7-44所示。

可以看出，它具有下列性质：

1）当 $\omega_s = 0$ 时，$I_1 = I_0$，在理想空载时定子电流等于励磁电流；

2）若 ω_s 值增大，由于式（7-28）分子中含 ω_s 项的系数大于分母中含 ω_s 项的系数，所以 I_1 也应增大；

166

3）当 $\omega_s \to \infty$ 时，$I_1 \to I_0\left(\dfrac{L_m + L'_{l2}}{L'_{l2}}\right)$，这是 $I_1 = f(\omega_s)$ 的渐近线；

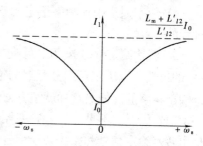

图 7-44　保持 Φ_m 恒定时的
$I_1 = f(\omega_s)$ 函数曲线

4）ω_s 为正、负值时，I_1 的对应值不变，$I_1 = f(\omega_s)$ 曲线左右对称。

上述关系表明：只要 I_1 与转差频率 ω_s 的函数关系符合图 7-44 或式（7-28）的规律，就能保持 Φ_m 恒定。这样，用转差频率控制代表转矩控制的前提也就解决了。这是转差频率控制的基本规律之二。

总结起来，转差频率控制的规律是：

1）在 $\omega_s \leqslant \omega_{sm}$ 的范围内，转矩 T_e 基本上与 ω_s 成正比，条件是气隙磁通不变；

2）按式（7-28）或图 7-44 的函数关系控制定子电流，就能保持气隙磁通 Φ_m 恒定。

（3）转差频率控制的变压变频调速系统。实现上述转差频率控制规律的转速闭环变压变频调速系统结构原理图如图 7-45 所示。可以看出，该系统有以下特点。

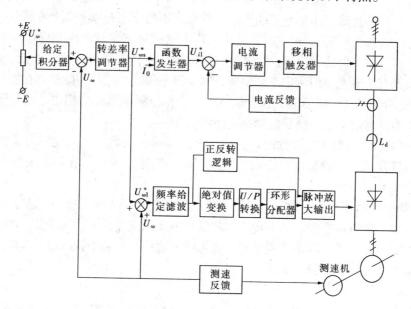

图 7-45　转差频率控制的转速闭环变压变频调速系统结构原理图

1）采用电流源型变频器，使控制对象具有较好的动态响应，而且便于回馈制动，实现四象限运行。这是提高系统动态性能的基础。

2）和直流电机双闭环调速系统一样，外环是转速环，内环是电流环。转速（转差率）调节器的输出是转差率给定值 $U^*_{\omega s}$，代表转矩给定。通过限制转速（转差率）调节器的输出限幅值 $U_{\omega sm}$ 就可限制转差角频率 ω_s。

3）转差频率给定信号分两路分别作用在可控整流器和逆变器上。前者通过 $I_1 = f(\omega_s)$ 函数发生器按 $U^*_{\omega s}$ 的大小产生相应的 U^*_{i1} 信号，再通过电流调节器控制定子电流，以保持 Φ_m 为恒值。另一路按 $\omega_s + \omega = \omega_1$ 的规律产生对应于定子规律 ω_1 的控制电压 $U^*_{\omega 1}$，决定逆变器的输出频率。这样就形成了在转速外环内的电流-频率协调控制。

4) 频率通道中加频率给定滤波环节的目的是保持频率控制通道与电流控制通道动态过程的一致性。

5) 转速给定信号按 U_ω^* 反向时，$U_{\omega s}^*$、U_ω、$U_{\omega 1}^*$ 都反向。用正、反转逻辑开关判断 $U_{\omega 1}^*$ 的极性，以决定环形分配器的输出脉冲相序，而 $U_{\omega 1}^*$ 信号本身则经过绝对值变换器决定输出频率的高低。这样就很方便地实现了可逆运行。

(4) 优点与不足。转差频率控制系统的突出优点就在于频率控制环节的输入频率信号是由转差给定信号和实测转速信号相加后的得到的，即 $U_{\omega s}^* + U_\omega = U_{\omega 1}^*$。这样，在转速变化过程中，实际频率 ω_1 随着实际转速 ω 同步地上升或下降，如同水涨船高。与转速开环系统中频率给定信号与电压成正比情况相比，加、减速更平滑，且容易稳定。同时，由于在动态过程中转速（转差率）调节器饱和，系统能用对应于 $\pm\omega_{sm}$ 的限幅对转矩 $\pm T_{em}$ 进行控制，保证了系统在允许条件下的快速性。

转速闭环转差频率控制的交流变压变频调速系统基本上具备了直流电动机闭环控制系统的优点，是一个比较优越的控制策略，结构也不算复杂，有广泛的应用价值。然而，如果认真考查一下它的静、动态性能，就会发现，如图 7-45 所示的基本型转差频率控制系统还不能完全达到直流双闭环系统的水平，存在差距的原因有以下几个方面。

1) 在分析转差频率控制规律时，是从异步电动机稳态等效电路和稳态转矩公式出发的，因此所得到的"保持磁通 Φ_m 恒定"的结论也只在稳态情况下才能成立。动态中 Φ_m 如何变化还没有去研究，但肯定不会恒定，这不得不影响系统的实际动态性能。

2) 电流调节器只控制了定子电流幅值，并没有控制到电流的相位，而在动态中电流相位如果不能及时赶上去，将延缓动态转矩的变化。

3) $I_1 = f(\omega_s)$ 函数是非线性的，采用模拟的运算放大器时，只能按分段线性化方式来实现，而且分段还不能很细，否则会造成调试的困难。因此，在函数发生器这个环节上，还存在一定的误差。

4) 在频率控制环节中，取 $\omega_s + \omega = \omega_1$，使频率 ω_1 得以和转速 ω 同步升降，这本是转差频率控制的优点。然而，如果转速检测信号不准确或存在干扰的成分，例如测速发电机的波纹等，也会直接给频率造成误差，因为所有这些偏差和干扰都以正反馈的形式毫无衰减地传递到频率控制信号上来了。

第六节　正弦波脉宽调制（SPWM）变频器及其调速系统

一、正弦脉宽调制（SPWM）变频器

（一）正弦脉宽调制原理

正弦脉宽调制（SPWM）波形，就是与正弦波等效的一系列等幅不等宽的矩形脉冲波形，如图 7-46 所示。等效的原则是每一区间的面积相等。如果把一个正弦半波分作 n 等分（在图 7-46a 中 $n = 12$），然后把每一等分正弦曲线与横轴所包围的面积都用一个与之面积相等的矩形脉冲来代替，矩形脉冲的幅值不变，各脉冲的中点与正弦波每一等分的中点相重合，如图 7-46（b）所示。这样，由 n 个等幅不等宽的矩形脉冲所组成的波形就与正弦波的半周波形等效，称作 SPWM 波形。同样，正弦波的负半周也可用相同的方法与一系列负脉冲等效。这种正弦波正、负半周分别用正、负脉冲等效的 SPWM 波形称作单极式

SPWM。如图 7-47 所示是 SPWM 变压变频器主电路的原理图。

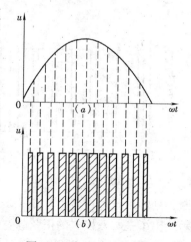

图中 $VT_1 \sim VT_6$ 是逆变器的 6 个全控式功率开关器件，它们各有一个续流二极管反并联接。整个逆变器由三相不可控整流器供电，所提供的直流恒值电压为 U_s。为分析方便起见，认为异步电动机定子绕组 Y 联接，其中 0 点与整流器输出端滤波电容器的中点 O' 相连，因而当逆变器任一相导通时，电动机绕组上所获得的相电压为 $U_s/2$。

图 7-48 绘出了单极式 SPWM 波形，其等效正弦波为 $U_m\sin\omega_1 t$，而 SPWM 脉冲序列波的幅值为 $U_s/2$，各脉冲不等宽，但中心间距相同，都等于 π/n，n 为正弦波半个周期内的脉冲数。令第 i 个脉冲的宽度为 δ_i，其中心点相位角为 θ_i，则根据面积相等的等效原则，可写成

图 7-46　与正弦波等效的等幅不等宽的矩形脉冲波形

(a) 正弦波形；(b) 等效的 SPWM 波形

$$\delta_i\frac{U_s}{2} = U_m\int_{\theta_i-\frac{\pi}{2n}}^{\theta_i+\frac{\pi}{2n}}\sin\omega_1 t \mathrm{d}(\omega_1 t)$$

$$= U_m\left[\cos\left(\theta_i-\frac{\pi}{2n}\right)-\cos\left(\theta_i+\frac{\pi}{2n}\right)\right]$$

$$= 2U_m\sin\frac{\pi}{2n}\sin\theta_i$$

当 n 的数值较大时，$\sin\pi/(2n)\approx\pi/(2n)$ 于是

$$\delta_i\approx\frac{2\pi U_m}{nU_s}\sin\theta_i \tag{7-29}$$

这就是说，第 i 个脉冲的宽度与该处正弦波值近似成正比。因此，与半个周期正弦波等效的 SPWM 波是两侧窄、中间宽、脉宽按正弦规率逐渐变化的序列脉冲波形。

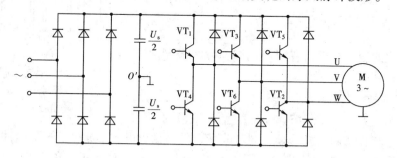

图 7-47　SPWM 变压变频器主电路原理图

原始的脉宽调制方法是利用正弦波作为基准的调制波（Modulation Wave），受它调制的信号称为载波（Carrier Wave），在 SPWM 中常用等腰三角波当作载波。当调制波与载波相交时（如图 7-49 所示），由它们的交点确定逆变器开关器件的通断时刻。具体的做法是，当 U 相的调制波电压 u_{ru} 高于载波电压 u_t 时，使相应的开关器件 VT_1 导通，输出正的脉冲电压，如图 7-49（b）所示；当 u_{ru} 低于 u_t 时使 VT_1 关断，输出电压为零。在 u_{ru} 的负半周中，可用类似的方法控制下桥臂的 VT_4，输出负的脉冲电压序列。改变调制波的频率时，

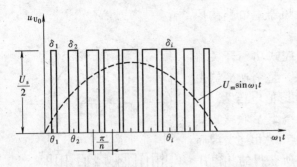

图 7-48 单极式 SPWM 电压波形

输出电压基波的频率也随之改变；降低调制波的幅值时，如 u'_{ru}，各段脉冲的宽度都将变窄，从而使输出电压基波的幅值也相应减小。

上述的单极式 SPWM 波形在半周内的脉冲电压只在"正"（或"负"）和"零"之间变化，主电路每相只有一个开关器件反复通断。如果让同一桥臂上、下两个开关器件交替地导通与关断，则输出脉冲在"正"和"负"之间变化，就得到双极式的 SPWM 波形。如图 7-50 所示绘出了三相双极式的正弦脉宽调制波形，其调制方法和单极式相似，只是输出脉冲电压的极性不同。当 U 相调制波 $u_{ru} > u_t$ 时，VT_1 导通，VT_4 关断，使负载上得到的相电压为 $u_{U0} = + U_s/2$；当 $u_{ru} < u_t$ 时，VT_1 关断而 VT_4 导通，则 $u_{U0} = - U_s/2$。所以 U 相电压 $u_{U0} = f(t)$ 是以 $+ U_s/2$ 和 $- U_s/2$ 为幅值作正、负跳变的脉冲波形。同理，如图 7-50（c）的 $u_{V0} = f(t)$ 是由 VT_3 和 VT_6 交替导通得到的；如图 7-50（d）的 $u_{W0} = f(t)$ 是由 VT_5 和 VT_2 交替导通得到的。由 u_{U0} 和 u_{V0} 相减可得逆变器输出的线电压波形 $u_{UV} = f(t)$，如图 7-50（e）所示，其脉冲幅值为 $+ U_s$ 和 $- U_s$。

双极性 SPWM 与单极性 SPWM 方法一样，对输出交流电压的大小调节要靠改变控制波的幅值来实现，而对输出交流电压的频率调节则要靠改变控制波的频率来实现。

（二）SPWM 逆变器的同步调制和异步调制

定义载波频率 f_t 与调制波频率 f_r 之比 N 为载波比，即

$$N = \frac{f_t}{f_r}$$

视载波比的变化与否，有同步调制与异步调制之分。

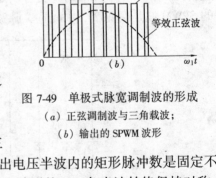

图 7-49　单极式脉宽调制波的形成
（a）正弦调制波与三角载波；
（b）输出的 SPWM 波形

1. 同步调制

在同步调制方式中，载波比 $N =$ 常数，变频时三角载波的频率与正弦调制波的频率同步改变，因而输出电压半波内的矩形脉冲数是固定不变的，如果取 N 等于 3 的倍数，则同步调制能保证输出波形的正、负半波始终保持对称，并能严格保证三相输出波形之间具有互差 120°的对称关系。但是，当输出频率很低时，由于相邻两脉冲间的间距增大，谐波会显著增加，使负载电动机产生较大的脉动转矩和较强的噪声，这是同步调制方式在低频时的主要特点。

2. 异步调制

采用异步调制方式是为了消除上述同步调制的缺点。在异步调制中，在变频器的整个变频范围内，载波比 N 不等于常数。一般在改变调制波频率 f_r 时保持三角载波频率 f_t 不

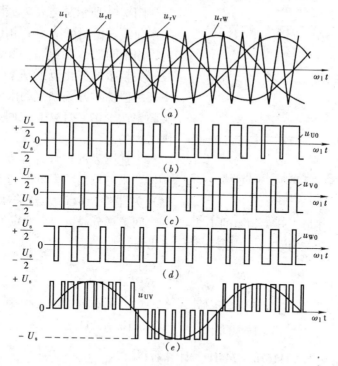

图 7-50 三相双极式 SPWM 波形

(a) 三相调制波与双极性三角载波；(b) $U_{U0} = f(t)$;

(c) $U_{V0} = f(t)$; (d) $U_{W0} = f(t)$; (e) $U_{UV} = f(t)$

变，因而提高了低频时的载波比。这样，输出电压半波内的矩形脉冲数可随输出频率的降低而增加，相应地可减少负载电动机的转矩脉动与噪声，改善了系统的低频工作性能。但异步调制方式在改善低频工作性能的同时，又失去了同步调制的优点。当载波比 N 随着输出频率的降低而连续变化时，它不可能总是 3 的倍数，必将使输出电压波形及其相位都发生变化，难以保持三相输出的对称性，因而引起电动机工作不平稳。

3. 分段同步调制

将同步调制和异步调制结合起来，成为分段同步调制方式，实用的 SPWM 变压变频器多采用此方式。

在一定频率范围内采用同步调制，以保持输出波形对称的优点，当频率降低较多时，如果仍保持载波比 N 不变的同步调制，输出电压谐波将会增大。为了避免这个缺点，可使载波比 N 分段有级地加大，以采纳异步调制的长处，这就是分段同步调制方式。具体地说，把整个变频范围划分成若干频段，每个频段内都维持载波比 N 恒定，而对不同的频段取不同的 N 值，频率低时，N 值取大些，一般大致按等比级数安排。表 7-2 给出了一个实际系统的频段和载波比分配，以资参考。

分段同步调制的频段和载波比   表 7-2

输出频率（Hz）	载波比	开关频率（Hz）	输出频率（Hz）	载波比	开关频率（Hz）
41 ~ 62	18	738 ~ 1116	11 ~ 17	66	726 ~ 1122
27 ~ 41	27	729 ~ 1107	7 ~ 11	102	714 ~ 1122
17 ~ 27	42	714 ~ 1134	4.6 ~ 7	159	731.4 ~ 1113

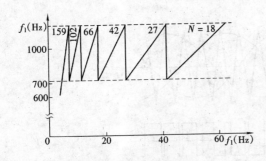

图 7-51 分段同步调制时输出频率
与开关频率的曲线关系

图 7-51 所示是与表 7-2 相应的 f_1 与 f_r 的关系曲线。由图可见，在输出 f_1 的不同频段内，用不同的 N 值进行同步调制，可使各频段开关频率的变化范围基本一致，以适应功率开关器件对开关频率的限制，其中最高开关频率在 1107 ~ 1134Hz 之间，这是在允许范围之内的。

上述图表的设计计算方法如下：已知变频器要求的输出频率范围为 5 ~ 60Hz，用 BJT 做开关器件，取最大开关频率为 1.1kHz 左右，最小开关频率在最大开关频率的 1/2 ~ 2/3 之间，视分段数要求而定。

现取输出频率上限为 62Hz，则第一段载波比为

$$N_1 = \frac{f_{\text{tmax}}}{f_{1\text{max}}} = \frac{1100}{62} = 17.7$$

取 N 为 3 的整倍数，则 $N_1 = 18$，修正后，

$$f_{\text{tmax}} = N_1 f_{1\text{max}} = 18 \times 62\text{Hz} = 1116\text{Hz}$$

若取 $f_{\text{tmin}} \approx \frac{2}{3} f_{\text{tmax}} = \frac{2}{3} \times 1116\text{Hz} = 744\text{Hz}$，计算后得

$$f_{1\text{min}} = \frac{f_{\text{tmin}}}{N_1} = \frac{744}{18}\text{Hz} = 41.33\text{Hz}$$

取整数，则 $f_{1\text{min}} = 41\text{Hz}$，那么，$f_{\text{tmin}} = 41 \times 18\text{Hz} = 738\text{Hz}$。

以下各段依次类推，可得表 7-2 中各行的数据。

（三）SPWM 的控制模式及其实现

SPWM 波形的控制需要根据三角载波与正弦控制波比较后的交点来确定逆变器功率器件的开关时刻，这个任务可以用模拟电子电路、数字电路或专用的大规模集成电路芯片等硬件电路来完成，也可以用微型计算机通过软件生成 SPWM 波形。在计算机控制 SPWM 变频器中，SPWM 信号一般由软件加接口电路生成。如何计算 SPWM 的开关点，是 SPWM 信号生成中的一个难点，也是当前人们研究的一个热门课题。本节讨论几种常用的算法。

1. 自然采样法

自然采样法是按照正弦波与三角形波交点进行脉冲宽度与间隙时间的采样，从而生成 SPWM 波形。在图 7-52 中，截取了任意一段正弦波与三角载波的一个周期长度内的相交情况。A 点为脉冲发生时刻，B 点为脉冲结束时刻，在三角波的一个周期 T_t 内，t_2 为 SPWM 波的高电平时间，称作脉宽时间，t_1 与 t_3 则为低电平时间，称为间隙时间。显然 $T_t = t_1 + t_2 + t_3$。

定义正弦控制波与载波的幅值比为调制度，用

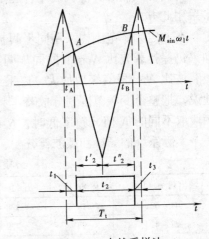

图 7-52 自然采样法

$M = U_{rm}/U_{tm}$ 表示，设三角载波幅值 $U_{tm} = 1$，则正弦控制波

$$u_r = M\sin\omega_1 t$$

式中 ω_1 为正弦控制波角频率，即输出角频率。

AB 两点对三角波的中心线来说是不对称的，因此脉宽时间 t_2 是由 t_2' 与 t_2'' 两个不等的时间段组成。这两个时间可由图 7-52 根据两对相似直角三角形高宽比列出方程为

$$\frac{2}{T_t/2} = \frac{1 + M\sin\omega_1 t_A}{t_2'}$$

$$\frac{2}{T_t/2} = \frac{1 + M\sin\omega_1 t_B}{t_2''}$$

得

$$t_2 = t_2' + t_2'' = \frac{T_t}{2}\Big[1 + \frac{M}{2}(\sin\omega_1 t_A + \sin\omega_1 t_B)\Big]$$

自然采样法中，t_A、t_B 都是未知数，$t_1 \neq t_3$，$t_2' \neq t_2''$，这使得实时计算与控制相当困难。即使事先将计算结果存入内存，控制过程中通过查表确定时间，也会因参数过多而占用计算机太多内存和时间，此法仅限于频率段数较少的场合。

2. 规则采样法

由于自然采样法的不足，人们一直在寻找更实用的采样方法来尽量接近于自然采样法，希望更实用的采样方法要比自然采样法的波形更对称一些，以减少计算工作量，节约内存空间，这就是规则采样法。规则采样法有多种，常用的方法有规则采样Ⅰ法、规则采样Ⅱ法，计算机实时产生 SPWM 波形也是基于其采样原理及计算公式。这里只介绍其中的规则采样Ⅱ法。

如图 7-53 所示的规则采样法是将三角波的负峰值对应的正弦控制波值（E 点）作为采样电压值，由 E 点水平截取 A、B 两点，从而确定脉宽时间 t_2。这种采样法中，每个周期的采样点 E 对时间轴都是均匀的，这时 $AE = EB$，$t_1 = t_3$，简化了脉冲时间与间隙时间的计算。为此有

$$t_2 = \frac{T_t}{2}(1 + M\sin\omega_1 t_e)$$

$$t_1 = t_3 = \frac{1}{2}(T_t - t_2)$$

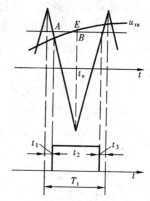

图 7-53 规则采样法

3. 指定谐波消除法

指定谐波消除法是 SPWM 控制模式研究中一种比较有意义的开关点确定法。在这种方法中，脉冲开关时间不是由三角载波与正弦控制波的交点确定的，而是从消除某些指定次谐波的目的出发，通过解方程组解出来的。简单说明如下：

如图 7-54 所示是半个周期内只有三个脉冲的单极式 SPWM 波形。在图示的坐标系中，SPWM 电压波形展开成付氏级数后为

$$u(\omega t) = \frac{2U_d}{\pi}\sum_{k=1}^{\infty}\frac{1}{k}\big[\sin k\alpha_1 - \sin k\alpha_2 + \sin k\alpha_3\big]\cos k\omega_1 t$$

式中 k 为奇数，由于 SPWM 波形的对称性，展开式中不存在偶数次谐波。

设控制要求逆变器输出的基波电压幅值为 U_{1m}，并要求消除五次、七次谐波（三相异

步电动机无中线情况下不存在 3 及 3 的倍数次谐波），按上述要求，可列出下列方程组

$$U_{1m} = \frac{2U_d}{\pi}\left[\sin\alpha_1 - \sin\alpha_2 + \sin\alpha_3\right]$$

$$U_{5m} = \frac{2U_d}{5\pi}\left[\sin5\alpha_1 - \sin5\alpha_2 + \sin5\alpha_3\right] = 0$$

$$U_{7m} = \frac{2U_d}{7\pi}\left[\sin7\alpha_1 - \sin7\alpha_2 + \sin7\alpha_3\right] = 0$$

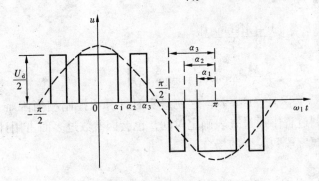

图 7-54　三脉冲的单极式 SPWM 波形

求解方程组即可得到合适的开关时刻 α_1、α_2 与 α_3 的数值。当然，要消除更高次谐波，则需要用更多的方程来求解更多的开关时刻，也就是说要在一个周期内有更多的脉冲才能更好地抑制与消除输出电压中的谐波成分。

当然，利用指定谐波消除法来确定一系列脉冲波的开关时刻是能够有效地消除所指定次数的谐波的，但是指定次数以外的谐波却不一定能减少，有时甚至还会增大。不过它们已属于高次谐波，对电机的工作影响不大。

在控制方式上，这种方法并不依赖于三角载波与正弦调制波的比较，因此实际上已经离开了脉宽调制概念，只是由于其效果和脉宽调制一样，才列为 SPWM 控制模式的一类。另外，这种方法在不同的输出频率下有不同的 α_1、α_2 与 α_3 开关时刻配合，因此，求解工作量相当大，难以进行实时控制，一般采用离线方法求解后将结果存入单片机内存，以备查表取用。

（四）功率晶体管通用型 PWM 变频器的主电路

晶体管通用型三相 PWM 变频器主要有二极管整流桥、滤波电容 C_d 和 PWM 逆变器组成，如图 7-55 所示给出了其逆变器部分的主电路原理图。

整流部分可以采用单相（提供较低的 U_d）或三相（提供较高的 U_d）二极管桥式整流电路（图上未再画出）。

滤波电容器起着平波和中间储能的作用，提供电感性负载所需的无功功率。该电容耐压应高于整流直流电压，电容量从理论上选择应越大越好，但越大投资越高，一般选几千

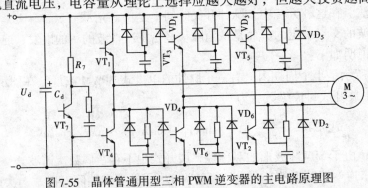

图 7-55　晶体管通用型三相 PWM 逆变器的主电路原理图

174

到几万 μF 之间。变频器容量越大，C_d 的电容也就越大。

PWM 逆变器部分主要由 6 个大功率晶体管 $VT_1 \sim VT_6$、6 个续流二极管 $VD_1 \sim VD_6$、泵升电压限制电路（R_7，VT_7）组成，$VT_1 \sim VT_6$ 工作于开关状态，其开关模式取决于供给基极的 PWM 控制信号，输出交流电压的幅值和频率通过控制开关脉宽和切换点时间来调节。$VD_1 \sim VD_6$ 用来提供续流回路。以 u 相负载为例，当 VT_1 突然关断时，u 相负载电流靠 VD_2 续流，而当 VT_2 突然关断时，u 相负载电流又靠 VD_1 续流，v、w 两相续流原理同上。由于整流电源是二极管整流器，能量不能向电网回馈，因此当电机突然停车时，电机轴上的机械能将转化为电能通过 $VD_1 \sim VD_6$ 的整流向电容充电，贮存在滤波电容 C_d 中，造成直流电压 U_d 的升高，该电压称为泵升电压。转速越高，停车时的泵升电压就越高，会瞬间击穿 GTR 元件。因此逆变器主回路中设置泵升电压限制电路 R_7 和 VT_7，当泵升电压高于 U_d 的最高电压限制时，使 VT_7 导通，用 R_7 消耗掉电容 C_d 上的储能，保证 U_d 永远小于或等于限制的最高电压。图中 $VT_1 \sim VT_6$ 右侧并联的 R、C、VD 为阻容吸收电路，用于限制 GTR 元件的 dU_{ce}/dt，保护功率晶体管。

PWM 逆变器的主回路参数按下述计算。

GTR 元件的反向击穿电压 $U_{ceo} = (2 \sim 3) U_d$，正向导通电流 $I_{cm} = (2 \sim 3) I_n$，I_n 为电动机额定电流。

续流二极管的反向击穿电压取 $(2 \sim 3) U_d$，正向导通电流取 $(1.5 \sim 2) I_n$。

泵升电压限制电路用的 GTR 元件 VT_7 的反向击穿电压 $U_{ceo} = (2 \sim 3) U_d$，正向导通电流则取决于耗能电路电流要求。R_7 的选择也取决于耗能电路的分流。

直流电压 U_d 的合适数值等于逆变器输出线电压/直流电压利用率，电压利用率与 PWM 信号的调制方法有关，如果采用 SPWM 方法，电压利用率取 0.866。

二、PWM 变频调速系统中的功率接口

PWM 变频调速系统，可以采用 GTR、GTO、IGBT 等各种功率开关器件接成主电路，但控制电路无论是模拟式的，还是数字式的，都需要适当的功率接口来连接控制电路与主电路。因此，在分析 PWM 变频调速系统以前，必须先了解 PWM 变频调速系统中的功率接口问题，主要讨论功率晶体管的基极驱动电路和 PWM 大规模单片集成电路的原理与使用问题。

（一）大功率晶体管的基极驱动电路

GTR 的导通与关断是由基极驱动信号控制的，因此，基极驱动电路必须适应于 GTR 器件的要求。如驱动电路提供的基极电流不足，会影响 GTR 的导通状态，但基极驱动电流过分增加，又会使 GTR 过于饱和而难于关断。因此，在设计驱动电路时，应对各种参数全面考虑。

GTR 的驱动电路有分立元件驱动电路和集成模块化驱动电路两种，下面简要讨论集成模块化驱动电路。

GTR 器件的集成化驱动模块 M57215BL（日本东芝公司生产），可驱动 50A、1000V 的 GTR 器件，开关频率

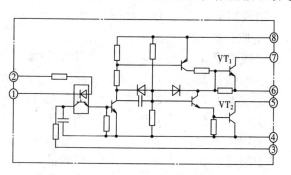

图 7-56 M57215BL 驱动模块内部结构图

为 2kHz，其内部结构如图 7-56 所示，PWM 信号输入端②不带非门，需要外接。其⑧端接正电源 + 10V，④端接负电源 – 3V。具体的接线如图 7-57 所示。

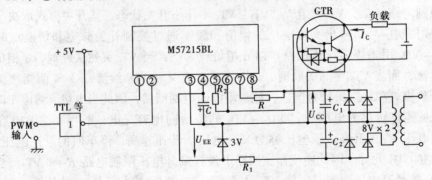

图 7-57　M57215BL 驱动模块的应用接线图

（二）SPWM 大规模单片集成电路

HEF4752 时专门设计用来产生 SPWM 信号的大规模集成电路。HEF4752 所产生的 SPWM 信号开关频率较低，适宜于配合 GTR 功率开关，用作通用变频器（输出频率在几百 Hz 以下）的 SPWM 信号发生电路。

HEF4752 采用 28 端子双列直插式塑封，引线端子排列如图 7-58 所示，各引线端子的名称和功能如下。

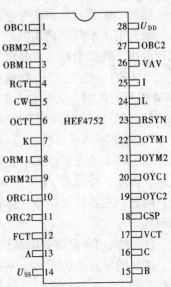

图 7-58　HEF4752 引线
端子排列图

1. 逆变器驱动输出

引线端子 8	ORM1	R 相主
引线端子 9	ORM2	R 相主
引线端子 10	ORC1	R 相换相
引线端子 11	ORC2	R 相换相
引线端子 22	OYM1	Y 相主
引线端子 21	OYM2	Y 相主
引线端子 20	OYC1	Y 相换相
引线端子 19	OYC2	Y 相换相
引线端子 3	OBM1	B 相主
引线端子 2	OBM2	B 相主
引线端子 1	OBC1	B 相换相
引线端子 27	OBC2	B 相换相

2. 控制输入

引线端子 24	L	启动/停止
引线端子 25	I	晶体管/晶闸管选择
引线端子 7	K	推迟间隔选择
引线端子 5	CW	相序选择
引线端子 13	A	试验信号
引线端子 15	B	试验信号
引线端子 16	C	试验信号

176

3. 时钟输入

引线端子 12	FCT	控制输出频率
引线端子 17	VCT	控制输出电平
引线端子 4	RCT	控制最高开关频率
引线端子 6	OCT	控制推迟间隔

4. 控制输出

引线端子 23	RSTN	R 相同步信号，触发示波器扫描
引线端子 26	VAV	模拟输出平均电压（线电压）
引线端子 18	CSP	指示理论上的逆变开关频率

5. 电源

| 引线端子 28 | U_{DD} | 正电源 |
| 引线端子 14 | U_{SS} | 地 |

HEF4752 集成电路输出三对互补的脉宽调制驱动波形，如 ORM1、ORM2 分别去驱动 VT_1、VT_4；OYM1、OYM2 分别去驱动 VT_3、VT_6；OBM1、OBM2 分别去驱动 VT_3、VT_5。当控制输入端 I 为低电平时，输出波形适宜于驱动晶体管变频器；而当控制输入端为高电平时，则适于驱动晶闸管变频器。ORC1、ORC2，OYC1、OYC2 与 OBC1、OBC2 六个换向驱动输入端只用于带有辅助关断晶闸管的 12 晶闸管逆变系统中，对通用 GTR 变频器，此六个信号不用。CW 输入信号用于相序控制，高电平时相序为正，低电平时相序为负，电动机反向旋转。L 输入信号可用于启停电动机，还可用于过流保护封锁，高电平开启，低电平封锁。

为了避免逆变桥同一相的上、下两只开关元件同时导通引起短路，在它们切换时，插入互锁推迟间隔，以确保有足够的换流时间。该互锁时间间隔由间隔选择与时钟输入端 OCT 共同决定，当 K 端为高电平时，推迟间隔时间为 $16/f_{OCT}(s)$；当 K 端为低电平时，推迟间隔时间为 $8/f_{OCT}(s)$。

三相 SPWM 输出波形的频率、电压和每周期的脉冲数，分别由三个时钟输入来决定。

FCT：决定逆变器的输出频率 f_{OUT}，$f_{OUT} = f_{FCT}/3360$（Hz）。

VCT：决定 SPWM 调制深度。时钟输入频率 f_{VCT} 越高，调制深度就越小，逆变器的输出电压就越低。$U_{OUT} = K_2 f_{OUT}/f_{VCT}$，$K_2$ 为常数。

RCT：决定逆变器的最高载波频率 f_{tmax}，即最高开关频率 $f_{tmax} = f_{RCT}/260$（Hz）。实际应用中为了简化系统，一般在 OCT、RCT 端输入同一脉冲，使 $f_{OCT} = f_{RCT}$。另外，在 HEF4752 芯片的工作过程中，其实际开关频率 f_t 将自动与输出频率 f_{OUT} 保持 $f_t = N f_{OUT}$（N 为整数）的同步调制关系。

三、正弦脉宽调制（SPWM）变频调速系统

由单片机控制的转速开环的 SPWM 变频调速系统如图 7-59（a）、（b）所示两种结构。

图 7-59（a）结构中单片机计算机控制系统既要完成恒磁通补偿运算，又要完成三相 PWM 信号的开关点计算工作，产生脉冲调制信号，再加上采样、保护、显示处理，负担很重，用一般的 8 位机难以完成性能比较完善的变频控制任务。图 7-59（b）结构中采用了专用大规模集成电路来产生三相正弦脉冲宽度调制波形，使得调速系统控制的硬件结构大大简化，可减少大量计算工作量使单片机腾出时间处理系统检测、保护、控制、显示等

工作，用 8 位单片机就可以设计出性能比较完善的变频调速系统。另外，采用 EXB841 作为 IGBT 的驱动电路，EXB841 是日本富士公司生产的 300A、1200V 快速型 IGBT 专用驱动模块。

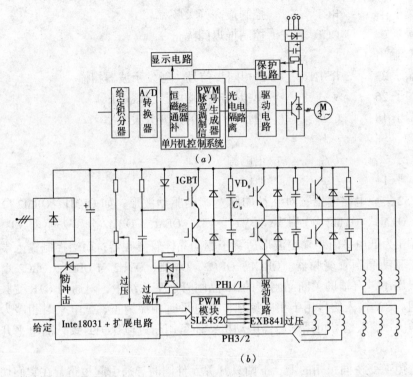

图 7-59　单片机控制的转速开环的 SPWM 变频调速系统结构图

第七节　变频器与 PLC 及上位机的连接

当利用变频器构成自动控制系统时，在许多情况下需要和 PLC 或者单片机等其他器件配合使用。在本节中我们就将着重研究一下变频器与 PLC 配合使用时所需要注意的有关事项。

一、变频器的输入输出电路（接口电路）

（一）运行信号的输入

变频器的输入信号中包括对运行/停止、正转/反转、微动等运行状态进行操作的运行信号（数字输入信号）。变频器通常利用继电器接点或晶体管集电极开路形式与上位机连接，并得到这些运行信号，如图 7-60 所示。

在使用继电器接点的场合，为了防止出现因接触不良而带来的误动作，需要使用高可靠性的控制用继电器。而当使用晶体管集电极开路形式进行连接时，也同样需要考虑晶体管本身的耐压容量和额定电流等因素，使所构成的接口电路具有一定的裕量，以达到提高系统可靠性的目的。图 7-61 给出了变频器输入电路的一个例子。

但是，在设计变频器的输入信号电路时还应该注意到，当输入信号电路连接不当时有

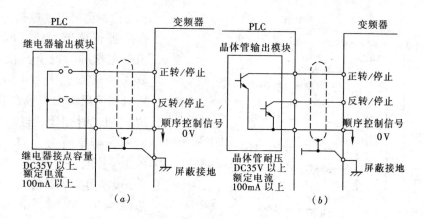

图 7-60 运行信号的连接方式

(a) 继电器接点；(b) 晶体管（集电极开路）

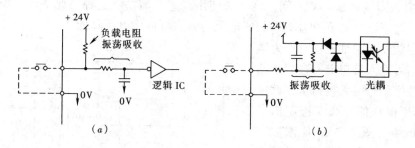

图 7-61 输入信号电路的正确接法

(a) 非绝缘输入的场合；(b) 绝缘输入的场合

时也会造成变频器的误动作。例如，当输入信号电路采用如图 7-62 所示的连接方式时，由于存在和运行信号（电压信号）并联的继电器等感性负载，继电器开闭时产生的浪涌电流带来的噪声有可能引起变频器的误动作，应该尽量避免这种接法。

此外，当变频器一侧和继电器一侧存在电位差时，电源电路本身可能遭到破坏，所以也应该加以注意，并采取相应的措施。

（二）频率指令信号的输入

如图 7-63 所示，频率指令信号可以通过 0～10V，0～5V，0～6V 等电压信号和 4～20mA 的电源信号输入。由于接口电路因输入信号而异，必须根据变频器的输入阻抗选择 PLC 的输出模块。而连线阻抗的电压降以及温度变化，器件老化等带来的漂移则可以通过 PLC 内部的调节电阻和变频器的内部参数进行调节。

当变频器和 PLC 的电压信号范围不同时（例如，变频器的输入信号范围为 0 ～10V 而 PLC 的输出电压信号范围为 0～

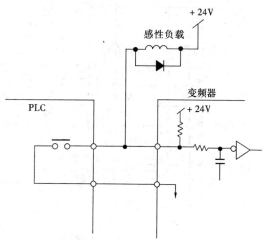

图 7-62 输入信号电路的错误接法

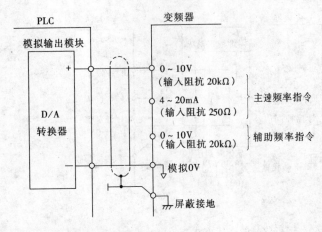

图 7-63 频率指令信号与 PLC 的连接

5V 时），也可以通过变频器的内部参数进行调节（图 7-64）。但是，由于在这种情况下只能利用变频器 A/D 转换器的 0～5V 的部分，所以和使用输出信号在 0～10V 范围的 PLC 时相比，进行频率设定时的分辨率将会变差。反之，当 PLC 一侧的输出信号电压范围为 0～10V，而变频器的输入信号电压范围为 0～5V 时，虽然也可以通过降低变频器内部增益的方法使系统工作，但是由于变频器内部的 A/D 转换被限制在 0～5V 之间，将无法使用高速区域。在这种情况下，当需要使用高速区域时，可以通过调节 PLC 的参数或电阻的方式将输出电压降低。

通用变频器通常都还备有作为选件的数字信号输入接口卡。在变频器上安装上数字信号输入接口卡，就可以直接利用 BCD 信号或二进制信号设定频率指令（图 7-65）。使用数字信号输入接口卡进行频率设定的特点是可以避免模拟信号电路所具有的由压降和温差变化带来的误差，保证必要的频率设定精度。

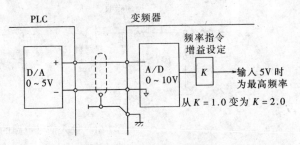

图 7-64 输入信号电平转换

变频器也可以用脉冲序列作为频率指令，如图 7-66 所示。但是，由于当以脉冲序列作为频率指令时需要使用 F/V 转换器将脉冲转换为模拟信号，当利用这种方式进行精密的转速控制时，必须考虑 F/V 转换器电路和变频器内部的 A/D 转换电路的零漂，由温度变化带来的漂移，以及分辨率等问题。

当不需要进行无级调速时，可以通过接点的组合使变频器按照事先设定的频率进行调速运行，而这些运行频率则可以通过变频器内部参数进行设定。同利用模拟信号进行速度给定的方式相比，这种方式的设定精度高，也不存在由漂移和噪声带来的各种问题。图 7-67 给出了一个多级调速的例子。

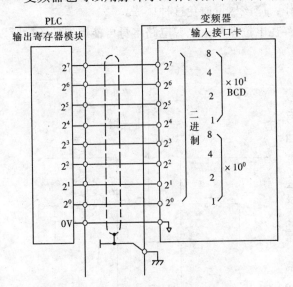

图 7-65　2 进制信号和 BCD 信号的连接

（三）接点输出信号

在变频器工作过程中，经常需要通过继电器接点或晶体管集电极开路的形式将变频器内部状态（运行状态）通知外部（图7-68）。而在连接这些送给外部的信号时，也必须考虑继电器和晶体管的容许电压、容许电流等因素。此外，在连线时还应该考虑噪声的影响。例如，当主电路（AC200V）的开闭是以继电器进行，而控制信号（DC12～24V）的开闭是以晶体管进行的场合，

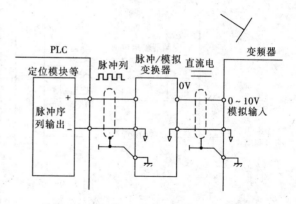

图 7-66　脉冲序列作为频率指令时的连接

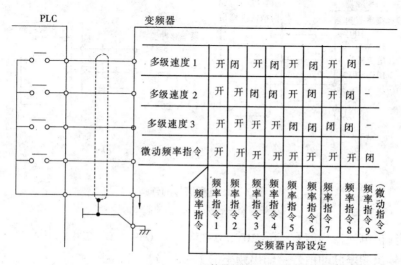

	频率指令	频率指令1	频率指令2	频率指令3	频率指令4	频率指令5	频率指令6	频率指令7	频率指令8	（微动指令）频率指令9
多级速度1		开	闭	开	闭	开	闭	开	闭	—
多级速度2		开	开	闭	闭	闭	闭	开	闭	
多级速度3		开	开	开	开	闭	闭	闭	闭	
微动频率指令		开	开	开	开	开	开	开	闭	
变频器内部设定										

※符号的输入也可以使用外部模拟信号

图 7-67　利用变频器内部功能进行多级调速

应注意将布线分开，以保证主电路一侧的噪声不传至控制电路。

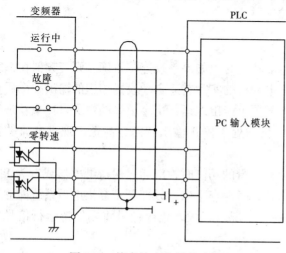

图 7-68　接点输出信号的连接

此外，在对带有线圈的继电器等感性负载进行开闭时，必须以和感性负载并联的方式接上浪涌吸收器或续流二极管（图7-69）。而在对容性负载进行开闭时，则应以串联的方式接入限流电阻，以保证进行开闭时的浪涌电流值不超过继电器和晶体管的容许电流值。

（四）模拟量监测信号

变频器输出的监测用模拟信号如图7-70所示。

变频器输出频率监测信号：0～10V，0～5V/0～100％。

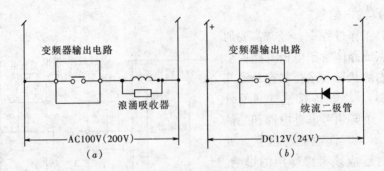

图 7-69　感性负载的连接

（*a*）AC 电路的场合；（*b*）DC 电路的场合

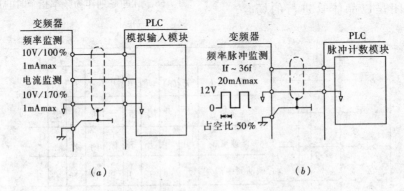

图 7-70　监测信号的连接

（*a*）模拟监测信号；（*b*）脉冲监测信号

变频器输出电流监测信号：$0 \sim 10V$，$0 \sim 5V/0 \sim 100\%$，$0 \sim 200\%$。

变频器输出频率脉冲信号：输出频率的 $1 \sim 36$ 倍。

无论是哪种情况，都必须注意 PLC 一侧的输入阻抗的大小，保证电路中的电流不超过电路的额定电流。此外，由于这些监测信号通常和变频器内部并不绝缘，在电线较长或噪声较大的场合，最好在途中设置绝缘放大器。

二、使用时的注意事项

（一）瞬时停电后的恢复运行

在利用变频器的瞬时停电后恢复运行的功能时，如果系统连接正确，则变频器在系统恢复供电后将进入自寻速过程，并将根据电动机的实际转速自动设置相应的输出频率后重新启动。但是，由于在出现瞬时停电时变频器可能出现运行指令丢失的情况，在重新恢复供电后也可能出现不能进入自寻速模式，仍然处于停止输出状态，甚至出现过电流的情况。

因此，在使用变频器的瞬时停电后恢复运行的功能时，应通过保持继电器或者为 PLC 本身准备无停电电源等方法将变频器的运行信号保存下来，以保证恢复供电后系统能够进入正常的工作状态，如图 7-71 所示。在这种情况下，频率指令信号将在保持运行信号的同时被自动保持在变频器内部。

此外，在利用瞬时停电后恢复运行功能时，由于在不同的情况下（例如电动机有无速度传感器，不同种类的负载或电动机）系统的组成都互不相同，当有不清楚的地方时最好向厂家咨询一下。

（二）PLC扫描时间的影响

在使用 PLC 进行顺序控制时，由于 CPU 进行处理时需要时间，总是存在一定时间（扫描时间）的延迟。而在设计控制系统时也必须考虑上述扫描时间的影响。尤其在某些场合下，当变频器运行信号投入的时刻不确定时，变频器将不能正常运行，在构成系统时必须加以注意。图 7-72 给出了这样一个例子。

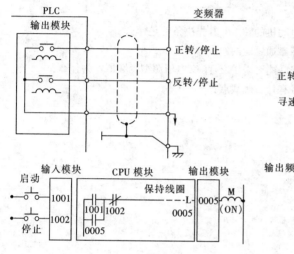

图 7-71　PLC 保持继电器回路

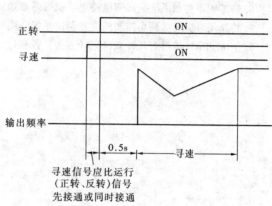

图 7-72　PLC 扫描时间的影响

三、通过数据传输进行的控制

在某些情况下，变频器的控制（包括各种内部参数的设定）是通过 PLC 或其他上位机进行的。在这种情况下，必须注意信号线的连接以及所传数据顺序格式等是否正确，否则将不能得到预期的结果。此外，在需要对数据进行高速处理时，则往往需要利用专用总线构成系统。

四、接地和电源系统

为了保证 PLC 不因变频器主电路断路器产生的噪声而出现误动作，在将变频器和 PLC 配合使用时还必须注意以下几点：

（1）对 PLC 本体按照规定的标准和接地条件进行接地。此时，应避免和变频器使用共同的接地线，并在接地时尽可能使二者分开。

（2）当电源条件不太好时，应在 PLC 的电源模块以及输入输出模块的电源线上接入噪声滤波器和降低噪声用的变压器等。此外，如有必要，在变频器一侧也应采取相应措施，图 7-73 所示。

（3）当把变频器和 PLC 安装在同一操作

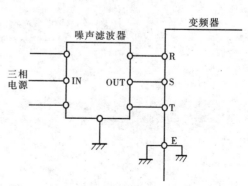

图 7-73　噪声滤波器的连接

柜中时，应尽可能使与变频器有关的电线和与 PLC 有关的电线分开。

(4) 通过使用屏蔽线和双绞线达到提高抗噪声水平的目的。此外，当配线距离较长时，对于模拟信号来说应采取 4~20mA 的电流信号，或在途中加入放大电路等措施。

思 考 题 与 习 题

1. 变频器的主要结构及各部分的功能。

2. 变频器调速系统控制的优势是什么？

3. 变频调速时为什么要维持恒磁通控制？恒磁通控制的条件是什么？

4. 转差频率控制的基本原理是什么？

5. 为什么可以利用转差角频率来控制异步电动机的转矩？其先决条件是什么？

6. 转差频率控制系统是如何维持电动机气隙磁通恒定的？

7. 转速闭环、转差频率控制的变频调速系统，能否采用交-直-交电压源型变频器？为什么？

8. 生成 SPWM 波形有几种软件采样方法？各有什么优缺点？

第八章　PLC 的网络通信技术及应用

随着计算机网络技术的发展以及各企业对工厂自动化程度要求的不断提高，自动控制从传统的集中式向多元化分布式方向发展。为了适应这种形式的发展，世界各 PLC 生产厂家纷纷给自己的产品增加了通信及联网的功能，并研制开发出自己的 PLC 网络系统。如三菱的 MELSEC NET、CCLINK 网，欧姆龙的 Controller Link，西门子的 SINEC Hl 局域网等。现在即使是微型和小型的 PLC 也都具有了网络通信接口。今后网络总的发展趋势也是向高速、多层次、大信息吞吐量、高可靠性和开放式（即通信协议向国际标准或地区通用工艺标准靠近）的方向发展。

PLC 网络系统十分丰富，涉及面广，本章首先介绍一些通信网络基础知识，然后主要介绍西门子 S7-200 的网络系统。

第一节　通信网络的基础知识

一、数据通信方式

不同的独立系统经由传输线路互相交换数据便是通信，构成整个通信的线路称之为网络。通信的独立系统可以是计算机、PLC 或其他有数据通信功能的数字设备，这称为 DTE（Data Terminal Equipment）。传输线路的介质可以是双绞线、同轴电缆、光纤或无线电波等。

（一）数据传输方式

1. 并行通信（Parallel Communication）与串行通信（Serial Communication）

并行通信：所传送的数据的各位同时发送或接收。

串行通信：所传送的数据按顺序一位一位地发送或接收。

并行通信传递数据快，但由于一个并行数据有多少位二进制数就需要多少根传送线，所以通常用于近距离传输。在远距离传输时，会导致线路复杂，成本高，而且在传输过程中，容易因线路的因素使电压标准位发生变化。最常见的是电压衰减和信号互相干扰问题（Cross Talk），因此使得传输的数据发生错误。

串行通信只需一根到两根传输线，在长距离传送时，通信线路简单且成本低，但传递速度比并行通信速度低，故常用于长距离传送且速度要求不高的场合。近年来串行通信技术有了很快的发展，通信速度甚至可以达到 MB/s 的数量级，因此在分布式控制系统中得到了广泛的应用。

2. 同步传送和异步传送

发送端与接收端之间的同步问题是数据通信中的一个重要问题。同步不好，轻者导致误码增加，重者使整个系统不能正常工作。为解决这一传送过程中的问题，在串行通信中采用了两种同步技术——异步传送和同步传送。

异步传送：异步传送也称起止式传送，它是利用起止法来达到收发同步的。

在异步传送中，被传送的数据编码成一串脉冲。字节传送的起始位由"0"开始；然后是被编码的字节，通常规定低位在前，高位在后，接下来是校验位（可省略）；最后是停止位"1"（可以是 1 位、1.5 位或 2 位）表示字节的结束。例如，传送一个 ASCⅡ字符（每个字节符有 7 位），若选用 2 位停止位，那么传送这个七位的 ASCⅡ字符所就需 11 位，其中包含 1 位起始位、1 位校验位、2 位停止位和 7 位数据位。其格式如图 8-1 所示

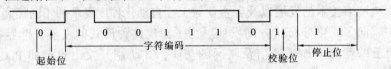

图 8-1　异步传送

异步传送就是按照上述约定好的固定格式，一帧一帧地传送，因此采用异步传送方式时，硬件结构简单，但是传送每一个字节要加起始位、停止位，因而传送效率低，主要用于中、低速的通信。

同步传送：同步传送在数据开始处就用同步字符（通常为 1～2 个）来指示。由定时信号（时钟）来实现收发端同步，一旦检测到与规定的同步字符相符合，接下去就连续按顺序传送数据。在这种传送方式中，数据以一组数据（数据块）为单位传送，数据块中每字节不需要起始位和停止位，因而就克服了异步传送效率低的缺点，但同步传送所需的软、硬件价格是异步传送的 8～12 倍。因此通常在数据传递速率超过 2000bps 的系统中才采用同步传送方式。

（二）数据传送方向

在通讯线路上按照传送的方向可以划分为单工、半双工和全双工通信方式。

1. 单工通信方式

单工通信就是指数据的传送始终保持同一个方向，而不能进行反向传送，如图 8-2（a）所示。其中 A 端只能作为发送端发送数据，B 端只能作为接收端接收数据。

2. 半双工通信方式

半双工通信就是指信息流可以在两个方向上传送，但同一时刻只限于一个方向传送，如图 8-2（b）所示。其中 A 端 B 端都具有发送和接收的功能，但传送线路只有一条，或者 A 端发送 B 端接收，或者 B 端发送 A 端接收。

3. 全双工通信方式

全双工通信能在两个方向上同时发送和接收，如图 8-2（c）所示。A 端和 B 端双方都可以一方面发送数据，一方面接收数据。

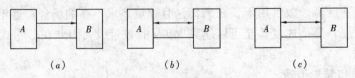

图 8-2　通信方向

（a）单工示意图；（b）半双工示意图；（c）全双工示意图

（三）传送介质

目前普通使用的传送介质有：同轴电缆、双绞线、光缆，其他介质如无线电、红外微

波等在 PLC 网络中应用很少。其中双绞线（带屏蔽）成本低、安装简单；光缆尺寸小、质量轻、传输距离远，但成本高、安装维修需专用仪器，具体性能如表 8-1 所列。

传送介质性能比较 表 8-1

性　能	传　送　介　质		
	双绞线	同轴电缆	光　缆
传送速率	9.6kB/s ~ 2MB/s	1 ~ 450MB/s	10 ~ 500MB/s
连接方法	点到点 多点 1.5km 不用中继器	点到点 多点 10km 不用中继器（宽带） 1 ~ 3km 不用中继器（基带）	点到点 50km 不用中继器
传送信号	数字、调制信号、纯模拟信号（基带）	调制信号、数字（基带），数字、声音、图像（宽带）	调制信号（基带） 数字、声音、图像（宽带）
支持网络	星形、环形、小型交换机	总线型、环形	总线型、环形
抗干扰	好（需外屏蔽）	很好	极好
抗恶劣环境	好	好，但必须将电缆与腐蚀物隔开	极好，耐高温和其他恶劣环境

（四）串行通信接口

工业网络中，在设备或网络之间大多采用串行通信方式传送数据，常用的有以下几种串行通信接口。

1. RS-232 接口

RS-232 接口是 1969 年由美国电子工业协会 EIA（Electronic Industries Association）所公布的串行通信接口标准。它既是一种协议标准，又是一种电气标准，它规定了终端和通信设备之间信息交换的方式和功能。

RS-232 接口是计算机普遍配备的接口，应用既简单又方便。它采用按位串行的方式，单端发送、单端接收，所以数据传送速率低，抗干扰能力差，传送波特率为 300、600、1200、4800、9600、19200 等。在通信距离近、传送速率和环境要求不高的场合应用较广泛。

2. RS-485 接口

RS-485 接口的传输线采用差动接收和平衡发送的方式传送数据，有较高的通信速率（波特率可达 10MB 以上）和较强的抑制共模干扰能力，输出阻抗低，并且无接地回路。这种接口适合远距离传输，是工业设备的通信中应用最多的一种接口。

3. RS-422 接口

RS-422 接口传输线采用差动接收和差动发送的方式传送数据，也有较高的通信速率（波特率可达 10MB 以上）和较强的抗干扰能力，适合远距离传输，工厂应用较多。

RS-422 与 RS-485 的区别在于 RS-485 采用的是半双工传送方式，RS-422 采用的是全双工传送方式；RS-422 用两对差分信号线，RS-485 只用一对差分信号线。

二、网络概述

（一）网络结构概述

1. 简单网络

多台设备通过传输线相连，可以实现多设备之间的信息交换，形成网络结构。图 8-3

187

就是一种最简单的网络结构，它由单个主设备和多个从设备构成。

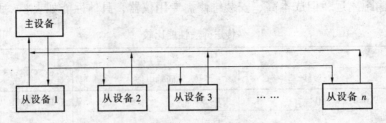

图 8-3　多设备通信（简单网络）

2. 多级网络

现代大型工业企业中，一般采用多级网络的形式。可编程序控制器制造商经常用生产金字塔结构来描述其产品可实现的功能。这种金字塔结构的特点是：上层负责生产管理，底层负责现场监测与控制，中间层负责生产过程的监控与优化。

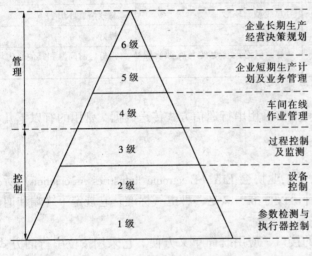

图 8-4　ISO 企业自动化系统模型

国际标准化组织（ISO）对企业自动化系统确立了初步的模型，如图 8-4 所示

不同 PLC 厂家自动化系统的网络结构层数及各层的功能分布有所差异，但在工厂自动化系统中，都是 PLC 及其网络从上到下各层在通信基础上相互协调，共同发挥着作用。

实际工厂中一般采用 3～4 级子网构成复合型结构，而不一定都是这 6 级，不同的层采用相应的通信协议。

（二）通信协议

通信双方就如何交换信息所建立的一些规定和过程，称为通信协议。在可编程序控制器网络中配置的通信协议分为两大类：一类是通用协议，一类是公司专用协议。

1. 通用协议

在网络金字塔的各个层次中，高层次子网中一般采用通用协议，如 PLC 网之间的互联及 PLC 网与其他局域网的互联，这表明工业网络向标准化和通用化发展的趋势。高层子网传送的是管理信息，与普通商业网络性质接近，同时要解决不同的种类的网络互联。国际标准化组织于 1978 年提出了开放系统互联 OSI（Open Systems Interconnection）的模型，它所用

应用层	应用层协议	应用层
表示层	表示层协议	表示层
会话层	会话层协议	会话层
传递层	传递层协议	传递层
网络层	网络层协议	网络层
数据链路层	数据链路层协议	数据链路层
物理层	物理层协议	物理层

图 8-5　国际 OSI 企业自动化系统模型

的通信协议一般为7层，如图8-5所示。

在该模型中，最底层为物理层，实际通讯就是通过物理层在物理互联媒体上进行的，上面的任何层都以物理层为基础，对等层之间可以实现开放系统互联。常用的通用协议有两种：一种是MAP协议，一种是Ethernet协议。

2. 公司专用协议

低层子网和中间层子网一般采用公司专用协议，尤其是最底层子网，由于传送的是过程数据及控制命令，这种信息较短，但实时性要求高。公司专用协议的层次一般只有物理层、链路层及应用层，而省略了通用协议所必需的其他层，信息传递速率快。

第二节　S7-200的通信与网络

西门子S7-200系列PLC是一种小型整体结构形式的PLC，内部集成的PPI接口为用户提供了强大的通信功能，其PPI接口（即编程口）的物理特性为RS-485，根据不同的协议通过此接口与不同的设备进行通信或组成网络。

一、S7系列PLC网络层次的结构

西门子公司的生产金字塔由4级组成，由下到上依次是过程测量与控制级、过程监控级、工厂与过程管理级、公司管理级。S7系列的网络结构如图8-6所示。

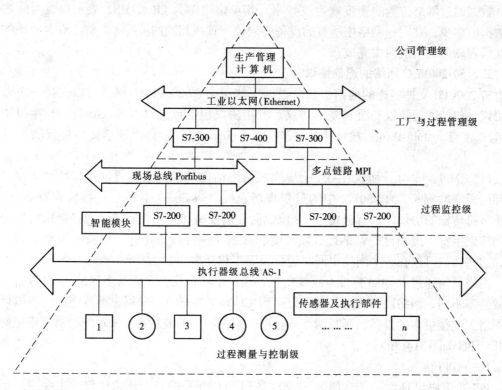

图8-6　西门子公司的生产金字塔及网络

西门子生产金字塔的4级子网由3级总线复合而成：

最底一级为AS-I级总线，负责与现场传感器和执行器的通信，也可以是远程I/O总线（负责 PLC 与分布式 I/O 模块之间的通信）。

中间一级是 Profibus 级总线，它是一种新型总线，采用令牌控制方式与主从轮询相结合的存取控制方式，可实现现场、控制和监控 3 级的通信。中间级也可采用主从轮询存取方式的主从式多点链路。

最高一级为工业以太网（Ethernet）使用通用协议，负责传送生产管理信息。

在对网络中的设备进行配置时，必须对设备的类型、在网络中的地址和通信的波特率进行设置。

在网络中的设备被定义为两类：主站和从站。主站设备可以对网络上其他设备发出请求，也可以对网络上的其他主站设备的请求作出响应。从站只响应来自主站的申请。典型的主站设备包括编程软件、TD200 等 HMI 产品和 S7-300、S7-400PLC。从站设备只能对网络上主站的的请求作出响应，自己不能发送通信请求。一般情况下，S7-200PLC 被配置为从站。当 S7-200 需要从另外的 S7-200 读取信息时，S7-200 也可以定义为主站（点对点通信）。

在网络中的设备必须有惟一的地址，以保证数据发送到正确的设备或从正确的设备接收数据，S7-200 支持的网络地址为 0 到 126。对于有两个通信口（CPU226）的 S7-200，每一个通信口可以有不同的地址。S7-200 的地址在编程软件的系统块（System Block）中设定。S7-200 的缺省地址是 2，编程软件的缺省地址是 0，操作面板（如 TD200、OP37 和 OP37）的缺省地址是 1。

数据通过网络传输的速度成为波特率，其单位通常为 kB 或 MB，表示单位时间内传输数据的多少，在同一网络中所有的设备必须被配置成相同的波特率。S7-200 波特率的配置在编程软件的系统块中完成。

二、S7-200PLC 网络的通信协议

S7-200CPU 支持多样的通信协议。根据所使用的 S7-200CPU，网络可以支持一个或多个协议，包括通用协议和公司专用协议。专用协议包括点到点（Point-to-Point）接口协议（PPI）、多点（Multi-Point）接口协议（MPI）、Profibus 协议、自由通信接口协议和 USS 协议。

PPI、MPI、Profibus 协议在 OSI 七层模式通信结构的基础上，通过令牌环网实现，令牌环网遵守欧洲标准 EN50170 中的过程现场总线（Profibus）标准。这些协议都是异步、基于字符传输的协议，带有起始位、8 位数据、偶校验和一个停止位。通信帧由特殊的起始和结束字符、源和目的站地址、帧长度和数据完整性检查组成。如果使用相同的波特率，这些协议可以在一个网络中同时运行，而不相互影响。

网络通信通过 RS-485 标准双绞线实现，在一个网络段上允许最多连接 32 台设备。根据波特率不同，网络段的确切长度可以达到 1200m（3936ft）。采用中继器连接，各段可以在网络上连接更多的设备，延长网络的长度。根据不同的波特率，采用中继器可以把网络延长到 9600m（31488ft）。

（一）PPI 协议

PPI 通信协议是西门子专门为 S7-200 系列 PLC 开发的一个通信协议。主要应用于对 S7-200 的编程、S7-200 之间的通信以及 S7-200 与 HMI 产品的通信。可以通过 PC/PPI 电缆或两芯屏蔽双绞线进行联网。支持的波特率为 9.6kB/s、19.2kB/s 和 187.5kB/s。图 8-7 为 PPI 通信协议网络。

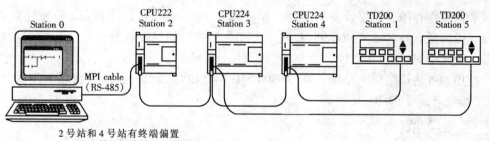

2 号站和 4 号站有终端偏置
2、3 和 4 号站用有编程口的连接器

(*a*)

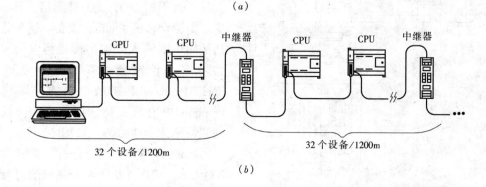

32 个设备/1200m   32 个设备/1200m

(*b*)

图 8-7 PPI 通信网络
(*a*) 不带中继器的 PPI 协议网络；(*b*) 带中继器的 PPI 协议网络

PPI 是一个主/从协议。在这个协议中，S7-200 一般作为从站，自己不发送信息，只有当主站，如西门子编程器、TD200 等 HMI，给从站发送申请时，从站才进行响应。

如果在用户程序中将 S7-200 设置（由 SMB30 设置）为 PPI 主站模式，则这个 S7-200CPU 在 RUN 模式下可以作为主站。一旦被设置为 PPI 主站模式，就可以利用网络读（NETR）和网络写（NETW）指令来读写另外一个 S7-200 中的数据。当 S7-200CPU 作为 PPI 主站时，它还可以作为从站响应来自其他主站的申请。

PPI 通信协议是一个令牌传递协议，对于一个从站可以响应多少个主站的通信请求，PPI 协议没有限制，但是在不加中继器的情况下，网络中最多只能有 32 个主站，包括编程器、HMI 产品或被定义为主站的 S7-200。

（二）MPI 协议

S7-200 可以通过通信接口连接到 MPI 网上，如图 8-8 所示，它可以应用于 S7-300/400CPU 与 S7-200 通信的网络中。应用 MPI 协议组成的网络，通信支持的波特率为 19.2kB/s 或 187.5kB/s。通过此协议，实现作为主站的 S7-300/400CPU 与 S7-200 的通信。在 MPI 网中，S7-200 作为从站，从站之间不能通信，S7-300/400 作为主站，当然主站也可以是编程器或 HMI 产品。

MPI 协议可以是主/主协议或主/从协议，

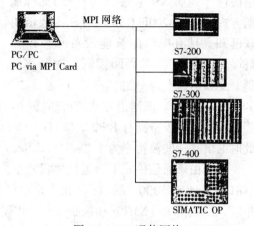

图 8-8 MPI 通信网络

协议如何操作有赖于通信设备的类型。如果是 S7-300/400CPU 之间通信，那就建立主/主连接，因为所有的 S7-300/400CPU 在网站中都是主站。如果设备是一个主站与 S7-200CPU 通信，那么就建立主/从连接，因为 S7-200CPU 是从站。

应用 MPI 协议组成网络时，在 S7-300 和 S7-400CPU 的用户程序中可以利用 XGET 和 XPUT 指令来读写 S7-200 的数据。

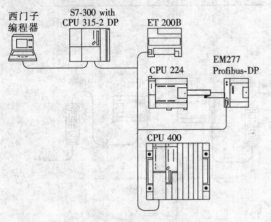

图 8-9　Profibus-DP 网络

（三）Profibus 协议

Profibus 协议通常用于实现分布式 I/O 设备（远程式 I/O）的高速通信。许多厂家生产类型众多的 Profibus 设备。这些设备包括从简单的输入或输出模块到电机控制器和可编程控制器。S7-200CPU 可以通过 EM277Profibus-DP 扩展模块的方法连接到 Profibus-DP 协议支持的网络中。协议支持的波特率为 9600kB/s～12MB/s。

Profibus 网络通常有一个主站和几个 I/O 从站，如图 8-9 所示。主站通过配置可以知道所连接的 I/O 从站的型号和地址。主站初始化网络时核对网络上的从站设备与配置的从站是否匹配。运行时主站可以像操作自己的 I/O 一样对从站进行操作，即不断地把数据写到从站或从从站读取数据。当 DP 主站成功地配置一个从站时，它就拥有了该从站，如果在网络中有另外一个主站，它只能很有限制地访问属于第一个主站的从站数据。

（四）用户自定义协议（自由口通信模式）

自由通信口（Freeport Mode）模式是 S7-200PLC 一个很有特色的功能。S7-200PLC 的自由口通信，即用户可以通过用户程序对通信口进行操作，自己定义通信协议（例如 ASCⅡ协议）。应用此种通信方式，使 S7-200PLC 可以与任何通信协议已知、具有串口的智能设备和控制器（例如打印机、条形码阅读器、调制解调器、变频器、上位 PC 机等）进行通信，当然也可以用于两个 CPU 之间简单的数据交换，如图 8-10 所示。该通信方式使可通信的范围大大增大，使控制系统配置更加灵活、方便。当连接的智能设备具有 RS-232 接口时，可以通过 PC/PPI 电缆连接起来进行自由口通信。此时通信支持的波特率为 1.2～115.2kB/s。

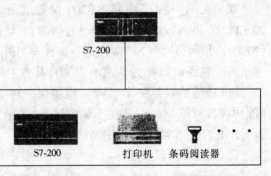

图 8-10　自由通信口方式与外设的连接

在自由口通信模式下，通信协议完全由用户程序控制。通过设定特殊存储字节 SMB30（端口 0）或 SMB130（端口 1）允许自由口模式，用户程序可以通过使用发送中断、接收中断、发送指令（XMT）和接收指令（RCV）对通信口操作。应注意的是，只有在 CPU 处于 RUN 模式时才能允许自由口模式，此时编程器无法与 S7-200 进行通信。当 CPU 处于

STOP 模式时，自由口模式通信停止，通信模式自动转换成正常的 PPI 协议模式，编程器与 S7-200 恢复正常的通信。

（五）USS 协议

USS 协议是西门子传动产品（变频器等）通信的一种协议，S7-200 提供 USS 协议的指令，用户使用这些指令可以方便地实现对变频器的控制。通过串行 USS 总线最多可接 30 台变频器（从站），然后用一个主站（PC，西门子 PLC）进行控制，包括变频器的启/停、频率设定、参数修改等操作，总线上的每个传动装置都有一个从站号（在传动设备的参数中设定），主站依靠此从站号识别每个传动装置。USS 协议是一种主-从总线结构，从站只是对主站发来的报文做出回应并发送报文。另外也可以是一种广播通信方式，一个报文同时发给所有 USS 总线传动设备。

三、网络配置实例

（一）单主站的 PPI 网络

编程设备通过 PC/PPI 电缆或通信卡（如 CP5611 等）与 S7-200 通信，完成对 S7-200 的编程、监控等操作，如图 8-11（a）所示；HMI 产品（如 TD200、TP 或 OP）通过标准 RS-485 电缆与 S7-200 通信，如图 8-11（b）所示，都是应用 PPI 协议组成的网络，而且图 8-11 中所示的两个网络中都是只有单一的主站，如编程设备（STEP7-Mirco/WIN）、HMI 产品，在这两个网络中 S7-200 都是从站，只响应来自主站的请求。

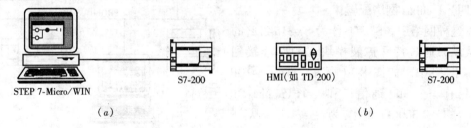

图 8-11　单主站的 PPI 网络
（a）S7-200 与编程软件的通信；（b）S7-200 与 HMI 产品的通信

（二）多主站的 PPI 网络

图 8-12 所示为网络中有多主站的网络实例，编程设备通过 PC/PPI 电缆或通信卡与 S7-200 连接，HMI 产品与 S7-200 通过网络连接器及双绞线连接，网络应用 PPI 协议进行通信。

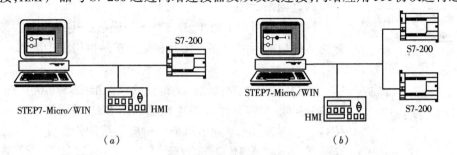

图 8-12　多主站的 PPI 网络
（a）单个从站多个主站的 PPI 网络；（b）多个从站多个主站的 PPI 网络

在网络中 S7-200 作为从站响应网络中所有主站的通信请求，任意主站均可以读写 S7-

200 中的数据。如果一个 S7-200 在用户程序中被定义为 PPI 主站模式，则这个 S7-200 就可以应用网络读（NETR）和网络写（NETW）指令读写另外作为从站的 S7-200 中的数据，但与网络中其他主站（编程器或 HMI）通信时还是作为从站，即此时只能响应主站请求，不能发出请求。

因为 PPI 协议是一种主从通信协议，所以在网络中的多个主站之间不能相互通信。

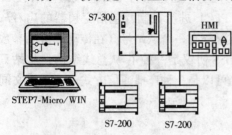

图 8-13　MPI 网络

（三）使用 S7-200、S7-300 和 S7-400 设备组成的 MPI 网络

图 8-13 所示是应用 MPI 协议组成的网络的实例，在网络中有多个主站，主站包括编程设备、S7-300（或 S7-400）以及 HMI 产品，又有从站 S7-200。网络通过通信卡（或 PC Adapter）、网络连接器和双绞线连接。在这种网络中 S7-200 只能作为从站，主站 S7—300 用 XGET 和 XPUT 指令实现对从站 S7-200 的读写操作，而且 S7-200 不能被定义为 PPI 主站模式。

MPI 是一种允许主-主通信和主-从通信的协议，所以作为主站的 S7-300、S7-400 之间也可以通信。

（四）Profibus 网络配置

在这种网络中，S7-200 作为 S7-315-2DP 的一个从站，通过特殊扩展模块 EM277 连接到 Profibus 网络中，如图 8-14 所示。S7-315-2DP（一种具有一个 MPI 通信口和一个 Profibus-DP 通信口的 S7-300CPU）作为主站。对从站 ET200，自己没有用户程序，其 I/O 点直接作为主站的 I/O 点由主站直接进行读写操作，而且主站在网络配置时就将 ET200 的 I/O 点与主站本身的 I/O 点一起编址；对从站 S7-200 与主站的通信，是主站通过 EM277 来读写 S7-200 的 V 存储器来完成，通信的数据量为 1～128 个字节。

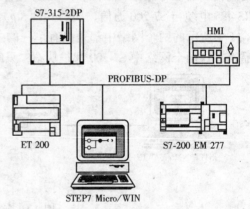

图 8-14　Profibus

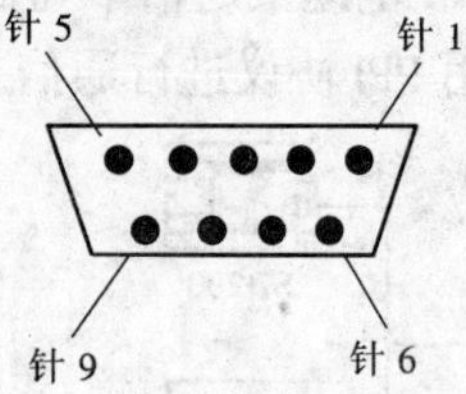

四、网络部件

网络部件可以把每个 S7-200 上的通信口连到网络总线。下面介绍通信口、网络总线连接器和用于扩展网络的中继器。

（一）通信口

S7-200CPU 上的通信口是符合欧洲标准 EN50170 中 Profibus 标准的 RS-485 兼容 9 针 D 型连接器。图 8-15 是通信接口的物理连接口，表 8-2 给出了通信口插针对应关系的分配表。

图 8-15　S7-200 CPU 通信口引脚分配

S7-200 通信口引脚分配　　　　　　　　　　　　　　　表 8-2

针　号	Profibus 名称	端口 0/端口 1	针　号	Profibus 名称	端口 0/端口 1
1	屏　蔽	逻辑地	3	RS-485 信号 B	RS-485 信号 B
2	24V 返回	逻辑地	4	发送申请	RTS（TTL）

针　号	Profibus 名称	端口 0/端口 1	针　号	Profibus 名称	端口 0/端口 1
5	5V 返回	逻辑地	8	RS-485 信号 A	RS-485 信号 A
6	+5V	+5V，100Ω 串联电阻	9	不　用	10 位协议选择（输入）
7	+24V	+24V	连接器外壳	屏　蔽	机壳接地

（二）网络连接器

利用西门子提供的两种网络连接器可以把多个设备很容易地连到网络中，两种连接器都有两组螺栓端子，可以连接网络的输入和输出。两种网络连接器还有网络终端匹配（电阻）选择开关。一种连接器仅提供连接到 CPU 的接口，而另一种连接器则增加了一个编程接口。

带有编程接口的连接器可以把西门子编程器或操作面板增加到网络中，而不用改动现有的网络连接。带编程口的连接器把 CPU 来的信号传到编程口，这个连接器对于连接从 CPU 取电源的设备（例如 TD200 或 OP37）很有用。编程口连接器上的电源引针到编程口，而不用另加电源。

（三）中继器

西门子提供连接到 Profibus 网络段的网络中继器，利用中继器可以延长网络距离；允许给网络加入设备；并且提供了一个隔离不同网络段的方法。在波特率是 9600 时，Profibus 允许在一个网络段上最多有 32 个设备，最长距离是 1200m（3936ft），每个中继器允许给网络增加另外的 32 个设备，而且可以把网络再延长 1200m（3936ft）。网络中最多可以使用 9 个中继器，网络总长度可增加至 9600m。每个中继器为网络段提供终端匹配开关。

第三节　S7-200 的通信指令

S7-200 的通信指令包括应用于 PPI 协议网络读写指令、用于自由通信模式的发送和接收指令以及用于控制变频器的 USS 协议指令。

一、网络读/网络写指令

（一）网络读 NETR（Network Read）、网络写 NETW（Network Write）指令

网络读、网络写指令格式如图 8-16 所示。当 S7-200 被定义为 PPI 主站模式时，就可以应用网络读写指令对另外的 S7-200 进行读写操作。

应用网络读（NETR）通信操作指令，可以通过指令指定的通信端口（PORT）从另外的 S7-200 上接收数据，并将接收到的数据存储在指定的缓冲区表（TBL）中。

应用网络写（NETW）通信操作指令，可以通过指令指定的通信端口（PORT）向另外的 S7-200 写指令指定的缓冲区表（TBL）中的数据。

缓冲区（TBL）参数的定义如图 8-17 所示。

NETR 指令可以从远程站点上读最多 16 个字节的信息，NETW 指令则可以向远程站点写最多 16 个字节的信息。在程序中可以使用任意多条网络读写指令，但在任何同一时间，最多只能同时执 8 条 NETR 或者 NETW 指令、4 条 NETW 指令或 4 条 NETR 指令，或者两

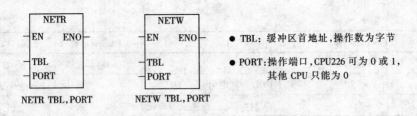

图 8-16 NETR/NETW 指令格式

● TBL：缓冲区首地址，操作数为字节

● PORT：操作端口，CPU226 可为 0 或 1，其他 CPU 只能为 0

条 NETR 指令和 6 条 NETW 指令。

使用网络读写指令对另外的 S7-200 读写操作时，首先要将应用网络读写指令的 S7-200 定义为 PPI 主站模式（SMB30），即通信初始化，然后就可以使用该指令进行读写操作。

字节偏移量 7 6 5 4 3 0	
字节 0	D A E 0 错误码
字节 1	远程站的地址
字节 2	
字节 3	远程站的数据指针
字节 4	
字节 5	
字节 6	数据长度
字节 7	数据字节 0
字节 8	数据字节 1
⋮	⋮
字节 21	数据据字节 14
字节 22	数据据字节 15

通信操作的状态信息字节。其中：

D：操作是否完成　　0 = 未完成　　1 = 完成

A：有效（操作已被排队）0 = 无效　　1 = 有效

E：操作是否错误　　0 = 无错误　　1 = 错误

远程站的地址：要访问 PLC 的地址

远程站的数据指针：要访问数据的间接指针，

如（&VB100）

数据长度：要访问的数据字节数

数据区：执行 NETR 后，从远程读到的数据放

在这个数据区；

执行 NETW 后，要发送到远程站的

数据要放在这个数据区。

图 8-17　网络读/写指令缓冲区参数定义

（二）应用举例

一条生产线正在灌装黄油桶并将其送到四台包装机（打包机）上包装，打包机把 8 个黄油桶包装到一个纸箱中。一个分流机控制着黄油桶流向各个打包机。4 个 CPU222 用于控制打包机，一个 CPU224 安装了 TD200 操作器人机界面，用于控制分流机。图 8-18 为系统组成示意图。

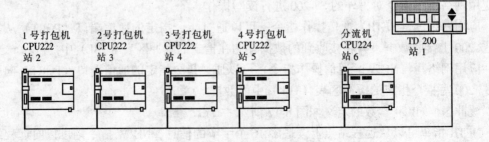

图 8-18　系统组成示意图

196

分流机对打包机的控制主要是负责将纸箱、胶粘剂和黄油桶分配给不同的打包机，而分配的依据就是各个打包机的工作状态，因此分流机要实时地知道各个打包机的工作状态，另外，为了统计的方便各个打包机打包完成的数量应上传至分流机，以便记录和通过TD200查阅。

四个打包机（CPU222）的站地址分别为2、3、4和5，分流机（CPU224）的站地址为6，TD200的站地址为1，将各个CPU的站地址在系统块中设定号，随程序一块下载到PLC中，TD200的地址在TD200中直接设定。

在这个例子中，6号站分流机的程序应包括控制程序、与TD200的通信程序以及与其他站的通信程序，其他站只有控制程序，下面给出的只是6号站与其他站的通信程序，其他程序可根据控制要求编写。

在网络连接中6号站所用的网络连接器带编程口，以便连接TD200和其他站，其他站用不带编程口的网络连接器。

假设各个打包机的工作状态存储在各自CPU的VB100中，其中：

V100.7为打包机检测到错误；

V100.6 ~ V100.4为打包机错误代码；

V100.2为胶粘剂缺的标志，应增加胶粘剂；

V100.1为纸箱缺的标志，应增加纸箱；

V100.0为没有可包装黄油桶的标志。

各个打包机已经完成的打包箱数分别存储在各自CPU的VW101中。

我们定义6号站分流机对各打包机接收和发送的缓冲区的起始地址分别为：VB200、VB210、VB220、VB230和VB300、VB310、VB320、VB330。

分流机读/写1号打包机（2号站）的工作状态和完成打包数量的程序清单如图8-19所示

对其他站的读写操作程序只需将站地址号与缓冲区指针作相应的改变即可。

二、发送与接收指令

（一）XMT（Transmit）/RCV（Receive）发送与接收指令

XMT/RCV指令格式如图8-20所示，XMT/RCV指令用于当S7-200被定义为自由端口通信模式时，由通信端口发送或接收数据。

应用发送指令（XMT），可以将发送数据缓冲区（TBL）中的数据通过指令指定的通信端口（PORT）发送出去，发送完成时将产生一个中断事件，数据缓冲区的第一个数据指明了要发送的字节数。

应用接收指令（RCV），可以通过指令指定的通信指定端口（PORT）接收信息并存储于接收数据缓冲区（TBL）中，接收完成也将产生一个中断事件，数据缓冲区的第一个数据指明了接收的字节数。

（二）对自由端口模式的解释

CPU的串行通信口可由用户程序控制，这种操作模式称为自由端口模式。当选择了自由端口模式时，用户程序可以使用接收中断、发送中断、发送指令（XMT）和接收指令（RCV）来进行通信操作。在自由端口模式下，通信协议完全由用户程序控制。SMB30（用于端口0）和SMB130（如果CPU有两个端口，则用于端口1）用于选择波特率、奇偶校

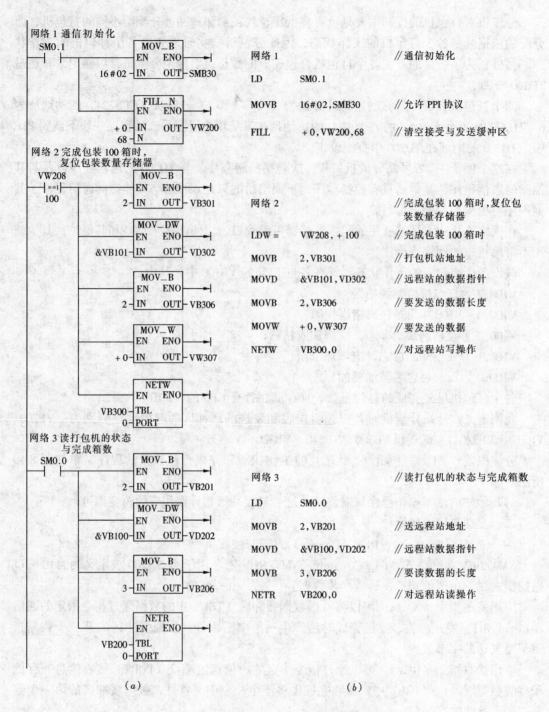

图 8-19 网络读写指令应用举例程序图

(a) 梯形图；(b) 语句表

验、数据位数和通信协议。

只有 CPU 处于 RUN 模式时，才能进行自由端口通信。通过向 SMB30（端口 0）或 SMB130（端口 1）的协议选择区置 1，可以允许自由端口模式。处于自由端口模式时，PPI

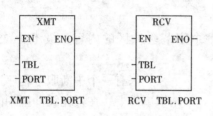

● TBL：缓冲区首地址,操作数为字节

● PORT：操作端口,CPU226 /CPU226XM 可为 0 或 1,其他 CPU 只能为 0

图 8-20　XMT/RCV 指令格式

通信被禁止，此时不能与编程设备通信（如使用编程设备对程序状态监视或对 CPU 进行操作）。在一般情况下，可以用发送指令（XMT）向打印机或显示器发送信息，其他的如同条码阅读器、重量计和焊机等的连接，在这种情况下，用户都必须编写用户程序，以支持自由端口模式下设备同 CPU 通信的协议。

当 CPU 处于 STOP 模式，自由端口模式被禁止，通信口自动切换为 PPI 协议的操作，重新建立与编程设备的正常通信。

注意：可以用反映 CPU 工作方式的模式开关的当前位置的特殊存储器 SM0.7 来控制自由端口模式的进入。当 SM0.7 为 0 时，模式开关处于 TREM 位置；当 SM0.7 为 1 时，模式开关处于 RUN 位置。只有模式开关位于 RUN 位置，才允许自由端口模式，为了使用编程设备对程序状态监视或对 CPU 进行操作，可以把模式开关改变到任何其他位置（如 STOP 或 TERM 位置）。

（三）端口的初始化与控制字节

SMB30 和 SMB130 分别配置通信端口 0 和 1，为自由端口通信选择波特率、奇偶校验和数据位数。自由端口的控制字节定义如表 8-3 所列。

特殊存储器位 SMB30 和 SMB130　　　　　　　　　　　　表 8-3

端口 0	端口 1	描述自由口模式控制字节
SMB30 格式	SMB130 格式	MSB　　　　　　　　　　　　　　　　　LSB | P | P | D | B | B | B | M | M |
SM30.6 和 SM30.7	SM130.6 和 SM130.7	PP：校验选择 　　00 = 无奇偶校验；01 = 偶校验；10 = 无奇偶校验； 　　11 = 奇校验
SM30.5	SM130.5	D：每个字符的数据位 　　0 = 每个字符 8 位；1 = 每个字符 7 位
SM30.2 到 SM30.4	SM130.2 到 SM130.4	BBB：自由口波特率 　　000 = 38 400 波特；001 = 19 200 波特； 　　010 = 9 600 波特； 　　011 = 4 800 波特；100 = 2 400 波特； 　　101 = 1 200 波特； 　　110 = 115.2k 波特；111 = 57.6k 波特
SM30.0 和 SM30.1	SM130.0 和 SM130.1	MM：协议选择 　　00 = PPI/从站模式（默认设置）；01 = 自由口协议 　　10 = PPI/主站模式；11 = 保留

（四）用 XMT 指令发送数据

用 XMT 指令可以方便地发送一个或多个字节缓冲区的内容，最多为 255 个字节。XMT 缓冲区的数据格式如表 8-4 所列。

XMT 缓冲区的格式   表 8-4

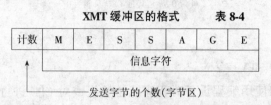

发送字节的个数（字节区）

如果有一个中断服务程序连接到发送结束事件上，在发完缓冲区中的最后一个字符时，则会产生一个中断（对端口 0 为中断事件 9，对端口 1 为中断事件 26）。当然也可以不用中断来判断发送指令（如向打印机发送信息）是否完成，而是监视 SM4.5 或 SM4.6 的状态，以此来判断发送是否完成。

如果把发送字符数设置为 0，然后执行 XMT 指令，可以产生一个中断（BREAK）事件。发送 BREAK 的操作和发送任何其他信息的操作是一样的，当发送 BREAK 完成时，产生一个 XMT 中断，并且 SM4.5 或 SM4.6 反映了发送操作的当前状态。

（五）用 RCV 指令接收数据

用 RCV 接收指令可以方便地接收一个或多个字节缓冲区的内容，最多为 255 个字节，这些字符存储在接收缓冲区中，接收缓冲区的格式如表 8-5 所列。

RCV 缓冲区格式   表 8-5

接收字节的个数（字节区）

如果有一个中断程序连接到接收完成事件上，在接收到缓冲区中的最后一个字符时，则会产生一个中断（对端口 0 为中断事件 23，对端口 1 为中断事件 24）。当然也可以不使用中断，而是通过监视 SMB86（对端口 0）或 SMB186（对端口 1）状态的变化，进行接收信息状态的判断。当接收指令没有被激活或接收已经结束时，SMB86 或 SMB186 为 1；当正在接收时，它们为 0。

使用接收指令时，允许用户选择信息接收开始和信息接收结束的条件。如表 8-6 所列，用 SMB86 ~ SMB94 对端口 0 进行设置，用 SMB186 ~ SMB194 对端口 1 进行设置。应该注意的是，当接收信息缓冲区超界或奇偶校验错误时，接收信息功能会自动终止。所以必须为接收信息功能操作定义一个启动条件和一个结束条件。接收指令支持的启动条件有：空闲线检测、起始字符检测、空闲线和起始字符检测、断点检测、断点和起始字符检测和任意字符检测。支持的结束信息的方式有：结束字符检测、字符间隔定时器、信息定时器、最大字符记数、校验错误、用户结束或以上几种结束方式的组合。

（六）使用字符中断控制接收数据

为了完全适应对各种通信协议的支持，可以使用字符中断控制的方式来接收数据。每接收一个字符时都会产生中断。在执行连接到接收字符中断事件上的中断程序前，接收到的字符存储在 SMB2 中，校验状态（如果允许的话）存储器在 SM3.0 中。

SMB2 是自由端口接收字符缓冲区。在自由端口模式下，每一个接收到的字符都会被存储在这个单元中，以方便用户程序访问。

端口 0	端口 1	描　　　　述

SMB86	SMB186	接收信息状态字节
		
		`7　　　　　　　　0`
		`┌─┬─┬─┬─┬─┬─┬─┬─┐`
		`│n│r│e│0│0│t│c│p│`
		`└─┴─┴─┴─┴─┴─┴─┴─┘`
		
		n：1 = 用户通过禁止命令结束接收信息
		r：1 = 接收信息结束：输入参数错误或缺少起始和结束条件
		e：1 = 收到结束字符
		t：1 = 接收信息结束：超时
		c：1 = 接收信息结束：字符数超长
		p：1 = 接收信息结束：奇偶校验错误

SMB87	SMB187	接收信息控制字节
		
		`7　　　　　　　　　0`
		`┌──┬──┬──┬──┬───┬───┬──┬─┐`
		`│en│sc│ec│il│c/m│tmr│bk│0│`
		`└──┴──┴──┴──┴───┴───┴──┴─┘`
		
		en：0 = 禁止接收信息功能
		　　1 = 允许接收信息功能
		　　每次执行 RCV 指令时检查允许/禁止接收信息位
		sc：0 = 忽略 SMB88 或 SMB188
		　　1 = 使用 SMB88 或 SMB188 的值检测起始信息
		ec：0 = 忽略 SMB89 或 SMB189
		　　1 = 使用 SMB89 或 SMB190 的值检测结束信息
		il：0 = 忽略 SMB90 或 SMB190
		　　1 = 使用 SMB90 或 SMB190 值检测空闲状态
		c/m：0 = 定时器是内部字符定时器
		　　　1 = 定时器是信息定时器
		tmr：0 = 忽略 SMW92 或 SMW192
		　　　1 = 当执行 SMW92 或 SMW192 时终止接收
		bk：0 = 忽略中断条件
		　　1 = 使用中断条件来检测起始信息
		　　信息的中断控制字节位用来定义识别信息的标准。信息的起始和结束需定义
		　　起始信息 = il * sc + bk * sc
		　　结束信息 = ec + tmr + 最大字符数
		
		起始信息编程：
		　　1. 空闲检测：　　　　　　　il = 1，sc = 0，bk = 0，SMW90 > 0
		　　2. 起始字符检测：　　　　　il = 0，sc = 1，bk = 0，SMW90
		　　　　　　　　　　　　　　　　　　　　　　被忽略
		　　3. 中断检测：　　　　　　　il = 0，sc = 1，bk = 1，SMW90
		　　　　　　　　　　　　　　　　　　　　　　被忽略
		　　4. 对一个信息的响应：　　　il = 1，sc = 0，bk = 0，SMW90 = 0
		　　　（信息定时器用来终止没有响应的接收）
		　　5. 中断一个起始字符：　　　il = 0，sc = 1，bk = 1，SMW90
		　　　　　　　　　　　　　　　　　　　　　　被忽略
		　　6. 空闲和一个起始字符：　　il = 1，sc = 1，bk = 0，SMW90 > 0
		　　7. 空闲和起始字符（非法）：il = 1，sc = 1，bk = 0，SMW90 = 0
		注意：通过超时和奇偶校验错误（如果允许），可以自动结束接收过程

SMB88	SMB188	信息字符的开始
SMB89	SMB189	信息字符的结束
SMB90 SMB91	SMB190 SMB191	空闲线时间段按毫秒设定。空闲线时间溢出后接收的第一个字符是新的信息的开始字符。 SMB90（或 SMB190）是最高有效字节，SMB91（或 SMB191）是最低有效字节
SMB92 SMB93	SMB192 SMB193	中间字符/信息计时器溢出值按毫秒设定。如果超过这个时间段，则终止接收信息。 SMB92（或 SMB192）是最高有效字节，SMB93（或 SMB193）是最低有效字节
SMB94	SMB194	要接收的最大字符数（1 到 255 字节） 注：这个范围必须设置到所希望的最大缓冲区大小，即使信息的字符数始终达不到

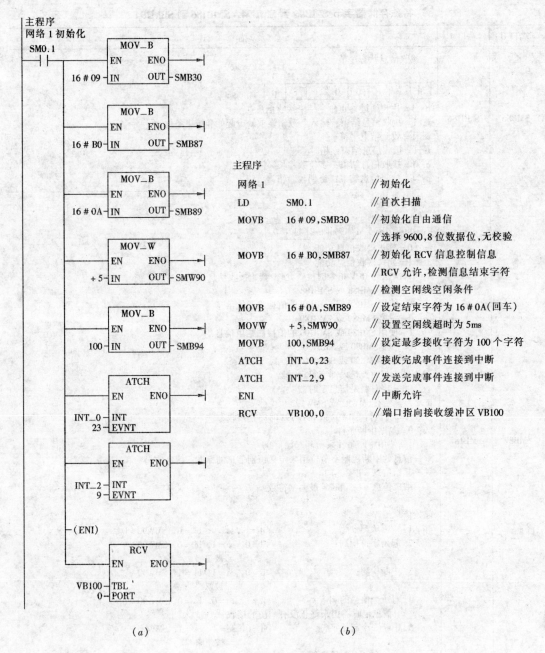

图 8-21　自由通信应用举例（一）

(a) 梯形图；(b) 语句表

SMB3 用于自由端口模式，并包含一个校验错标志位。当接收字符的同时检测到校验错误时，SM3.0 被置位，该字节的所有其他位保留。用该位丢弃本信息或产生对本信息的否定确认。

注意：SMB2 和 SMB3 是端口 0 和端口 1 共用的。当接收的字符来自端口 0 时，执行与事件（中断事件 8）相连接的中断程序，此时 SMB2 中存储从端口 0 接收的字符，SMB3 中存储该字符的校验状态；当接收的字符来自端口 1，执行与事件（中断事件 25）相连接的

202

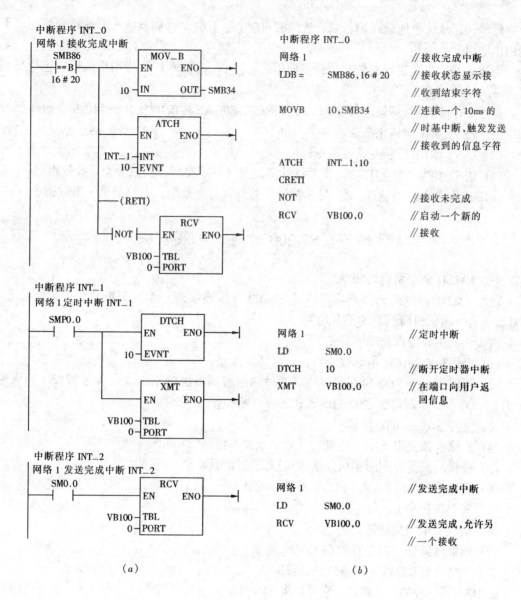

图 8-22 自由通信应用举例 (二)

(*a*) 梯形图；(*b*) 语句表

中断程序，此时 SMB2 中存储从端口 1 接收的字符，SMB3 中存储该字符的校验状态。

（七）指令应用举例

本程序功能为上位 PC 机和 PLC 之间的通信，PLC 接收上位 PC 发送的一串字符，直到接收到回车符为止，PLC 又将信息发送回 PC 机。

程序清单如图 8-21、图 8-22 所示。

三、USS 通信指令

USS 通信指令用于 PLC 与变频器等驱动设备的通信及控制。

将 USS 通信指令置于用户程序中，经编译后自动地将一个或多个子程序和 3 个中断程序添加到用户程序中。另外用户需要将一个 V 存储器地址分配给 USS 全局变量表的第一个存储单元，从这个地址开始，以后连续的 400 个字节的 V 存储器将被 USS 指令使用，不能用作他用。

当使用 USS 指令进行通信时。只能使用通信口 0，而且 0 口不能用作他用，包括与编程设备的通信自由通信。

使用 USS 指令对变频器进行控制时，变频器的参数应做适当的设定，USS 通信指令包括：

（1）USS _ INIT 初始化指令；

（2）USS _ CTRL 控制变频器指令；

（3）USS _ RPM _ W（D、R）读无符号字类型（双字类型、实数类型）参数指令；

（4）USS _ WPM _ W（D、R）写无符号字类型（双字类型、实数类型）参数指令。

第四节　S7-200 的通信扩展模块

一、EM241 调制解调器模块

使用 EM241 调制解调器模块可以将 S7-200 直接连接到一个模拟电话线上，此时 S7-200 就具有了电话机所具有的部分功能。

该模块的主要特点和功能有：

（1）提供标准的国际电话线接口，与电话线连接；

（2）提供与支持 STEP7-Mirco/WIN，通过调制解调器接口，连接到具有 EM241 扩展模块的 S7-200 上，实现对 S7-200 的编程和远程诊断；

（3）支持 modbus RTU 协议；

（4）提供向预先设定的寻呼机发送数字或文本信息的功能；

（5）提供向预先设定的手机发送短信息的功能；

（6）允许 CPU 到 CPU 或 CPU 到 Modbus 的数据传送；

（7）密码保护功能；

（8）提供安全回拨功能；

（9）调制解调器的组态存储在 CPU。

二、CP243-1 工业以太网通信处理器模块

CP243-1 是一种通信处理器，它可以将 S7-200 系统连接到工业以太网（IE）中。CP243-1 还可用于实现 S7-200 低端性能产品的以太网通信。因此，一台 S7-200 还可通过以太网与其他 S7-200、S7-300 或 S7-400 控制器进行通信，并可与基于 OPC 的服务器进行通信。

在开放的 SIMATIC NET 通信系统中，工业以太网可以用作协调级和单元级网络。在技术上，工业以太网是一种基于屏蔽同轴电缆、双绞线而建立的电气网络，或一种基于光纤电缆的光网络。

思 考 题 与 习 题

1. 网络通信时数据传输的方式有哪几种？它们各有什么特点？

2. 西门子 S7-200PLC 支持的通信协议有哪几种？各有什么特点？

3. 如何理解自由口通信的功能？

4. 参照图 8-14，编写分流机读写 2 号打包机（站 3）的工作状态和完成打包数量的程序。

可编程序控制器实验指导

实验一　F₁系列 PLC 机器硬件认识及使用

一、实验目的

（1）认识 F₁系列 PLC 外部端子的功能及连接方法；I/O 点的编号、分类及使用注意事项。

（2）认识 PLC 控制系统的组成及技术实现。

二、实验器材

（1）可编程控制器实验台 1 台；

（2）小型交流异步电动机 1 台；

（3）F1-20P 编程器 1 部。

三、实验内容及指导

（一）F₁系列 PLC 外部端子的功能与连接方法及 I/O 点的类别

1. 机器硬件认识与使用

（1）机器的外部特征。F₁系列 PLC 面板由三部分组成：

1）外部接线端子。外部接线端子包括 PLC 电源（L、N）、输入用直流电源（24＋、COM）、输入端子（X）、输出端子（Y）、运行控制（RUN）和机器接地等。它们位于机器两侧可拆卸的端子板上，每个端子都有对应的编号，主要完成电源、输入信号和输出信号的连接。

2）指示部分。指示部分包括各输入、输出点的状态指示、机器电源指示（POWER）、机器运行状态指示（RUN）、用户程序存储器后备电池指示（BATT）和程序错误或 CPU 错误指示（PROG-E、CPU-E）等，用于反映 I/O 点和机器的状态。

3）接口部分。F₁系列 PLC 接口有多个，打开接口盖或面板可观察到。主要包括编程器接口、存储器接口、扩展接口等。F₁系列 PLC 机器有运行/停机（RUN 和 STOP）两种状态，由接在输入端子"RUN"和"COM"间的运行开关来选择。运行时应将运行开关接通，使机器机器处于"运行"状态（RUN 指示灯亮）；编程时应将运行开关断开，使机器处于"停机"状态（RUN 指示灯灭）。

（2）F₁机器的电源。F₁系列 PLC 机器上有两组电源端子，分别完成 PLC 电源的输入和输入回路所用直流电源的供出。L、N 为 PLC 电源端子，F₁系列 PLC 要求输入单相交流电源，规格为 AC100/110V、AC200/220V 50/60Hz。24＋、COM 是机器为输入回路提供的直流 24V 电源，为减少接线，其正极在机器内已与输入回路连接，当某输入点需加入输入信号时，只需将 COM 通过输入设备接到对应的输入点，当 COM 与对应点接通，该点为"ON"状态，此时对应的输入指示点亮。机器输入电源还有一接地端子，该端子用于 PLC 的接地保护。

2.I/O点的编号和使用说明

一般 F_1 系列 PLC 的输入端子（X）位于机器的一侧，输出端子（Y）位于机器的另一侧。F_1 系列 PLC 的 I/O 点数量、类别随机器的型号不同而不同。F_1 系列 PLC 的 I/O 点的编号采用八进制，每种型号的 F_1 系列 PLC 机面板上，通常都标有该机的 X 编号和 Y 编号。如 X000～X007、X400～X407、Y030～Y037、Y430～Y437 等。

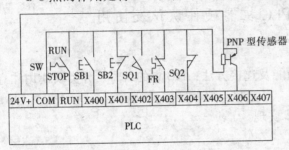

实验 1-图 1　输入端口连接

I/O 点的作用是将 I/O 设备与 PLC 进行连接，使 PLC 与现场构成系统，这样可以从现场通过输入设备（元件）得到信息（输入），或将经过处理后的控制命令通过输出设备（元件）送到现场（输出），达到实现自动控制的目的。

输入口一般连接按钮、转换开关、行程开关、传感器等设备。这些器件功率消耗都很小，PLC 内部一般设置有专用电源为输入口连接的这些设备供电。实验 1-图 1 为输入口接线示意图。如图中按钮 SB1 接在 X400 及 COM 端，限位开关 SQ1 接在 X402 及 COM 端。另外，输入口侧设有标记为 "L" 和 "N" 的端子，这是接入工频电源的，它是 PLC 的原始工作电源。

输出端口连接如实验 1-图 2 所示，输出口在接入电路时，均和 PLC 的负载（例如电磁阀、接触器线圈、信号灯等）连接，PLC 的负载本身所需的推动电源功率较大，且电源种类各异。PLC 一般不提供负载的工作电源，PLC 仅提供输出点，通过输出点，将负载和负载电源连接成一个回路，输出点动作负载得到驱动。另外，PLC 输出口所能通过的最大电流视机型不同一般为 1A 或 2A。当负载电流定额大于口端最大值时，需增加中间继电器。

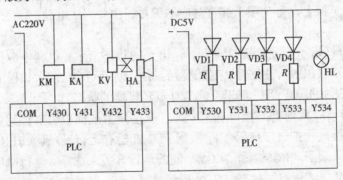

实验 1-图 2　输出端口连接

（二）PLC 控制系统的组成

PLC 控制系统由硬件和软件两个部分组成，如实验 1-图 3 所示。硬件部分即将输入元件通过输入点与 PLC 连接，将输出元件通过输出点与 PLC 连接，构成 PLC 控制系统的硬件系统。软件部分即控制思想，用 PLC 指令将控制思想转变为 PLC 可接受的程序。

（三）实验训练题

三相异步电动机直接启动的控制

（1）控制要求：按下启动按钮 SB1，接触器 KM1 闭合，电动机投入运行；运行过程

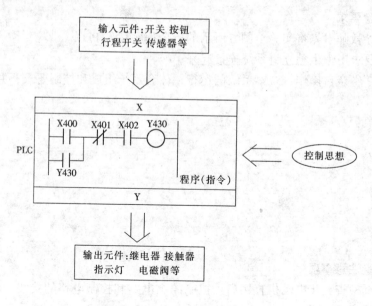

实验 1-图 3　PLC 控制系统的组成

中，按下停止按钮 SB2，电动机停止运行。

（2）I/O（输入/输出）分配。

输入

X400　　　　SB1（启动按钮）

X401　　　　SB2（停止按钮）

X402　　　　FR（热继电器）

输出

Y430　　　　KM1

（3）按照实验 1-图 4 和实验 1-图 5 接好主电路和控制电路。

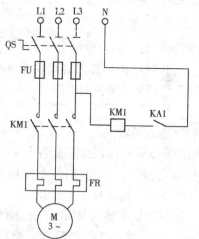

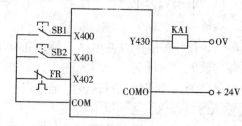

实验 1-图 5　异步电动机直接启动控制的控制电路

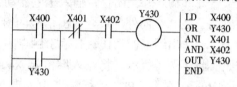

实验 1-图 4　异步电动机直接
启动控制的主电路

实验 1-图 6　异步电动机直接启动
控制的梯形图及指令表

207

（1）指导教师事先将实验 1-图 6 所示的指令程序写入 PLC。

（2）按要求由学生独立将系统连接起来。

（3）让学生亲自操作，观察系统的运行，体会系统组成和控制要求，并记录好实验现象。

实验现象：

五、实验注意事项

必须认真检查异步电动机直接启动控制的主电路和控制电路的接线，确保准确无误，经指导教师同意后方可合上 QS。

实验二　F₁ 系列 PLC 软元件的使用

一、实验目的

（1）了解 F₁ 系列 PLC 软元件。

（2）明确使用软元件应注意的问题。

（3）掌握主要软元件的功能。

二、实验器材

（1）可编程控制器实验台 1 台

（2）F1-20P 编程器 1 部

三、实验内容及指导

PLC 内部有许多被称为继电器（输入继电器、辅助继电器、输出继电器）、定时器、计数器等的软元件。任何一个软元件均有无数个触点，这些触点在 PLC 内部可随意使用。用这些软元件的线圈和触点可构成与继电器——接触器控制相类似的控制电路（梯形图）。

1. 输入继电器 X、输出继电器 Y

输入端子是 PLC 从外部接受信号的窗口，与输入端子连接的输入继电器（X）是电子继电器。若外部输入开关闭合，输入继电器动作，对应的输入点指示发光二极管点亮。

输出端子是 PLC 向外部负载输出信号的窗口，输出继电器（Y）的输出触点接到 PLC 输出端子，若输出继电器动作，其输出触点闭合，对应的输出点指示发光二极管点亮。

按照实验 2-图 1 所示，将输入继电器 X400、X401 分别与外部输入按钮 SB1、SB2 连接，将图中的程序写入 PLC 运行，当输入点 X400、X401 变化时，可观察到输入继电器（X400、X401）、输出继电器 Y430 的变化。

实验 2-图 1 所示的梯形图对应的指令程序：

LD　　　X400

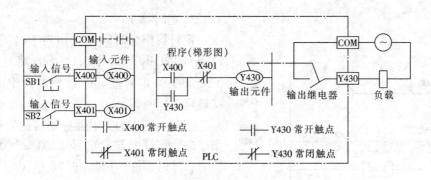

实验 2-图 1　输入/输出继电器功能示意图

OR　　　Y430

ANI　　X401

OUT　　Y430

END

实验现象：

2. 辅助继电器 M

PLC 中备有许多辅助继电器，其作用相当于继电器控制线路中的中间继电器。辅助继电器的触点在 PLC 内部自由使用，次数不限。这些触点不能直接驱动外部负载，故在输出端子上找不到它们，但可以通过它们的触点驱动输出继电器，再通过输出继电器驱动外部负载。如实验 2-图 2 所示。

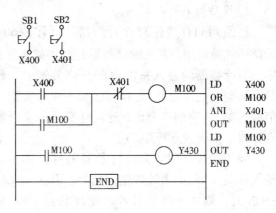

实验 2-图 2　辅助继电器 M 使用

按照实验 2-图 2 所示，将输入继电器 X400、X401 分别与外部输入按钮 SB1、SB2 连接，并将实验 2-图 2 的程序写入 PLC 运行，并观察实验现象。

实验现象：

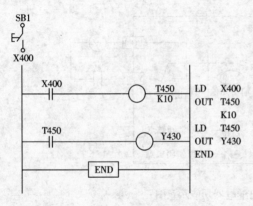

实验 2-图 3　定时器的使用

3. 定时器 T

定时器作为时间元件相当于时间继电器，F_1 系列 PLC 共有 24 个 0.1～999s 定时器和 8 个 0.01～99.9s 定时器。F_1 系列 PLC 定时器均为接通延时定时器。

实验 2-图 3 为定时器应用实例的梯形图和指令表，当计时起动信号 X400 = ON 时开始计时，计时器 T450 设定时间为 10s，10s 后计时结束，T450 常开触点闭合，Y430 输出，直到 X400 = OFF，T450 常开触点断开。

按照实验 2-图 3 所示，将输入继电器 X400 与外部输入按钮 SB1 连接，并将实验 2 - 图 3 的程序写入 PLC 运行，并观察实验现象。

实验现象：

4. 计数器 C

F_1 系列 PLC 共有 32 个计数器。只有 C660/C661 "计数器对" 既可作为加法，也可作为减法计数器用，其余的计数器只能作减法计数。计数器计数值的大小，通过编程器来设定。当计数器的输入每次由断开到接通时，计数器从当前值开始减 1，且每接通一次就将当前值减去 1，一直到 0 为止，这时计数器的常开触点接通、常闭触点断开。

例如实验 2-图 4 为减计数器的梯形图，用输入开关 X401 产生计数输入信号，开关由 OFF →ON 时，送入一计数脉冲，使计数器 C460 的当前值减 1。当送入的脉冲数等于计数器的设定值时，C460 的当前值减到 "0"，C460 的常开触点动作，使输出继电器 Y430 接通，对应的指示灯亮。

计数复位信号 X400 为 ON 或初始化脉冲均

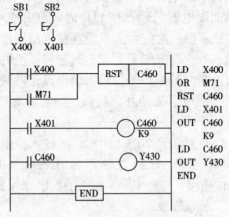

实验 2-图 4　计数器的使用

可使计数器 C460 复位，输出继电器 Y430 断开，对应的指示灯熄灭，此时计数器的当前值回到设定值。

按照实验 2-图 4 所示，将输入继电器 X400、X401 分别与外部输入按钮 SB1、SB2 连接，并将实验 2-图 4 的程序写入 PLC 运行，并观察实验现象。

实验现象：

四、实验要求

（1）将以上各图所示程序写入 PLC 运行，并观察实验现象，体会主要软元件的功能和使用。

（2）说明定时器 T 和计数器 C 的使用有何不同？

实验三　基本逻辑指令的编程

一、实验目的

（1）掌握 F_1 系列 PLC 基本逻辑指令的用法。

（2）掌握 F_1 系列 PLC 基本逻辑指令的编程方法和技巧。

二、实验器材

（1）可编程控制器实验台 1 台

（2）F1-20P 编程器 1 部

三、实验要求

通过编程并上机操作训练，运行并调试下列程序，观察实验现象，并写出对应的指令程序，掌握编程的方法和技巧，进一步熟悉编程器的使用。

四、实验内容及指导

1. 多重输入电路

在实验 3-图 1 所示的多重输入电路中，X400、X401 接通，或 X400、X403 接通，或 X402、X401 接通，或 X402、X403 接通，均可使 Y430 有输出。

请写出指令程序：

实验 3-图 1　多重输入电路图

实验现象：

211

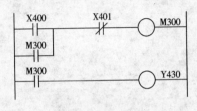

实验 3-图 2　保持电路图

2. 保持电路

保持电路可将输入信号加以保持记忆。

如实验 3-图 2 所示，当 X400 接通一下，保持辅助继电器 M300 接通并自保持，Y430 有输出，停电后再通电，Y430 仍然有输出。只有当 X401 触点断开，才使 M300 自保持消失，Y430 无输出。

请写出指令程序：

实验现象：

3. 优先电路

如实验 3-图 3 所示，若输入信号 A 或输入信号 B，先到者取得优先权，后到者无效。若 X400 先接通，M100 线圈接通，Y430 有输出，同时由于 M100 的动断触点断开，X401 再接通时，也无法使 M101 动作，Y431 无输出。若 X401 先接通，则情形正好与前述相反。优先电路在控制环节中可实现信号互锁。

请写指令程序：

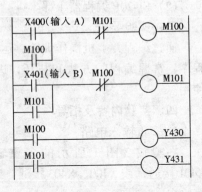

实验 3-图 3　优先电路图

实验现象：

4. 比较电路

如实验 3 - 图 4 所示，该电路按预先设定好的输出要求，根据对两个输入信号的比较，决定某一输出。X400、X401 同时接通，Y430 有输出。X400、X401 都不接通，Y431 有输出。X400 不接通，X401 接通，Y432 有输出。X400 接通，X401 不接通，Y433 有输出。

请写指令程序：

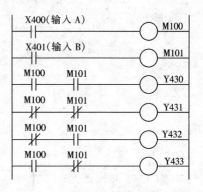

实验 3-图 4　比较电路图

实验现象：

5. 微分脉冲电路

(1) 上升沿微分脉冲电路。如实验 3-图 5 所示。PLC 是以循环扫描方式工作的，在 PLC 第一次扫描时，当输入 X400 由断开变为接通，M100、M101 线圈接通，但处在第 1 行的 M101 的动断触点仍接通，因为该行已经扫描过了。等到 PLC 第二次扫描时，M101 的触点才断开，Y430 线圈断开，Y430 的接通时间为一个扫描周期。

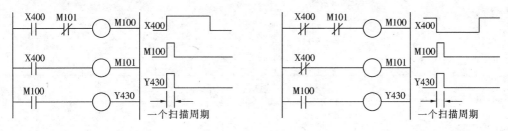

实验 3-图 5　上升沿微分脉冲电路图　　　实验 3-图 6　下降沿微分脉冲电路图

(2) 下降沿微分脉冲电路。当 X400 从通转为断开时，M100 接通一个扫描周期，则 Y430 输出一个脉冲。如实验 3 - 图 6 所示。

请写出指令程序：

实验现象：

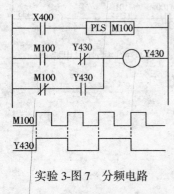

实验 3-图 7　分频电路

6.分频电路

用 PLC 可以实现对输入信号的任意分频，实验 3 - 图 7 是一个 2 分频电路，将脉冲信号加入 X400 端，在第 1 个脉冲到来时，M100 产生一个扫描周期的单脉冲，使 M100 的动合触点闭合，Y430 线圈接通有输出并自保持。当第 2 个脉冲到来时，由于 M100 的动断触点断开一个扫描周期，Y430 自保持消失，Y430 线圈断开。第 3 个脉冲到来时，M100 又产生一个单脉冲，Y430 线圈再次接通，输出信号又建立。在第 4 个脉冲的上升沿，输出再次消失，以后循环往复，不断重复上述过程，Y430 是 X400 的 2 分频。

请写出指令程序：

实验现象：

实验四　定时器和计数器的编程

一、实验目的
（1）掌握 F_1 系列 PLC 定时器和计数器的用法。
（2）掌握 F_1 系列 PLC 定时器和计数器的编程方法和技巧。

二、实验器材
（1）可编程控制器实验台 1 台

（2）F1-20P 编程器 1 部

三、实验要求

通过编程并上机操作训练，运行并调试下列程序，观察实验现象，并写出对应的指令程序，掌握编程的方法和技巧，进一步熟悉编程器的使用。

四、实验内容及指导

在继电接触器控制系统中，时间继电器有多种触点，在线圈通电或断电之后，经过一定的延迟时间转入闭合和断开状态，以实现对时间的控制。在用 PLC 取代继电接触器控制时，将继电器原理图转变为梯形图，可通过编程实现各种延时方式的时间继电器及其触点的功能。

1．通电延时型时间继电器

（1）程序的编写。如实验 4 - 图 1 的梯形图所示，当 X400 端有输入时，M100 的动合触点立即闭合，接通 Y430，对应的指示灯亮，此功能相当于通电延时型时间继电器的瞬时闭合的动合触点。而 T450、T451 的动合触点经预定的延时才闭合，即延时 5s 后，接通 Y431，对应的指示灯亮；再延时 10s 后，接通 Y432，对应的指示灯亮，此功能相当于通电延时型时间继电器的延时闭合的动合触点。

再将输入开关 X400 断开，定时器立即复位，输出指示灯熄灭。

如实验 4-图 2 的梯形图所示，是用计数器 C460 实现延时的，当 X400 接通时，M72 产生 0.1s 的脉冲信号加到 C460 的输入端，C460 对这个脉冲进行计数，计到 50 次时，C460 线圈接通，C460 的动合触点闭合，即延时了 $0.1 \times 50 = 5s$ 后，接通 Y431，对应的指示灯亮。

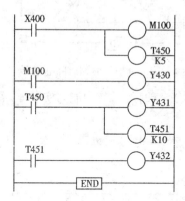

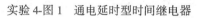

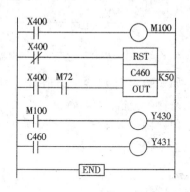

实验 4-图 1　通电延时型时间继电器　　　　实验 4-图 2　通电延时型时间继电器

（2）将实验 4-图 1、实验 4-图 2 所对应的指令程序写入 PLC 主机中。

指令程序：

（3）运行并调试程序，观察运行结果是否符合预定要求。

调试运行记录：

2. 断电延时型时间继电器

（1）程序的编写。如实验4-图3的梯形图所示，当 X400 端有输入时，M100 的动合触点立即闭合，接通 Y431，对应的指示灯亮；当 X400 输入消失后，延时5s后 M100 的动合触点才断开，Y431 断开，对应的指示灯熄灭；此功能相当于断电延时型时间继电器的延时断开的动合触点。

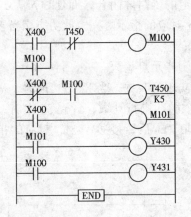

实验4-图3 断电延时型时间继电器　　　　实验4-图4 断电延时型时间继电器

如实验4-图4的梯形图所示，是用计数器 C460 实现延时的，其功能与实验4-图3相同，请自行分析。

（2）将实验4-图3、实验4-图4所对应的指令程序写入 PLC 主机中。

指令程序：

（3）运行并调试程序，观察运行结果是否符合预定要求。

调试运行记录：

3. 脉冲发生器（振荡电路）

216

（1）程序的编写。振荡电路可产生按特定的通/断间隔的时序脉冲，常用它来作为脉冲信号源，也可用它代替传统的闪光报警继电器，作为闪光报警。

如实验4-图5梯形图所示，通过开关将X400接通后，启动脉冲发生器。定时器T450设定时间为2s，2s后计时结束，T450常开触点闭合，输出继电器Y430接通，对应的输出指示灯亮；定时器T451设定时间为1s，再延时1s后，T451常闭触点断开，T450常开触点断开，输出继电器Y430断开，对应的输出指示灯熄灭。这一过程周期性地重复，于是Y430输出一系列脉冲信号，其周期为3s，脉宽为1s。

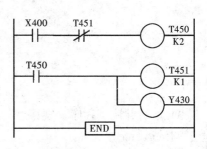

实验4-图5　振荡电路

修改定时器的设定值，就可以改变输出脉冲的周期和脉宽。

将定时器T450的设定值改为3s，定时器T451的设定值改为2s，再重复上述运行过程。这时，输出脉冲的周期为5s，脉宽为2s。

（2）将实验4-图5所对应的指令程序写入PLC主机中。

指令程序：

（3）运行并调试程序，观察运行结果是否符合预定要求。

调试运行记录：

4. 长时间计时电路

F_1系列PLC最大计时时间为999s。为产生更长的设定时间，可将多个定时器、计数器组合使用，扩大其延时时间。

（1）定时器与定时器串级使用。

1）程序的编写。如实验4-图6所示，为两个定时器串级使用。通过开关将X400接通后，定时器T450开始计时，计时到900s时，定时器T450动作，其常开触点接通，定时器T451又开始计时，计时到700s时，定时器T451动作，其常开触点接通输出继电器Y430。则从X400接通到输出继电器Y430接通其延迟时间为900＋700＝1600s。

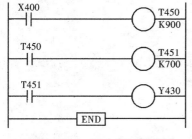

实验4-图6　两个定时器串级

2）将实验4-图6所对应的指令程序写入PLC主机中。

指令程序：

3）运行并调试程序，观察运行结果是否符合预定要求。

调试运行记录：

（2）定时器与计数器串级使用。

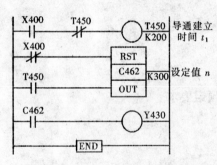

实验 4-图 7　定时器与计数器串级

1）程序的编写。实验 4-图 7 是用一个定时器与计数器连接成等效倍乘的定时器。梯形图的第 1 行形成一个设定值为 200s（t_1）的自复位定时器 T450，定时器 T450 的动合触点每接通一次（每次接通为一个扫描周期），C462 对这个脉冲进行计数，计到 300（n）次时，C462 的动合触点闭合，即当输入 X400 接通后，输出 Y430 经过 $(t_1 + \triangle t) \times n$ 延时后才接通。但扫描周期 $\triangle t$ 很短，可忽略不计，则输出继电器 Y430 延时近似 $t_1 \times n$，即 $200 \times 300 = 60000s$。

2）将实验 4-图 7 所对应的指令程序写入 PLC 主机中。

指令程序：

3）运行并调试程序，观察运行结果是否符合预定要求。

调试运行记录：

5. 大容量计数电路

F_1 系列 PLC 最大计数为 999 次。为产生更大的设定计数值，可将多个计数器的不同组合，扩大其计数值。

（1）两个计数器相加串级使用。

1）程序的编写。如实验 4-图 8 所示，将两个计数器串级，得到的计数值为 $n_1 + n_2 = 600 + 700 = 1300$。

2）将实验 4-图 8 所对应的指令程序写入 PLC 主机中。

指令程序：

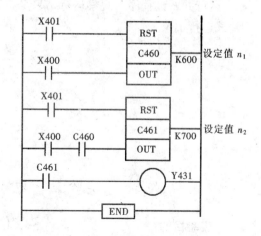

实验 4-图 8　两个计数器相加串级

3）运行并调试程序，观察运行结果是否符合预定要求。

调试运行记录：

（2）两个计数器相乘串级使用。

1）程序的编写。如实验 4-图 9 所示，计数器 C464 对输入 X400 的断/通进行计数，当计到 40（n_1）次时，C464 的常开触点闭合，使 C465 计一次数，接着 C464 自复位，重新从 0 开始对 X400 的断/通进行计数。当 C465 计到 70 次时，此时 X400 共接通 $n_1 \times n_2 = 40 \times 70 = 2800$ 次，C465 的常开触点才闭合，使 Y430 线圈接通。

2）将实验 4-图 9 所对应的指令程序写入 PLC 主机中。

指令程序：

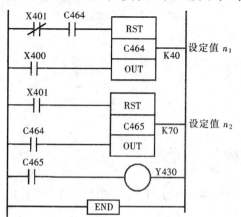

实验 4-图 9　两个计数器相乘串级

3）运行并调试程序，观察运行结果是否符合预定要求。

调试运行记录：

实验五 电动机控制

一、实验目的

（1）应用 PLC 技术实现对三相异步电动机的控制。

（2）训练编程的思想和方法。

（3）熟悉 PLC 的使用，提高应用 PLC 的能力。

二、实验器材

（1）可编程控制器实验台　　1 台

（2）小型交流异步电动机　　1 台

（3）F1-20P 编程器　　　　　1 部

三、实验要求

通过编程并上机操作训练，运行并调试下列程序，观察实验现象，并写出对应的指令程序，掌握编程的方法和技巧，进一步熟悉编程器的使用。

四、实验内容及指导

（一）三相异步电动机的正反转

（1）控制要求：按下启动按钮 SB1，接触器 KM1 闭合，电动机正向投入运行，按下停止按钮 SB3，电机停止运行；按下启动按钮 SB2，接触器 KM2 闭合，电动机反向投入运行，按下停止按钮 SB3，电机停止运行。

（2）I/O（输入输出口）分配。

输入

X400　　　　SB1（正向启动按钮）

X401　　　　SB2（反向启动按钮）

X402　　　　SB3（停止按钮）

X403　　　　FR（热继电器）

输出

Y430　　　　KM1

Y431　　　　KM2

（3）通过编程设备将实验 5-图 1 所示的梯形图输入 PLC 主机，调试正确，并写出指令程序。

请写出指令程序：

220

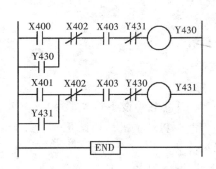

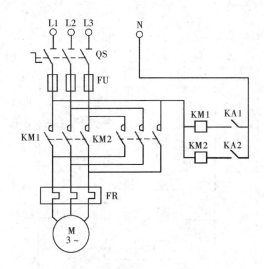

实验 5-图 1　三相异步电动机正反转
停控制梯形图

实验 5-图 2　主电路

（4）按照实验 5-图 2、实验 5-图 3 所示的三相异步电动机正反转启停控制主电路和 I/O 连接图接好线。

（5）运行程序。

按下正转按钮 SB1，输出继电器 Y430 接通，三相异步电动机正转。

按下停止按钮 SB3，输出继电器 Y430 断开，三相异步电动机停转。

按下反转按钮 SB2，输出继电器 Y431 接通，三相异步电动机反转。

模拟电动机过载，将热继电器 FR 的触点断开，三相异步电动机停转。

将热继电器 FR 的触点复位，再重复正、反、停操作。

运行调试记录：

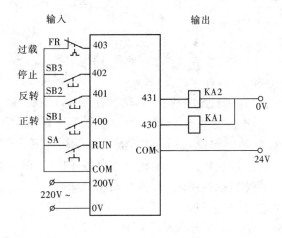

实验 5-图 3　I/O 连接图

（二）三相异步电动机的星形—三角形降压启动

（1）控制要求：按下启动按钮 SB1，接触器 KM1、KM2 闭合，电动机进入启动状态，3s 后接触器 KM2 断开，KM3 接通，电动机进入正常运行状态，按下停止按钮 SB3，电动机停止运行。

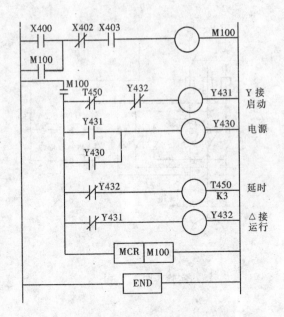

（2）I/O（输入输出口）分配。

输入

X400　　　　　　　SB1（启动按钮）

X402　　　　　　　SB3（停止按钮）

X403　　　　　　　FR（热继电器）

输出

Y430　　　　　　　KM1

Y431　　　　　　　KM2

Y432　　　　　　　KM3

（3）通过编程设备将实验 5-图 4 所示程序输入 PLC 主机，调试正确，并写出指令程序。

写出指令程序：

实验 5-图 4　三相异步电动机的星形—三角形降压启动控制梯形图

（4）按照实验 5-图 5、实验 5-图 6 所示的三相异步电动机的星形—三角形降压启动的主电路和 I/O 连接图接好线。

（5）运行程序。按下启动按钮 SB1，输出继电器 Y431、Y430 接通，三相异步电动机定子绕组接成星形降压启动，延时 3s（延迟时间为电动机启动时间）后，输出继电器 Y431 断开，Y432 接通，电动机定子绕组接成三角形全压运行。

按下停止按钮 SB3，输出继电器 Y430、Y432 断开，电动机停转。

再按启动按钮 SB1，重新启动电动机。

模拟电动机过载，将热继电器 FR 的触点断开，三相异步电动机停转。

将热继电器 FR 的触点复位，再重复启动、停止操作。

运行调试记录：

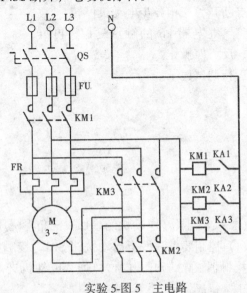

实验 5-图 5　主电路

五、实验注意事项

在输入程序后，必须认真检查程序、

主电路及 I/O 的连接线，确保准确无误，经指导教师同意后方可合上 QS。

六、思考题

（1）三相异步电动机的自锁与互锁是如何实现的？

（2）另外设计实现三相异步电动机的星形—三角形降压启动的程序。

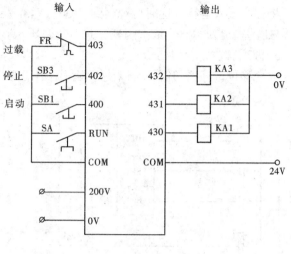

实验 5-图 6　I/O 连接图

实验六　彩灯控制

一、实验目的

（1）进一步熟悉 PLC 的 I/O 连接。

（2）进一步熟悉 PLC 的基本指令。

（3）熟悉移位寄存器的功能及编程、调试方法。

二、实验器材

（1）可编程控制器实验台　1 台

（2）彩灯　　　　　　　　8 只

（3）F1-20P 编程器　　　　1 部

三、实验内容及指导

1. 控制要求

8 只彩灯依次闪亮，并不断循环，形成"追灯"花样。

2. 编程

按照实验 6-图 1 所示的 8 路彩灯控制的梯形图，将程序写入 PLC 主机中，并写出对应的指令程序。

指令程序：

3. 接线

在主机输入端 400～407 接 8 个输入开关；在主机输出端 430～437 接 8 只彩灯（每只彩灯的额定电流应小于 PLC 输出点的最大输出电流）；在 8 只彩灯（负载）的公共端与 PLC 输出 "COM" 端接上负载电源（电源电压应与 PLC 输出回路所要求的电压一致）。

4. 运行程序

投入运行前，先用输入开关 X401～X407 给移位寄存器任意设定一个初值。例如将 X401 接通，则运行开始时 M201 置 "1"，"1" 信号将从 M201 开始移位，输出的接通状态也将从 Y431 依次向后或向前移位，其移位方向由输入开关 X400 设定，将 X400 接通，使输出后移。

将程序投入运行，这时可观察到 Y430～Y437 端 8 个输出指示灯以及对应的 8 只彩灯从 Y431 的输出开始向后依次闪亮，并不断循环，形成"追灯"花样。

5. 改变移位寄存器初值

改变移位寄存器初值，可以使追灯得到不同的花样。

停止主机运行，将输入开关 X401 和 X402 接通，再将主机投入运行。运行开始，M201、M202 置"1"。每一次移位都有两个输出点接通，因此，输出指示灯以及对应的彩灯每一次移位都有两盏灯同时闪亮。

再停止主机运行，将输入开关 X401、X402、X403、X404 接通，再将 PLC 投入运行，观察输出移位的情况。

6. 改变移位速度

改变定时器 T450 的设定值，可改变移位速度。

将定时器 T450 的设定值改为 0.5s，观察移位的速度，此时移位速度将变快。

7. 改变移位方向

F1 PLC 的移位寄存器只能后移，用输入开关 X400 以及跳转指令，可以控制彩灯的移动方向。

将 X400 断开，观察输出移位的方向。此时输出变为前移，彩灯移动方向改变。

8. 彩灯停止

彩灯工作中，将 PLC 运行开关断开，则彩灯熄灭，停止工作。再将 PLC 运行开关接通，彩灯又开始从头移位。

四、实验要求

（1）写出实验 6-图 1 梯形图的指令程序。

（2）分析实验 6-图 1 梯形图控制原理，给每个逻辑行的功能加上注释。

（3）分析实验 6-图 1 中移位寄存器实现环形移位的原理。

（4）说明改变彩灯移位速度与移位

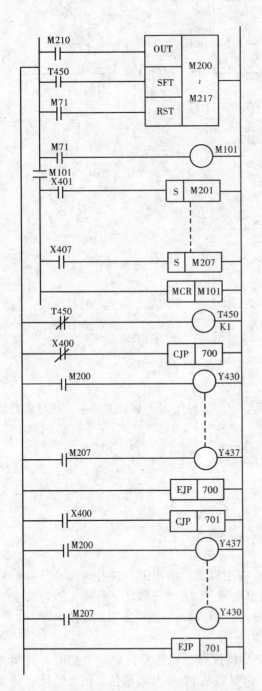

实验 6-图 1　8 路彩灯控制的梯形图

方向的方法和原理。

实验七　三相步进电动机控制

一、实验目的

(1) 应用 PLC 技术实现对三相步进电动机的控制。

(2) 进一步熟悉 PLC 的 I/O 连接。

(3) 熟悉三相步进电动机控制的编程方法及运行情况。

二、实验器材

(1) 可编程控制器实验台　1 台

(2) 36 BF02 型三相反应式步进电动机　1 台

(3) F1-20P 编程器　1 部

三、实验内容及指导

1. 接线

按照实验 7-图 1 所示的三相步进电动机控制的 PLC I/O 连接图，先接好输入端的连线，输出端暂时不接负载，等程序运行成功后再带载运行。

2. 编程

按照实验 7-图 2 所示的三相步进电动机控制的梯形图，将程序写入主机中；并写出指令程序。

3. 运行程序

(1) 转速控制。接通快速开关 S_1，再接通启动开关 S_0。脉冲控制器产生周期为 0.1s 的控制脉冲，使移位寄存器移位，产生六拍时序脉冲。通过三相六拍环形分配器使三个输出继电器 Y430、Y431、Y432 按照单双六拍的通电方式接通，其接通顺序为：

Y430→Y430、Y431→Y431→Y431、Y432→Y432→Y432、Y430→Y430…

由 PLC 的输出指示可以观察到上述过程。该过程对应于步进电动机的通电顺序为：

A→A、B→B→B、C→C→C、A→A…

该通电顺序对应于步进电动机的正转。

实验 7-图 1　三相步进电动机控制的 PLC I/O 连接图

断开输入开关 S_1、S_0，接通慢速 1 开关 S_2，再接通启动开关 S_0。脉冲控制器产生周期为 1s 的控制脉冲，输出继电器 Y430、Y431、Y432 接通顺序不变，但间隔时间增长为 1s。

断开输入开关 S_2、S_0，接通慢速 2 开关 S_3，再接通启动开关 S_0。脉冲控制器产生周期为 10s 的控制脉冲，输出继电器 Y430、Y431、Y432 接通顺序不变，但间隔时间增长为 10s。

(2) 反转控制。断开输入开关 S_3、S_0，接通正反转开关 S_4，再重复上述快速、慢速 1、

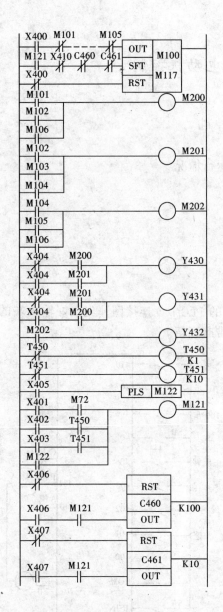

实验 7-图 2　三相步进电动机控制的梯形图

慢速 2 的实验。此时，三个输出继电器的接通顺序为；

Y431 → Y431、Y430 → Y430 → Y430、Y432 → Y432 → Y432、Y431 → Y431…

由 PLC 的输出指示可以观察到上述过程。该过程对应于步进电动机的通电顺序为：

B → B、A → A → A、C → C → C、B → B…

该通电顺序与前面的通电顺序正好相反，它对应于步进电动机的反转。

（3）步数控制。将全部输入开关断开，然后接通步数控制开关（若选择 10 步控制，则接通 S_7；若选择 100 步控制，则接通 S_6）；接通启动开关 S_0，使移位寄存器的数据输入端接通。

设转速控制选择为慢速 1，则接通开关 S_2，启动脉冲控制器，六拍时序脉冲及三相六拍环形分配器开始工作，计数器开始计数。当走完预定步数时，计数器动作，其动断触点断开移位寄存器的移位输入端，六拍时序脉冲、三相六拍环形分配器及正反转驱动停止工作，步进电动机停转。

（4）带载运行。按照实验 7-图 1 的 PLC I/O 连接图，在输出端接上步进电动机及直流电源。若选定 36 BF02 型三相反应式步进电动机，其电压为 27V，每相静态电流为 0.5A。步进电动机三相绕组首端为三根同颜色引出线，三相绕组公共末端为另一根异色引出线。

按照前面所述的运行程序的方法将程序重新运行一遍。此时可观察到步进电动机运行的情况。

四、实验要求

（1）写出实验 7-图 2 梯形图的指令程序。

（2）分析实验 7-图 2 梯形图控制原理，给每个逻辑行的功能加上注释。

（3）分析三相步进电动机实现转速控制、正反转控制及步数控制的原理。

实验八　状态转移图的研究及单流程编程训练

一、实验目的

（1）认识状态转移图的特点。

226

（2）掌握步进指令的使用。

（3）理解状态转移图的执行情况。

（4）掌握单流程状态转移图的编程原则和编程方法。

（5）掌握状态转移程序的调试手段。

二、实验器材

（1）可编程控制器实验台　1台

（2）F1-20P 编程器　　　　1部

三、实验内容及指导

（一）物料搬运小车控制

（1）物料搬运小车控制要求：

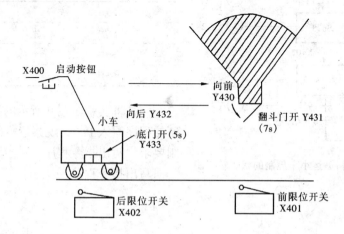

实验 8-图 1　物料搬运小车控制示意图

如实验 8-图 1 所示，当小车处于后端，按下启动按钮，小车向前运行，当压下前限位开关后，翻斗门打开，7s 后小车向后运行，到后端，压下后限位开关，打开底门，完成一次动作。

（2）物料搬运小车控制的状态转移图，如实验 8-图 2 所示。

（3）根据物料搬运小车控制的示意图（实验 8-图 1）和状态转移图（实验 8-图 2）所示，理解运用状态编程思想解决顺控问题的方法和步骤，并填写好下列表格。

1）将整个过程按任务要求分解，其中的每个工序均对应一个状态，并分配状态继电器，填写好实验 8-表 1。

实验 8-表 1

工　　序	状态继电器	工　　序	状态继电器
初始状态		向后运行	
向前运行			
翻斗门打开		打开底门	

2）弄清每个状态的功能、作用，填写好实验 8-表 2。

3）找出每个状态的转移条件，并填写好下实验 8-表 3。

（4）物料搬运小车控制的状态梯形图，如实验 8-图 3 所示。

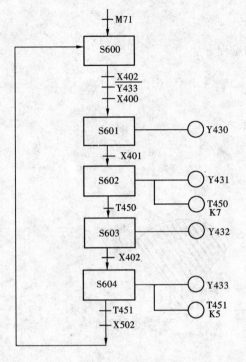

实验 8-图 2　物料搬运小车控制的状态转移图

实验 8-表 2

状态继电器	状态的功能、作用
S600	
S601	
S602	
S603	
S604	

实验 8-表 3

状　态	转移条件
S601	
S602	
S603	
S604	

（5）将实验 8-图 3 所示的物料搬运小车控制的程序写入 PLC，观察运行结果，并体会控制要求，写出指令程序。

写出指令程序：

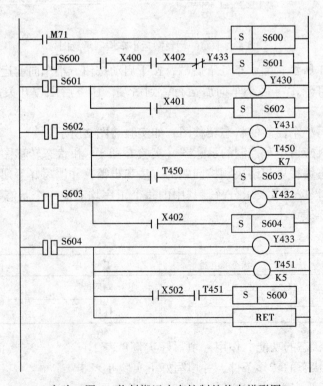

实验 8-图 3　物料搬运小车控制的状态梯形图

（6）通过反复运行，并借助于编程器的监控（MONITOR）手段，观察各状态继电器（S）、输入元件（X）、输出元件（Y）及定时元件（T）的状态变化，以及状态与状态成立条件、状态转移的目的地、状态转移条件、状态所驱动的负载之间的关系，并体会状态转移图及其执行的特点。

（二）时间顺序控制的编程训练

时间顺序控制，即按时间原则进行顺序控制。它以时间作为工步转移条件，当某一工步进行到一定时间时，自动地转移到下一步工序。

彩灯顺序闪烁控制

（1）控制要求：PLC投入运行后，按下启动按钮，三盏彩灯HL1、HL2、HL3按下列顺序定时闪烁：HL1亮1s后，HL1熄灭，HL2亮；1s后，HL2熄灭，HL3亮；1s后，HL3熄灭；1s后，HL1、HL2、HL3全亮；1s后，HL1、HL2、HL3全熄灭；1s后，HL1、HL2、HL3全亮；1s后，再重复上述过程。

PLC停止运行时，彩灯的自动闪烁也停止。

（2）I/O设备及I/O点编号的分配。根据控制要求，PLC投入运行后，彩灯自动闪烁由启动按钮启动；PLC停止运行时，彩灯的自动闪烁即停止。其I/O设备及I/O点编号的分配如实验8-表4和实验8-表5所示。

实验8-表4

输入设备	输入点编号
启动按钮	X400

实验8-表5

	输出设备	输出点编号
彩灯	HL1	Y431
	HL2	Y432
	HL3	Y433

（3）状态转移图

PLC投入运行后，用初始化脉冲M71将初始状态S600置位，准备好启动。按下启动按钮，X400接通，状态开始转移，按照7个步序控制彩灯的自动闪烁。7个工步的定时分别用T451～T457一共7个定时器来完成。其状态转移图如实验8-图4所示。

（4）根据实验8-图4所示的彩灯自动闪烁状态转移图编制步进梯形图，并写出指令程序。

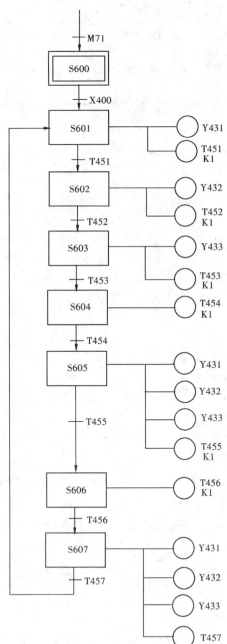

实验8-图4　彩灯自动闪烁状态转移图

229

步进梯形图：

指令程序：

四、实验要求

通过编程并上机操作训练，运行并调试程序，观察运行结果，体会单流程状态转移图的编程原则和编程方法。

调试运行记录：

实验九 十字路口交通信号灯控制

一、实验目的

(1) 用 PLC 构成交通信号灯控制系统。

(2) 掌握 PLC 的编程技巧和程序调试方法。

(3) 了解应用 PLC 技术解决实际控制问题的全过程。

二、实验器材

(1) 可编程控制器实验台   1 台

(2) F1-20P 编程器   1 部

(3) 十字路口交通信号灯模拟板   1 块

三、控制要求

实验 9-图 1 是十字路口交通信号灯示意图。信号灯的动作受开关总体控制，按一下启动按钮，信号灯系统开始工作，并周而复始的循环；按一下停止按钮，所有信号灯都熄灭。信号灯控制要求如实验 9-表 1 所示。

十字路口交通信号灯控制要求　　　　　　　　　　　　　实验 9- 表 1

	信　号	绿灯亮	绿灯闪亮	黄灯亮	红灯亮		
东　西	时　间	25s	3s	2s	30s		
南　北	信　号	红灯亮			绿灯亮	绿灯闪亮	黄灯亮
	时　间	30s			25s	3s	2s

230

四、实验内容及指导

（一）I/O设备及I/O编号的分配

I/O设备及I/O编号的分配如实验9-表2所示。

实验9-表2

输入设备	输入点编号	输出设备	输出点编号
启动开关	X400	南北绿灯	Y430
		南北黄灯	Y431
		南北红灯	Y432
		东西绿灯	Y434
		东西黄灯	Y435
		东西红灯	Y436

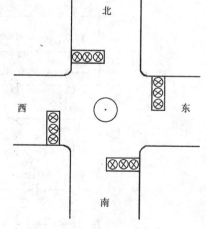

实验9-图1　十字路口交通信号灯示意图

这里用一个输出点驱动两盏信号灯。如果PLC输出点的输出电流不够大，可以用一个输出点驱动一盏信号灯，也可以在PLC输出端增设中间继电器，由中间继电器再去驱动信号灯。

（二）程序设计

1. 用基本逻辑指令编程

十字路口交通信号灯控制时序图如实验9-图2所示。

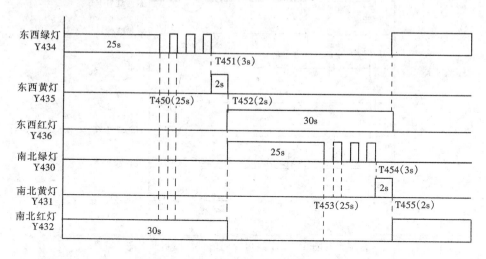

实验9-图2　十字路口交通信号灯控制时序图

用基本逻辑指令设计的信号灯控制梯形图如实验9-图3所示。

实验9-图3中方波发生器的辅助继电器M100产生周期为1s（接通0.5s、断开0.5s）的方波脉冲，供信号灯闪光控制用。

将实验9-图3的程序写入PLC中，运行并调试程序，并写出指令程序。

当启动开关合上时，X400接通，信号系统启动，东西、南北两侧信号灯周期性地工作；当启动开关断开时，X400断开，信号系统中止运行，所有信号灯熄灭。

写出指令程序：

231

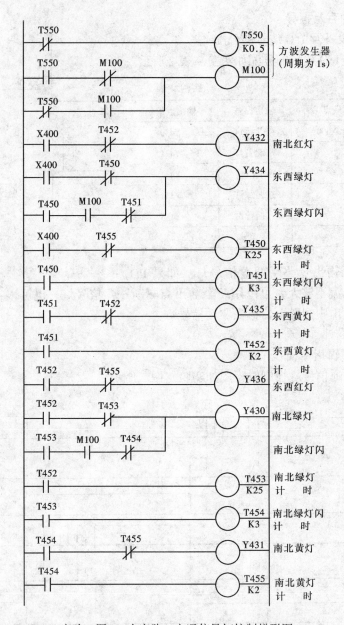

实验9-图3 十字路口交通信号灯控制梯形图

调试运行记录：

2. 步进指令编程

（1）按单流程编程。如果把东西和南北方向信号灯的动作视为一个顺序动作过程，其

232

中每一个时序同时有两个输出，一个输出控制东西方向的信号灯，另一个输出控制南北方向的信号灯，这样可以按单流程进行编程。其状态转移图如实验9-图4所示。

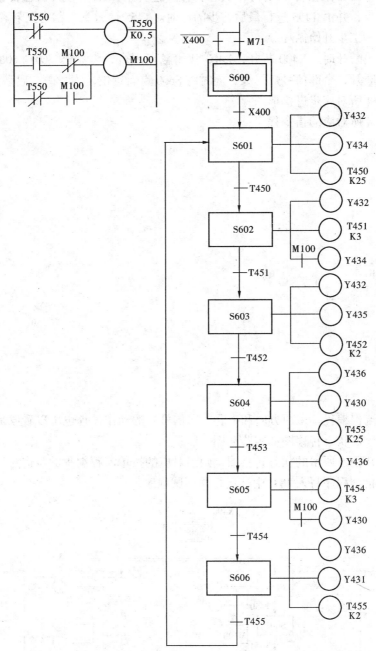

实验9-图4　按单流程编程的状态转移图

根据实验9-图4所示的状态转移图，画出对应的按单流程编程的步进梯形图，并写出指令程序，将指令程序写入PLC中，运行并调试程序。

PLC投入运行时，M71产生一初始化脉冲，将S600置位，准备好启动。

当启动开关合上时，X400接通，S601置位，进行第一工步，Y432、Y434接通，南北

233

红灯亮，东西绿灯亮，T450 开始计时。T450 计时到，S602 置位，S601 复位，进行第二工步。……以后每当时限条件满足时，状态转移，进行下一工步。当状态转移到 S606 时，进行最后一工步，并由 T455 进行最后一步的计时。T455 计时到，状态又转移到 S601，程序又重新从第一工步开始循环。

当启动开关断开时，X400 断开，X400 常闭触点闭合，将状态 S601-S606 清零，使全部输出继电器断开，全部信号灯熄灭；同时将 S600 重新置位，为下一次启动作好准备。

实验 9-图 4 所对应步进梯形图：

实验 9-图 4 所对应的指令程序：

调试运行记录：

（2）按双流程编程。东西方向和南北方向信号灯的动作过程也可以看成是两个独立的顺序动作过程。其状态转移图如实验 9-图 5 所示。

根据实验 9-图 5 所示的状态转移图，画出对应的按单流程编程的步进梯形图，并写出指令程序，将指令程序写入 PLC 中，运行并调试程序。

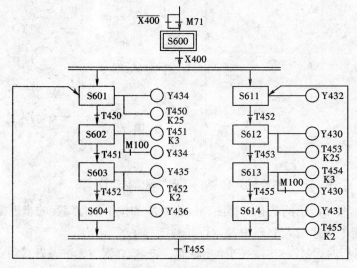

实验 9-图 5　按双流程编程的状态转移图

234

实验 9-图 5 所对应步进梯形图：

实验 9-图 5 所对应的指令程序：

调试运行记录：

五、实验要求

按要求写出指令程序或步进梯形图，并将程序写入 PLC 中，运行并调试程序，并记录调试运行过程。

实验十　全自动洗衣机控制系统

一、实验目的

(1) 用 PLC 构成全自动洗衣机控制系统。
(2) 掌握 PLC 的编程技巧和程序调试方法。
(3) 了解应用 PLC 技术解决实际控制问题的全过程。

二、实验器材

(1) 可编程控制器实验台　1 台
(2) F1-20P 编程器　1 部

三、控制要求

波轮式全自动洗衣机的洗衣桶（外桶）和脱水桶（内桶）是以同一中心安装的。外桶固定，作为盛水用，内桶可以旋转，作为脱水（甩干）用。内桶的四周有许多小孔，使内桶的水流相通。

洗衣机的进水和排水分别由进水电磁阀和排水电磁阀控制。进水时，控制系统使进水电磁阀打开，将水注入外桶；排水时，使排水电磁阀打开将水由外桶排到机外。洗涤和脱水由同一台电机拖动，通过电磁离合器来控制，将动力传递给洗涤波轮或甩干桶（内桶）。电磁离合器失电，电动机带动洗涤波轮实现正、反转，进行洗涤；电磁离合器得电，电动机带动内桶单向旋转，进行甩干（此时波轮不转）。水位高低分别由高低水位开关进行检测。启动按钮用来启动洗衣机工作；停止按钮用来实现手动停止进水、排水、脱水及报警；排水按钮用来实现手动排水。

全自动洗衣机的控制要求：

PLC投入运行，系统处于初始状态，准备好启动。启动时，首先进水，到高水位时停止进水，开始洗涤。正转洗涤15s，暂停3s后反转洗涤15s，暂停3s后再正转洗涤，如此反复3次。洗涤结束后，开始排水，当水位下降到低水位时，进行脱水（同时排水），脱水时间为10s。这样完成一次从进水到脱水的大循环过程。

进行3次上述大循环（第2、3次为漂洗），进行洗衣完成报警，报警10s后结束全过程，自动停机。

此外，还要求可以按排水按钮以实现手动排水；按停止按钮以实现手动停止进水、排水、脱水及报警。

四、I/O 设备及 I/O 点编号分配

I/O 设备及 I/O 点编号分配如实验 10-表 1 所示。

实验 10-表 1

输入设备	输入点编号	输出设备	输出点编号
启动按钮	X400	进水电磁阀	Y430
停止按钮	X401	电机正转接触器	Y431
排水按钮	X402	电机反转接触器	Y432
高水位开关	X403	排水电磁阀	Y433
低水位开关	X404	脱水电磁离合器	Y434
		报警蜂鸣器	Y435

五、程序设计

根据全自动洗衣机的控制要求可以画出流程图，如实验 10-图 1 所示。

由流程图可知，实现自动控制需设 6 个计时器和 2 个计数器：

T450—正转洗涤计时

T451—正转洗涤暂停计时

T452—反转洗涤计时

T453—反转洗涤暂停计时

T454—脱水计时

T455—报警计时

C460—正、反洗循环计数

C461—大循环计数

（一）基本逻辑指令编程

用基本逻辑指令编制的梯形图如实验 10-图 2 所示。

将实验 10-图 2 的程序写入 PLC 中，运行并调试程序，要求分析梯形图控制原理，给每个逻辑行的功能加上注释。并写出指令程序。

指令程序：

调试运行记录：

（二）用步进指令编制全自动洗衣机控制程序

根据全自动洗衣机流程图编制的状态转移图如实验 10-图 3 所示。

画出实验 10-图 3 所对应的状态梯形图，并将程序写入 PLC 中，运行并调试程序，写出指令程序。

全自动洗衣机状态梯形图：

指令程序：

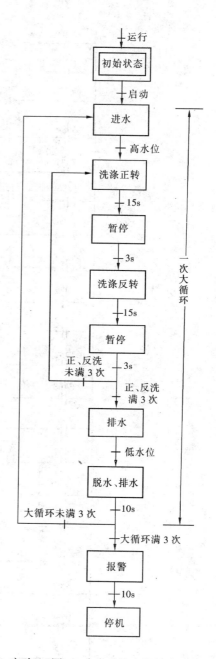

实验 10-图 1　全自动洗衣机的流程图

六、实验要求

按要求写出指令程序或步进梯形图，并将程序写入 PLC 中，运行并调试程序，并记录调试运行过程。

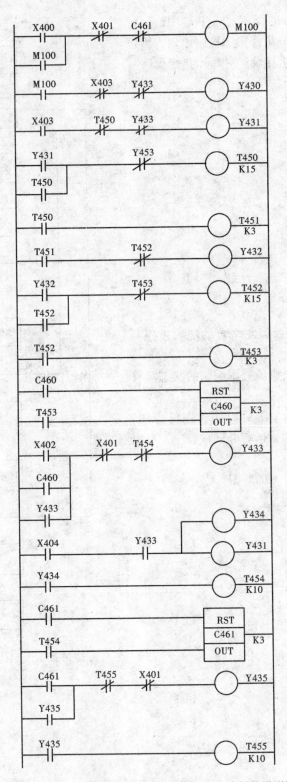

实验 10-图 2　全自动洗衣机用基本逻辑指令编制的梯形图

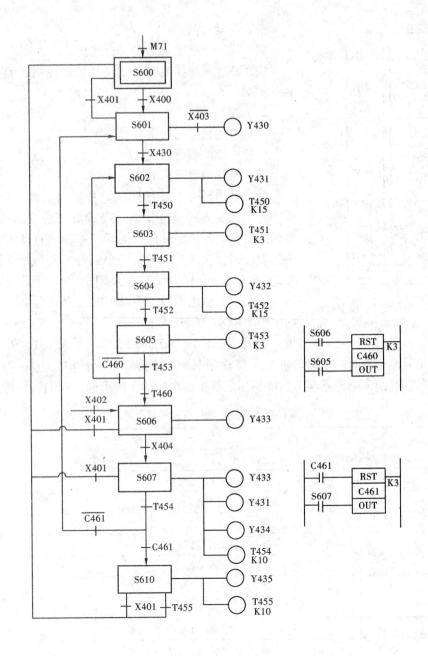

实验 10-图 3　全自动洗衣机状态转移图

实验十一　三层楼电梯控制程序

电梯的控制方式及控制内容很多，采用传统的继电器控制时，其控制线路复杂，楼层数越多，所需的继电器就越多，控制线路也就越复杂。电梯完整的控制系统通过一个实验来完成是比较困难的。本实验仅以三层楼电梯采用轿外按钮控制方式为例，学习采用 PLC 实现电梯自动控制的基本方法。

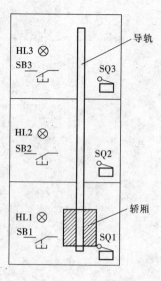

实验 11-图 1 三层楼电梯
工作示意图

一、实验目的

（1）进一步熟悉 PLC 的 I/O 连接。

（2）熟悉三层楼电梯采用轿外按钮控制的编程方法及运行情况。

二、实验器材

（1）可编程控制器实验台   1 台

（2）F1-20P 编程器   1 部

三、实验内容及指导

（1）采用轿外按钮控制的电梯工作原理及控制要求。轿外按钮控制方式是电梯的一种较简单的自动控制方式。电梯由安装在各楼层厅门口的呼叫按钮进行操纵，其操纵内容为呼叫（召唤）电梯、指令运行方向和停靠楼层。实验 11-图 1 是三层楼电梯工作示意图。电梯上、下由一台电动机驱动：电动机正转，驱动电梯上升；电动机反转，驱动电梯下降。每层楼设有呼叫按钮 SB1、SB2、SB3，呼叫指示灯 HL1、HL2、HL3 和到位行程开关 SQ1、SQ2、SQ3。

电梯上升途中只响应上升呼叫，下降途中只响应下降呼叫，任何反方向呼叫均无效（简称不可逆响应）。响应呼叫时，呼叫指示灯亮。电梯动作要求如实验 11-表 1 所示。

三层楼电梯轿外按钮控制的动作要求   实验 11-表 1

序 号	输　　入			输　　出
	原停楼层	呼叫楼层	运行方向	运行结果
1	1	3	升	上升到 3 层停
2	2	3	升	上升到 3 层停
3	3	3	停	呼叫无效
4	1	2	升	上升到 2 层停
5	2	2	停	呼叫无效
6	3	2	降	下降到 2 层停
7	1	1	停	呼叫无效
8	2	1	降	下降到 1 层停
9	3	1	降	下降到 1 层停
10	1	2、3	升	先升到 2 层暂停 2s 后，再升到 3 层停
11	2	先 1 后 3	降	下降到 1 层停
12	2	先 3 后 1	升	上升到 3 层停
13	3	2、1	降	先降到 2 层暂停 2s 后，再升到 1 层停
14	任意	任意	任意	各楼层间运行时间必须小于 10s，否则自动停车

注：响应呼叫楼层时，呼叫楼层的呼叫指示灯亮；电梯到达呼叫楼层时，呼叫指示灯熄灭；呼叫无效时，呼叫楼层的呼叫指示灯不亮。

（2）I/O 设备及 I/O 点编号的分配。如实验 11-表 2 所示。

I/O 点编号的分配　　　　**实验 11-表 2**

输入设备	输入点编号	输出设备	输出点编号
SB1	401	HL1	431
SB2	402	HL2	432
SB3	403	HL3	433
SQ1	501	上升接触器	531
SQ2	502	下降接触器	532
SQ3	503	注：上升、下降接触器即电动机正反转接触器	

（3）设计程序。三层楼电梯轿外按钮控制的梯形图如实验 11-图 2 所示。梯形图程序包括楼层呼叫指示及升降运行控制两部分。

（4）按照实验 11-表 2 所示的 I/O 分配，在 PLC 输入端接上 SB1、SB2、SB3、SQ1、SQ2 、SQ3（或接模拟开关），输出端可不接输出设备，而用输出指示灯的状态来模拟输出设备的状态。

（5）按照实验 11-图 2 所示的梯形图，将程序写入 PLC 主机，并写出对应的指令程序。

指令程序：

（6）运行程序。按照实验 11-表 1 所示三层楼电梯轿外按钮控制的动作要求，顺序运行程序，进行程序的调试。

例如调试序号 1 的程序时，其方法为：

接通 SQ1（X501 接通），表示电梯原停楼层为 1，接通一下 SB3（X403 接通一下），表示呼叫楼层为 3，则 Y433 接通，表示 3 层呼叫指示灯亮；Y531 接通，表示电梯上升。

断开接通 SQ1（X501 断开），表示电梯已离开 1 层。接通 SQ3（X503 接通），表示电梯已到达 3 层，则 Y433 断开，表示 3 层呼叫指示灯熄灭；Y531 断开，表示电梯上升停止。

仿照上述方法，顺序调试其他的动作。

调试运行记录：

四、实验要求

（1）将程序写入 PLC，运行并调试程序，写出指令程序，并记录调试运行的情况。

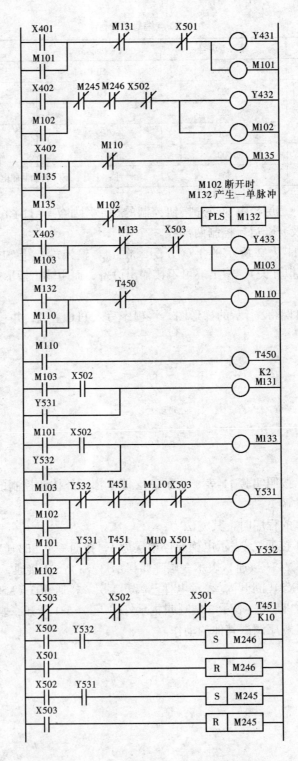

实验 11-图 2　三层楼电梯轿外按钮控制的梯形图

（2）分析梯形图控制原理，给每个逻辑行的功能加上注释。

附录 A OMRON SYSMAC CPM1A 型 PLC 性能指标

■ 一般规格

项　目		10 点 CPU 单元	20 点 CPU 单元	30 点 CPU 单元	40 点 CPU 单元
电源电压	AC 电源形式	AC100-240V 50/60Hz			
	DC 电源形式	DC24V			
允许电源电压	AC 电源形式	AC85 ~ 264V			
	DC 电源形式	DC20.4V-26.4V			
消耗电力	AC 电源形式	30VA 以下		60VA 以下	
	DC 电源形式	6W 以下		20W 以下	
浪　涌　电　流		30A 以下		60A 以下	
外部供给电源		DC24V			
(只是 AC 形式)	电源输出容量	200mA		300mA	
绝缘电阻		电源 AC 外部所有端子与外壳端子间 20MΩ 以上 (DC500V 兆姆计)			
耐电压		电源 AC 外部所有端子与外壳端子间 AC2300V 50/60Hz1 分钟漏电流 10mA 以下			
抗干扰性		1500Vp-p 脉冲宽幅 0.1 ~ 1μs 上升沿 1ns			
抗振		以 JIS C0911 为标准 10-57Hz 振幅 0.075mm 57-150Hz 加速度 9.8m/s^2 (1G) 在 X.Y.Z 方向各 80 分钟 (每次振动 8 分钟 × 实验次数 10 次 = 合计 80 分钟)			
耐冲击		以 JIS C0912 为标准 147m/s^2 (15G) 在 X.Y.Z 方向各 3 次			
使用温度		0 ~ 55℃			
环境湿度		10% ~ 90% RH (不结露)			
气体环境		无腐蚀性气体			
保存温度		− 20 ~ + 75℃			
端子螺钉尺寸		M3			
电源保持		AC 电源形式：10ms 以上/DC 电源形式：2ms 以上			
重　量		AC 电源形式：400g 以下 DC 电源形式：300g 以下	AC 电源形式：500g 以下 DC 电源形式：400g 以下	AC 电源形式：600g 以下 DC 电源形式：500g 以下	AC 电源形式：700g 以下 DC 电源形式：600g 以下

＊扩展 I/O 单元的电源由 CPU 单元供给，重量 300g，其他都以 CPU 单元为准。

■ 性能规格

项　目		10 点形式	20 点形式	30 点形式	40 点形式
控制方式		存储程序法			
输入输出控制方式		循环扫描直接输出，即时刷新处理			
编程方式		梯形图方式			
指令长度		1 步/1 指令，1 ~ 5 字/1 指令			
指令种类	基本指令	14 种			
	特殊指令	79 种　135 条			
执行时间	基本指令	LD 指令 = 1.72μs			
	特殊指令	MOV 指令 = 16.3μs			
程序容量		2048 字			

项 目		10 点形式	20 点形式	30 点形式	40 点形式
最大 I/O 点数	本 体	10 点（输入 6 点/输出 4 点）	20 点（输入 12 点/输出 8 点）	30 点（输入 18 点/输出 12 点）	40 点（输入 24 点/输出 16 点）
	扩展时			90 点（输入 54 点/输出 36 点）	100 点（输入 60 点/输出 40 点）
输入继电器*		00000 ~ 00915（0-9ch）			
输出继电器*		01000 ~ 01915（10-19ch）			
内部辅助继电器		512 位：20000 ~ 23115（200 ~ 231CH）			
		384 位：23200 ~ 25515（232 ~ 255CH）			
暂存继电器		8 位：（TR0 ~ 7）			
保持继电器		320 位：HR0000 ~ 1915（HR00 ~ 19CH）			
辅助继电器		256 位：AR0000 ~ 1515（AR00 ~ 15CH）			
链接继电器		256 位：LR0000 ~ 1515（LR00 ~ 15CH）			
定时器/计数器		128 位：TIM/CNT000 ~ 127 100ms 定时器：TIM/CNT000 ~ 127 10ms 定时器：TIM/CNT000 ~ 127 减法计数，可逆计数			
数据贮存器	读/写	1024 字（DM0000 ~ 1023）			
	只读	512 字（DM6144 ~ 6655）			
中断处理　外部中断		2 点（应答时间 0.3ms 以下）		4 点（应答时间 0.3ms 以下）	
停电保持功能		保持继电器（HR）、辅助记忆继电器（AR） 计数器（CNT）、数据存贮器（DM）中的内容能保存			
存储器后备		快闪存储器：用户程序、只读 DM 区，无须电池后备储存 后备电容：读写 DM 区、HR 区、AR 区及计数器在 25℃ 况下由电容作后备，可贮存 20 天，电容的具体后备时间按周围温度而定			
自我诊断机能		CPU 异常（WDT）、存储器检查、I/O 总线检查			
程序检查		无 END 命令、程序异常（在运转时进行检查）			
高速计数据		1 点单相 5kHz 或 2 相 2.5kHz（线性计数方式） 加算模式：0 ~ 65535（16 位） 加减算模式：– 32767 ~ 32767（16 位）			
脉冲锁存输入		与外部中断输入共用（最小输入脉冲宽幅 0.2ms）			
输入时间常数		1ms/2ms/4ms/8ms/16ms/32ms/64ms/128ms 其中任何一个都可设定			
模似量		2 点（0 ~ 200）			

　* 不作为输入输出使用的继电器，可用做内部辅助继电器。

■ 输入输出规格

输入线路
● CPU 单元

项　目	规　格	线　路　图
输入电压	DC24V，+10%，-15%	
输入电阻	IN0000~0002：2kΩ 其他：4.7kΩ	
输入电流 ON 电压	IN0000~0002：12mA TYP 其他：5mA TYP 最小　DC14.4V	
OFF 电压	最大 DC5.0V	
ON 响应时间*	1~128ms 以下（缺省值 8ms）*	
OFF 响应时间*	1~128ms 以下（缺省值 8ms）*	

＊　实际的 ON/OFF 响应时间应包括输入时常数 1ms/2ms/4ms/8ms/16ms/32ms/64ms/128ms/（缺省值 8ms）。

注：IN0000~0002 作为高速计数使用时，应答时间如下。

输　入	加法输入模式	相位差输入模式
IN0000（A 相）	5kHz	2.5kHz
IN0001（B 相）	通常输入	
IN0002（Z 相）	ON：100μs 以下　OFF：500μs 以下	

IN00003~0006 作为中断输入使用时，响应时间如下。

响应时间	0.3ms 以下（输入 ON 以后到执行中断子程序之间的时间）

● 扩展 I/O 单元

项　目	规　格	线　路　图
输入电压	DC24V，+10%，-15%	
输入电阻	4.7kΩ	
输入电流	5mA TYP	
ON 电压	最小 DC14.4V	
OFF 电压	最大 DC5.0V	
ON 响应时间	1~128ms 以下（缺省值 8ms）*	
OFF 响应时间	1~128ms 以下（缺省值 8ms）*	

＊实际的 ON/OFF 响应时间应包括输入时常数 1ms/2ms/4ms/8ms/16ms/32ms/64ms/128ms/（缺省值 8ms）。

输出线路
● 继电器输出形式（CPU 单元，扩展 I/O 单元）

项　　目			规　　格	线　路　图
最大开关能力			AC250V/2A（$\cos\phi=1$） DC24V/2A （4A/共用）	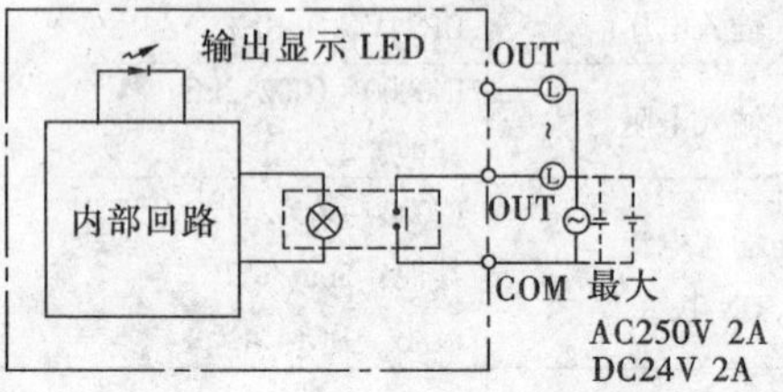
最小开关能力			DC5V，10mA	
使用继电器			G6R-1A	
继电器寿命	电气的	电阻负载	30万次	
		感性负载	10万次	
	机械的		1000万次	
ON 响应时间			15ms 以下	
OFF 响应时间			15ms 以下	

输出显示 LED

OUT

OUT

COM　最大

内部回路

AC250V 2A
DC24V 2A

246

附录 B OMRON SYSMAC CPM1A 型 PLC 指令表

■ 关于 FUN No 表示记号

表中记号	内　　容	指令用语相应的键操作
◎	编程器上备有指令键 FUN No. 不必要指定	—
FUN No.	是 FUN No. 指定的应用指令	FUN → FUN No. → ENT

■ 微分型输入指令

CPM1A 的应用指令有的可作为微分输入指令使用。标有 "@" 符号的，是可作为微分输入指令使用的指令。开始输入时针对 OFF-ON 变化，执行一次扫描。指令用语的指定，请在 FUN No. 之后按 NOT 键。

例：@MOV（21）指令的指定

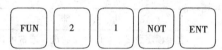

■ 顺序指令

● 顺序输入指令

指令名称	符号	FUN No.	功　能
装入	LD	◎	将 a 接点与母线相接
装入非	LD NOT	◎	将 b 接点与母线相接
与	AND	◎	将 a 接点串联接至前一个接点上
与非	AND NOT	◎	将 b 接点串联接至前一个接点上
或	OR	◎	将 a 接点并联接至前一个接点上
或非	OR NOT	◎	将 b 接点并联接至前一个接点上
与装入	AND LD	◎	通过线路逻辑组合串联连接
或装入	OR LD	◎	通过线路逻辑组合并联连接

◎ 编程器上备有指令键。

● 顺序输出指令

指令名称	符号	FUN No.	功　能
输出	OUT	◎	由继电器输出逻辑运算结果
取反输出	OUT NOT	◎	取反输出逻辑运算结果
置位	SET	◎	将指定继电器强制复位为 ON
复位	REST	◎	将指定继电器强制复位为 OFF
保持	KEEP	11	进行保持继电器的动作
上升沿微分	DIFU	13	执行条件由 OFF→ON 变化时，在一个扫描周期内，指定继电器为 OFF
下降沿微分	DIFD	14	执行条件由 ON→OFF 变化时，在一个扫描周期内，指定继电器为 ON

◎ 编程器上备有指令键。

● 顺序控制指令

指 令 名 称	符 号	FUN No.	功 能
空操作	NOP	00	
终止	END	01	表示程序终了
联锁	IL	02	联锁条件 off 的情况下，到 ILC 指令为止的程序输出及定时器复位（OFF）
联锁清除	ILC	03	表示联锁指令的范围终了
跳转	JMP	04	在跳转条件下，不处理到 JMP 之间的程序
跳转终止	JME	05	表示 JMP 指令的范围终了

● 定时器/计数器指令

指 令 名 称	符 号	FUN No.	功 能
定时器	TIM	◎	减法形式进行接通延时计时器
计数器	CNT	◎	减法计数器动作
可逆计数器	CNTR	12	加减法计数器动作
高速定时器	TIMH	15	减法形式高速接通，延时计时器

◎ 编程器上备有指令键。

● 步进指令

指 令 名 称	符 号	FUN No.	功 能
步进定义	STEP	08	表示程序段终了，此命令后进行通常由梯形图控制。表示上一个工序结束，下一个工序开始
步进启动	SNXT	09	先前一程序段复位，下一程序段启动

■ 递增/递减指令

指 令 名 称	符 号	FUN No.	指 令 名 称	符 号	FUN No.
BCD 递增	@INC	38	BCD 递减	@DEC	39

■ 四则运算命令

指 令 名 称	符 号	FUN No.	指 令 名 称	符 号	FUN No.
BCD 加法	@ADD	30	BIN 乘法	@MLB	52
BCD 减法	@SUB	31	BIN 除法	@DVB	53
BCD 乘法	@MUL	32	BCD 双倍字长加法	@ADDL	54
BCD 除法	@DIV	33	BCD 双倍字长减法	@SUBL	55
BIN 加法	@ADB	50	BCD 双倍字长乘法	@MULL	56
BIN 减法	@SBB	51	BCD 双倍字长除法	@DIVL	57

■ 数据转换命令

指 令 名 称	符 号	FUN No.
BCD→BIN 转换	@BIN	23
BIN→BCD 转换	@BCD	24
4→16 译码器	@MLPX	76
16→4 编码器	@DMPX	77
ASC Ⅱ 码转换	@ASC	86

● 数据比较命令

指 令 名 称	符 号	FUN No.
比较	CMP	20
双字长比较	CMPL	60
块比较	@BCMP	68
表比较	@TCMP	85

■ 数据传送命令

指 令 名 称	符 号	FUN No.
传送	@MOV	21
取反传送	@MVN	22
块传送	@XFER	70
块设置	@BSET	71
数据交换	@XCHG	73
数据分配	@DIST	80
数据收集	@COLL	81
位传送	@MOVB	82
数字传送	@MOVD	83

■ 逻辑指令

指 令 名 称	符 号	FUN No.
取反	@COM	29
逻辑与	@ANDW	34
逻辑或	@ORW	35
异或	@XORW	36
异或非	@XNRW	37

■ 数据移位指令

指 令 名 称	符 号	FUN No.	指 令 名 称	符 号	FUN No.
移位寄存器	SFT	◎/10	带 CY 的左循环移位	◎ROL	27
字位移	◎WSFT	16	带 CY 的右循环移位	◎ROR	28
非同步移位寄存器	◎ASFT	17	数字左移一位	◎SLD	74
算术左移 1 位	◎ASL	25	数字右移一位	◎SRD	75
算术右移 1 位	◎ASR	26	可逆左右移位寄存器	◎SFTR	84

◎ 编程器上设有指令键。

■ 特殊运算命令

指 令 名 称	符 号	FUN No.
位计数器	@BCNT	67

■ 子程序指令

指 令 名 称	符 号	FUN No.
子程序调用	@SBS	91
子程序进入开始	SBN	92
子程序退出结束	RET	93
宏指令	MCRO	99

■ 中断控制指令

指 令 名 称	符 号	FUN No.
间隔定时控制	@STIM	69
中断控制	@INT	89

■ 外围控制指令
● I/O 单元用指令

指 令 名 称	符 号	FUN No.
7 段译码	@SDEC	78
I/O 刷新	@IORF	97

● 显示功能指令

指 令 名 称	符 号	FUN No.
信息显示	@MSG	46

● 高速计数控制指令

指 令 名 称	符 号	FUN No.
动作模式控制	@INI	61
读出高速计数当前值	@PRV	62
比较表登录	@CTBL	63

■ 故障诊断指令表

指 令 名 称	符 号	FUN No.
运行持续故障诊断	@FAL	06
运行停止故障诊断	FALS	07

■ 特殊指令

指 令 名 称	符 号	FUN No.
进位位设置	@STA	40
进位位复位	@CLC	41

附录 C OMRON CQM1 型 PLC 性能指标

电源和 CPU 的总体指标

抗振性	X、Y、Z 方向每 80 分钟，10~57Hz 振幅为 0.075mm，57~150Hz，加速度为 1G（9.8m/s^2）。（例：10 次振动 8 分钟）
抗冲击性	15g（147m/s^2）X、Y Z 三个方向各三次
周围温度（工作）	0~55℃
周围湿度（工作）	10%~90%（无凝聚）
周围环境（工作）	没有腐蚀性气体
周围温度（贮存）	－20~75℃（电池除外）
接地	<100Ω
结构	面板安装（IP30）

电源单元指标

项 目	CQM1-PA203	CQM1-PA206	CQM1-PD026
电源电压/频率	100~240VAC 50/60Hz		24VDC
工作电压范围	85~264VAC		20~28VDC
功耗	最大 60VAC	最大 120VAC	最大 50W
输出负载能力	5VDC3.6A（18W）	最大 30W（总和） 5VDC6A 24VDC0.5A	5VDC：6A（30W）
绝缘电阻	最小 20MΩ。所有 AC 外部端子与 GR 端子间 500VDC		
绝缘强度	在所有 AC 外部端子与 GR 端子间，2300VAC50/60Hz1 分钟，电流泄漏量最大 10mA 在所有 DC 外部端子与 GR 端子间，1000VAC50/60Hz1 分钟，电流泄漏量最大 20mA		
抗干扰能力	1500V（峰—峰）脉宽为 100ns~1μs（噪声模拟器测试）		

特性

项 目	CQM1-CPU11-E/CPU21-E	CQM1-CPU41-EV1/CPU42-EV1/CPU43-EV1/CPU44-EV1/CPU45-EV1
I/O 点	最大 128 点	最大 256 点
控制方式	程序存贮方式	
I/O 控制方式	循环扫描方法直接输出，立即中断处理	
程序语言	梯形图	
指令长度	每条指令 1 步，每条指令 1~4 字	
指令类型	117 条指令（14 条基本指令 103 条特殊指令）	137 条指令（14 条基本指令 123 条特殊指令）
指令执行时间	基本指令 0.5~1.5μs（例：LD=0.5μs，TIM=1.5μs） 特殊指令［如 MOV（21）=24μs］	
程序容量	程序贮存：3.2k 字 数据贮存：1k 字	程序贮存：7.2k 字 数据贮存：6k 字
中断输入	4 点（IN0000~IN0003）	
后备功能	HR，AR，CNT，DM 和 RTC 区的内容，在断电时都会被保存	

项 目	CQM1-CPU11-E/CPU21-E	CQM1-CPU41-EV1/CPU42-EV1/CPU43-EV1/CPU44-EV1/CPU45-EV1
电池寿命（贮存后备）	无论是否使用 RTC 功能，电池寿命均为 5 年，单元的贮存后备时间受周围温度影响，电池缺电指示灯亮的一周内更换电池，换电池时间不能超过 5 分钟	
自诊断功能	CPU 故障（看门狗定时器），内存检查，I/O 总线检查，电池缺电，主机链接故障及 CPU 总线故障	

存储器盒

目	CQM1-ME04K	CQM1-ME04R	CQM1-ME08K	CQM1-ME08R	CQM1-MP08K	CQM1-MP08R
程序容量	最大 4k 字		最大 8k 字		最大 8k 字	
DM 容量	DM6144 到 DM6655					
存储器类型	EEPROM				EPROM（单独购买）	
时钟功能	No	Yes	No	Yes	No	Yes

数据区

名 称		CPU	I/O 点	字	位	说 明
I/O 字	输入区	CPU11-E CPU21-E	最大 128 点	IR000 到 IR007	IR00000 到 IR00715	输入区：输入字分配 PC 的输入单元 输出区：输出字分配 PC 的输出单元
	输出区			IR100 到 IR107	IR10000 到 IR10715	
	输入区	CPU41-EV1 CPU42-EV1 CPU43-EV1 CPU44-EV1 CPU45-EV1	最大 256 点	IR000 到 IR011	IR00000 倒 IR01115	
	输出区			IR100 到 IR111	IR10000 到 IR11115	
工 作 区			最大 2720 点	IR001 到 IR229 中没有用于 I/O 字或宏指令的字		这些字和位可在程序中用作工作字和工作位
宏指令字	输入		64 点	IR096 ~ IR099	IR09600 ~ IR09915	这些字在宏指令中使用，接收来自 I/O 位的数据
	输出			IR196 ~ IR199	IR19600 ~ IR19915	
内部高速计数器 PV 区			2 字	IR230 ~ IR231	IR23000 ~ IR23115	这些字用来存贮计数器 PV
特殊继电器区		CPU11-E CPU21-E CPU41-EV1 CPU42-EV1 CPU43-EV1 CPU44-EV1 CPU45-EV1	192 点	SR244 ~ SR255	SR24400 ~ SR25515	SR 区的位用于特殊功能，例如标志位和控制位
暂存区			8 点	—	TR0 ~ TR7	TR 区的 8 位用于复杂梯形图程序的分支
保持区			1600 点	HR00 ~ HR99	HR0000 ~ HR9915	HR 区的数据在 PC 电源断电时仍能保留
辅助区			448 点	AR00 ~ AR27	AR0000 ~ AR2715	AR 区的位用于特殊功能如标志位和控制位
链接区			1024 点	LR00 ~ LR63	LR0000 ~ LR6315	LR 区做为公共数据区用于在两台 CQM1 之间的信息传送。数据链接可包括 8.16 或 32LR 字。没有用于数据链接的 LR 字可在程序中作为工作字
定时器/计数器区			512 点	TIM/CNT000 ~ TIM/CNT511		TC 数字用于定义定时器计数器
高精度计时器			3 点	—		可以 0.1ms 为增量进行调节，并可设置 0.5ms 为增量

名 称		CPU	I/O点	字	位	说 明
数据存贮	读/写	CPU11-E CPU21-E	1024字	DM0000 ~ DM1023		DM区的数据只能以字的形式出现，且在PC断电时保存其状态 只读DM不能被程序覆盖，DM6600 ~ DM6655包含了PC设置数据，在运行PC前要进行PC设置
	只读		512字	DM6144 ~ DM6655（DM6600 ~ DM6655包括PC设置数据）		
	读/写	CPU41-EV1 CPU42-EV1 CPU43-EV1	6144字	DM0000 ~ DM6143		
	只读	CPU44-EV1 CPU45-EV1	512字	DM6144 ~ DM6655（DM6600 ~ DM6655是CPU的系统设定区）		

输入单元指标

电流	型号	输入点	输入电压	输入电流（典型）	输入阻抗	工作电区		输入延时		隔离方式	输入ON显示	外设连接	点/公共端	电流消耗
						开	关	开	关					
DC输入	CQM1-CPU11-E/21-E/4□-EV1	16	24VDC+10%−15%	IN04/05 10mA 其余6mA（24VDC）	IN04/05 2.2kΩ 其余3.9kΩ	最小14.4VDC	最大5.0VDC	最大8ms（最大0.1ms）（见注1，2）	最大8ms（最大0.5ms）（见注1，2）	光电耦合	LED	端子块	16/公共端	—
	CQM1-ID211	8	12 ~ 24VDC+10%−15%	10mA（24VDC）	2.4kΩ	最小10.2VDC	最大3.0VDC	最大8ms（见注2）	最大8ms（见注2）				独立公共端	最大50mA
	CQM1-ID212	16	24VDC+10%−15%	6mA（24VDC）	3.9kΩ	最小14.4VDC	最大5.0VDC						16/公共端	最大85mA
	CQM1-ID213	32		4mA（24VDC）	5.6kΩ							连接器	32/公共端	最大170mA
AC输入	CQM1-LA121	8	100 ~ 120VAC+10%−15%	5mA（100VAC）	20kΩ（50Hz）17kΩ（60Hz）	最小60VAC	最大20VAC	最大35ms	最大55ms			端子块	8/一般	最大50mA
	CQM1-LA221		200 ~ 240VAC+10%−15%	6mA（200VAC）	38kΩ（50Hz）32kΩ（60Hz）	最小150VAC	最大40VAC							

注：1. IN00 ~ IN03为输入中断设置和IN04 ~ IN05。

　　2. 用PC设置，可从1 ~ 128ms之间选择。

电路（接线）图

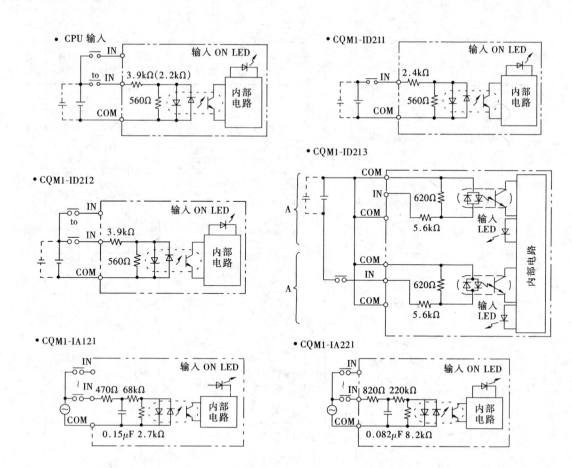

输出单元指标

输出类型	型号	输出点	最大开关电流	最小切换电流	输出延迟 开	输出延迟 关	输出 ON 显示	外设连接	泄漏电流	点/公共端	保险丝(见注)	电源容量	电流损耗
继电器输出	CQM1-OC221	8	2A 250VAC ($\cos\varphi = 1$) 2A 250VAC ($\cos\varphi = 0.4$) 2A 24VDC (16A 每个单元)	5VDC 10mA	10ms 最大	5ms 最大	LED	端子块	—	独立公共端	无	—	430 mA 最大
继电器输出	CQM1-OC222	16	2A 250VAC ($\cos\varphi = 1$) 2A 250VAC ($\cos\varphi = 0.4$) 2A 24VDC (8A 每个单元)							16/公共端			850 mA 最大
晶体管输出	CQM1-OD211	8	2A 24VDC +10%/−15% (5A 每个单元)	—	0.1ms 最大	0.3ms 最大			最大 0.1mA	8/公共端	7A 个保险丝/公共端	24 VDC +10%/ −15% 15mA 最小	90 mA 最大

输出类型	型号	输出点	最大开关电流	最小切换电流	输出延迟		输出ON显示	外设连接	泄漏电流	点/公共端	保险丝（见注）	电源容量	电流损耗
					开	关							
晶体管输出	CQM1-OD212	16	50mA/4.5到300mA/26.4V					端子块		16/公共端	5A个保险丝/公共端	5到24VDC±10%/40mA最小	170mA最大
	CQM1-OD213	32	16mA/4.5到100mA/26.4V		0.1ms最大	0.4ms最大		连接器		32/公共端	3.5A个保险丝/公共端	5到24VDC±10%/110mA最小	240mA最大
	CQM1-OD214	16	50mA/4.5到300mA/26.4V	—			LED		最大0.1mA	16/公共端	3.5A个保险丝/公共端	5到24VDC±10%/60mA最小	170mA最大
	CQM1-OD215	8	1.0A 24VDC+10%/−15%（4A每个单元）		0.2ms最大	0.8ms最大		端子块		8/公共端		24VDC±10%/−15%24mA最小	110mA最大
AC输出	CQM1-OA221	8	0.4A100到240VAC		6ms最大	1/2周期+5ms最大			1mA最大100VAC,2mA最大200VAC	4点/2个公共端	2A个保险丝/公共端	—	

注：不是用户可更换的保险丝。

254

附录 D   OMRON CQM1 型 PLC 指令表

● 基本指令表

码	指　　令	助记符	功　　能
…	LOAD	LD	左母线上连接 NO 条件
…	LOAD NOT	LD NOT	左母线上连接 NC 条件
…	AND	AND	与前条件串联连接 NO 条件
…	AND NOT	AND NOT	与前条件串联连接 NC 条件
…	OR	OR	与前条件并联连接 NO 条件
…	OR NOT	OR NOT	与前条件并联连接 NC 条件
…	AND LOAD	AND LD	串联连接 2 个指令块
…	OR LOAD	ORLD	并联连接 2 个指令块
…	OUTPUT	OUT	将逻辑结果输出至位
…	OUT NOT	OUT NOT	将逻辑结果反转输出至位
…	SET	SET	强制对某位置 ON
…	RESET	RSET	强制对某位置 OFF
…	COUNTER	CNT	减计数器
12	REVERSIBLE COUNTER	CNTR	对 PV 加 1 或减 1
…	TIMER	TIM	ON 延迟（减）定时器
15	HIGH-SPEED TIMER	TIMH	高速定时器（减）定时器
01	END	END	程序需要结束
02	INTERLOCK	IL	如果执行条件 OFF，在 IL（02）与下一个 ILC（03）之间所有输出是 OFF，并复位所有计时器的 PV 值
03	INTERLOCK CLEAR	ILC	指出联锁结束处［开始在 IL（02）］
04	JUMP	JMP	如果执行条件为 ON，在 JMP（04）到 JME（05）之间所有指令作为空 NOP（00）
05	JUMP END	JME	指出 JMP 的结束处［开始在 JMP（04）］
11	KEEP	KEEP	保持指定位状态
13	DIFFERENTI-ATE UP	DIFU	在执行条件由 OFF 变 ON 时，把指定位置成 ON 一个扫描周期
14	DIFFERENTI-ATE DOWN	DIFD	在执行条件由 ON 变 OFF 时，指定位置成 ON 一个扫描周期

● 先进 I/O 指令

码	指 令	助 记 符	功 能
18	10 键输入	TKY	从 10 键键盘输入 8 位 BCD 码数据
…	十六键输入	HKY	用 16 键键盘最多可送 8 行十六进制数据
87	数字切换	DSW	从数字开关输入 4 或 8 位 BCD 码数据
88	7 段码显示输出	7SEG	把 4 或 8 位 BCD 码转换成 7 段码显示格式并输出转换后的数据

● 数据比较指令

码	指 令	助 记 符	功 能
20	COMPARE	CMP	比较两个 4 位 16 进制值
…	SIGNED BINARY COMPARE	CPS	比较 4 位符合二进制数据字
60	DOUBLE COMPARE	CMPL	比较两个 8 位 16 进制值
…	SIGNED BINARY DOUBLE COMPARE	CPSL	比较两个 8 位符合二进制数据字
68	BLOCK COMPARE	(@) BCMP	判断值是否在 16 个范围内（由上、下限定义）
85	TABLE COMPARE	(@) TCMP	比较一个字和连续 16 个字的值
19	MULTI-WORD COMPARE	(@) MCMP	比较两个 16 个连续字的块
…	RANGE COMPARE	ZCP	检查在 4 位二进制数值确定的上、下限范围内是否存在指定字数据
…	RANGE DOUBLE COMPARE	ZCPL	检查在 8 位二进制数值确定的上、下限范围内是否存在二个指定数数据

微分指令
1. 指令前标有（@）的是微分指令，即当指令执行的条件为 ON 时，微分指令只执行一次。
2. CPU41-EV1/42-EV1/43-EV1、44-EV1/45-EV1 的特殊指令，带□色框的指令只适用于 CPU41-EV1，CPU42-EV1，CPU43-EV1，CPU44-EV1，CPU45-EV1。
3. 带星号的功能码是扩充指令，在用扩充指令前必须用基本指令与它的交换。

● 数据传送指令

码	指 令	助 记 符	功 能
21	MOVE	(@) MOV	拷贝源数据到目的字
22	MOVE NOT	(@) MVN	对源数据求反后，拷贝到目的字
70	BLOCK TRANSFER	(@) XFER	把最大 2000 个连续字的内容拷贝到连续的目的字里
73	DATA EXCHANGE	(@) XCHG	互换两个不同字的内容
71	BLOCK SET	(@) BSET	拷贝一个字内容到连续字块
82	MOVE BIT	(@) MOVB	传送源数据字指定位到目的字指定位

码	指 令	助 记 符	功 能
···	MULTIPLE BIT TRANSFER	(@) XFRB	传送连续位数据值
83	MOVE DIGIT	(@) MOVD	传送源数据字的指定数字（4位），到目的字的指定字数字
80	SINGLE WORD DISTRIBUTE	(@) DIST	把源数据字内容移到目的字里（目的字地址是目的字基地址加偏移）
81	DATA COLLECT	(@) COLL	把源数据字内容移到目的字里（源字地址是源字基地址加偏移）

● 移动指令

码	指 令	助 记 符	功 能
10	SHIET REGISTER	SFT	将指定位（0或1）移入移位寄存器的最低位，其余顺次左移
84	REVERSIBLE SHIFT REGISTRER	(@) SFTR	在单个字里或连续几个字里，左移位，右移位数据
17	ASYNCHRONOUS SHIFT REGISTER	(@) ASFT	当一个字是0，其他不是0时，创建一个移位寄存器，来交换相邻字内容
16	WORD SHIFT	(@) WSFT	在字单元开始和结束之间移动数据,开始字设置成0
25	ARITHMETIC SHIFTULEFT	(@) ASL	连同 CY 一起左移一位
26	ARITHMETIC SHIFTURIGHT	(@) ASR	连同 CY 一起右移一位
27	ROTATEULEFT	(@) ROL	连同 CY 一起旋转左移一位
28	ROTATE RIGHT	(@) ROR	连同 CY 一起旋转右移一位
74	ONE DIGIT SHIFTULEFT	(@) SLD	在开始字与结束字之间左移一位数字（4位）
75	ONE DIGIT SHIFT RIGHT	(@) SRD	在开始字与结束字之间右移一位数字（4位）

● 数据转换指令

码	指 令	助 记 符	功 能
23	BCD TO BINARY	(@) BIN	把4位 BCD 码换成4位二进制数
58	DOUBLE BCD TO DOUBLE BINARY	(@) BINL	把8位 BCD 码转换成8位二进制码
24	BINARY TO BCD	(@) BCD	把4位二进制数转换成 BCD 码
59	DOUBLE BINARY TO DOUBLE BCD	(@) BCDL	在两个连续字里把二进制值转换成 BCD 码，结果存在两个连续字里
67	BIT COUNTER	(@) BCNT	计算一个字里 ON 有多少

码	指 令	助记符	功 能
76	4 TO 16 DECODER	（@）MLPX	在 16 进制值字中指定一个数字解码后放入一个字的相应位
77	16 TO 4 ENCODER	（@）DMPX	将一个字的值编码成一个数字后放入指定字的数字位
78	7-SEGMENT DECODER	（@）SDEC	把十六进制数转换成七段显示数据
86	ASCII CODE CONVERT	（@）ASC	把 16 进制数转换成 8 位 ASC 码
…*	2'S COMPLEMENT CONVERT	（@）NEG	取指定字的 4 位二进制数码 2 的补码
…*	2'S COMPLEMENT DOUBLE CONVERT	（@）NEGL	取指定字的 8 位，2 进制数的 2 的补码
…*	ASCII TO HEXADECIMAL	（@）HEX	把 16 位的 ASCII 码转换成 16 制
…*	COLUMN TO LINE	（@）LINE	读 16 个连续字的内容（1 或 0）并转换到字数据
…*	LINE TO COLUMN	（@）COLM	从指定字的每一位内容（1 或 0）输出到 16 个连续字的相应位
…*	HOURS TO SECONDS	（@）SEC	把分钟、小时换算成秒
…*	SECONDS TO HOURS	（@）HMS	把秒换算成分钟、小时
…*	ARITHMETIC PROCESS	（@）APR	执行 sin、cos 或线性近似

● BCD 码计算指令

码	指 令	助记符	功 能
30	BCD ADD	（@）ADD	加一个字（或一个常数）
54	BOUBLE BCD ADD	（@）ADDL	两个 8 位 BCD 码连同 CY 值相加
31	BCD SUBTRACT	（@）SUB	从另一 4 位 BCD 码值减去一个 4 位 BCD 码值和 CY
55	DOUBLE BCD SUBTRACT	（@）SUBL	两个 8 位 BCD 码连同 CY 值减
32	BCD MUL TIPLY	（@）MUL	两个 4 位 BCD 码相乘
56	DOUBLE BCD MUL TIPLY	（@）MULL	两个 8 位 BCD 码相乘
33	BCD DIVIDE	（@）DIV	两个 4 位 BCD 码相除
57	DOUBLE BCD DIVIDE	（@）DIVL	两个 8 位 BCD 码相除
40	SET CARRY	（@）STC	进位标志 25504 置 1
41	CLEAR CARRY	（@）CLC	进位标志 25504 置 0
38	INCREMENT	（@）INC	一个 4 位 BCD 码加 1
39	DECREMENT	（@）DEC	一个 4 位 BCD 码减 1
72	SQUARE ROOT	（@）ROOT	计算一个 8 位 BCD 码的平方

● 二进制计算指令

码	指 令	助记符	功 能
50	BINARY ADD	(@) ADB	两个字连同 CY 相加
…*	BINARY DOUBLE ADD	(@) ADBL	两个双字连同 CY 相加
51	BINARY SUB-TRACT	(@) SBB	两个字连同 CY 相减
…*	BINARY DOUBLE SUB-TRACT	(@) SBBL	两个双字连同 CY 相减
52	BINARY MULTIPLY	(@) MLB	两个字相乘
…*	SIGNED BINARY MULTIPLY	(@) MSB	两个符号字相乘
…*	SIGNED BINARY DOUBLE MULTIPLY	(@) MBSL	两个符号双字相乘
53	BINARY DIVIDE	(@) DVB	两个字相除
…*	SIGNED BINARY DIVIDE	(@) DBS	两个符号字相除
…*	SIGNED BINARY DOUBLE DIVIDE	(@) DBSL	两个符号双字相除

● 逻辑指令

码	指 令	助记符	功 能
34	LOGICAL AND	(@) ANDW	两个 16 位字逻辑与
35	LOGICAL OR	(@) ORW	两个 16 位字逻辑或
36	EXCLUSIVE OR	(@) XORW	两个 16 位字异或
37	EXCLUSIVE NOR	(@) XNRW	两个 16 位字异或非
29	COMPLEMENT	(@) COM	一个数据字的状态位求反

● 子程序指令

码	指 令	助记符	功 能
91	SUBROUTINE ENTER	(@) SBS	调用并执行子程序
92	SUBROUTINE ENTRY	SBN	标记子程序的开始
93	SUBROUTINE RETURN	RET	标记子程序结束并返回主程序
99	MACRO	MCRO	调用、执行替换 I/O 字的子程序
89	INTERRUPT CONTROL	(@) INT	执行中断控制，如对 I/O 中断屏数和去屏数中断位
69	INTERVAL TIMER	(@) STIN	控制间隔定时器执行定时中断

● 步进指令

码	指　　　令	助记符	功　　　能
08	STEP DEFINE	STEP	每当用一控制位时，定义一个新步的开始，并复位前一步。不用控制位时，定义执行步的结束
09	STEP START	SNXT	用一控制位开始执行步

● 特殊过程指令

码	指　　　令	助记词	功　　　能
45	TRACE MEMORY SAMPLE	TRSM	在程序中标记空位，则指定的数据被采样并存在跟踪内存中
46	MESSAGE	（@）MSG	在编程器或其他外围设备上显示 16 个字符的信息
61	MODE CONTROL	（@）INI	启动、停止计数器操作，比较并改变计数器的 PV 值，停止脉冲输出
62	PV READ	（@）PRV	读计数器 PV 值和状态数据
63	COMP ARE TABLELOAD	（@）CTBL	比较计数器的 PV 值并产生一个直接表或开始操作
64	CHANGE FRE QUENCY	（@）SPED	以指定频率（10Hz ~ 50kHz 以 10Hz 为单位变化）输出脉冲，当输出脉冲时，可以改变输出频率
…*	FREQUENCY CONTROL	（@）ACC	控制 CPU 脉冲输出口 1 和 2 的脉冲输出频率（只用于 CQM1—CPU43-EV1）
65	SET PULSE	（@）PUSL	以指定频率输出指定脉冲数，直到输出完指定脉冲数后才能停止输出脉冲
66	SCALE	（@）SCL	对计算数据执行一个比例转换
…*	SCALE 2	（@）SCL2	对指定字的十六进制数执行一个比例转换，并转换成 BCD 码
…*	SCALE 3	（@）SCL3	对指定字的 BCD 码执行一个比例转换，并转换成十六进制
…*	DATA SEARCH	（@）SRCH	在表中找出与输入相同的数据
…*	FIND MAXIMUM	（@）MAX	在指定的数据区域找一个最大值并输出该值到指定字
…*	FIND MINIMUM	（@）MIN	在指定的数据区域找一个最小值并输出该值到指定字
…*	SUM CALCULATE	（@）SUM	计算指定数据表的和
…*	FCS CALCULATE	（@）FCS	检查 SYSMACWAY 命令数据传送中的错误
…*	AVERAGE VALUE	AVG	将指定数量的 16 进制数相加，计算平均值，舍去 4 位数后的小数
…*	FAILURE POINT DETECT	FPD	在指令块找错
…*	PWMOUTPUT	（@）PWM	在 0% ~ 99% 之间改变脉冲输出宽度（仅 COM1-CPU43-EV1 有）

码	指　令	助记词	功　能
…*	POSITIONING	(@) PLS2	在位置控制模式中用相同周期对指定脉冲值的加速、减速频率进行控制（仅 CQM1-CPU43-EV1 有）
…*	PID CONTROL	PID	在已设定好的操作数和 PID 参数基础上进行 PID 控制
…*	COMMUNICA-TION PORT OUTPUT	(@) TXD	读入从指定的端口接收到的指定数据字
…*	COMMUNICA-TION PORTIN-PUT	(@) RXD	在指定的端口传送指定的数据字

● 特殊系统指令

码	指　令	助记符	功　能
06	FAILURE ALARM	(@) FAL	产生一个非致命的错误，Error/Alarm 指示灯闪烁，CPU 继续工作
07	SEVERE FAIL-URE ALARM	FALS	产生一个致命错误，Error/Alarm 指示灯亮，CPU 停止工作
97	I/O REFRESH	(@) IORF	刷新指定的 I/O 字

*在使用扩展指令（带 * 号）之前，需要设定扩展指令功能数，扩展指令可以通过支持工具如 SSS 和编程器用 18 个标准指令替代。

附录 E 松下电工 FP1 系列可编程控制器性能指标

1. 控制特性

目　　录		C14	C16	C24	C40	C56	C72
编程方法		继电器符号					
控制方式		循环操作					
程序存储器		内装 EEPROM（无电池）		内装 RAM（锂电池保持）；EEPROM（主存储器单元）/EPROM（存储器单元）			
程序容量		900 步		2720 步		5000 步	
运行速度		1.6 微秒/步：基本指令					
指令种类	基　本	41		80		81	
	高　级	85		111			
外部输入（X）		208 点，注 1					
外部输出（y）		208 点，注 1					
内部继电器（R）		256 点		1，008 点			
特殊内部继电器（R）		64 点					
定时器/计数器（T/C）		128 点		114 点			
辅助定时器		没有		点数不限制（0.01s ~ 327.67s）			
数据寄存器		256 字		1660 字		6144 字	
特殊数据寄存器（DT）		70 字					
索引寄存器（1X，1Y）		2 字					
主控寄存器点		16 点		32 点			
标记数（JMP，LOOP）		32 点		64 点			
微点分数（DF 或 DF/）		点数不限制					
步梯级数		64 级		128 级			
子程序数		8 个		16 个			
中断数		没有		9 个程序			
特殊功能	高速计数	1 点 计数输入（X0，X1） 复位输入（X2）		计数方式 计数范围 最大计数速度 最小输入脉冲宽度		1 通道（递增，递减，增/减，两相） – 8388608 – 8388607 增/减 1kHz，两相 5kHz 1 相 50μs，两相 10μs	
	手操面板设置寄存器	1 点		2 点	4 点		
	脉冲捕捉输入	4 点		共 8 点			
	中断输入	没有					
	定时中断	无		10ms ~ 30s 间隔			
	RS232C□　注 4	无		通讯速率：300/600/1，200/2，400/4，800/9，600/19，200 每个口的通讯距离：15m/49.213ft 连接件：D-SUB 9 针插头			

目 录		C14	C16	C24	C40	C56	C72
特殊功能	日历/时钟 注4	无		有			
	I/0 LINK	32 输入，32 输出					
	脉冲输出	1 点（Y7），脉冲输出频率：45Hz ~ 4.9kHz				2 点（Y6，Y7） 脉冲输出频率：45Hz ~ 4.9kHz 注2	
	固定扫描	2.5ms × 设定值（160ms 或更小）					
可调输入时间滤波		1 ~ 128ms					
自诊断功能		如：看门狗定时器，电池检测，程序检测					
存储器备份（25℃）		注3		大约：27000h（C24C，C40C，C56C，C72C） 大约：53000h（除 C24，C40C，C56C，C72C 外）			

注：1. 实际的 I/O 点数为控制单元和扩展单元的 I/O 点数的总和。
　　2. 不能同时使用两个脉冲输出 Y6 和 Y7。
　　3.C14 和 C16 型通过电容器保持储存数据 10 天。
　　4.C24C，C40C，C56C，C72C 的功能。

2. 基本特性

目 录		概 要
环境温度		0 ~ 55℃/32 ~ 131°F
环境湿度		30% ~ 85%RH 无冷凝
储存温度		− 20 ~ + 70℃/4 ~ 158°F
储存湿度		30% ~ 85%RH 无冷凝
击穿电压		AC：AC 端与框架地端之间　1500V 有效值达 1 分钟 DC：DC 端与框架地端之间　500V 有效值达 1 分钟
绝缘电阻		最小：100MΩ　AC 端与框架地端之间(用 500V　DCMΩ 表测量) 最小：100MΩ　DC 端与框架地端之间(用 500V　DCMΩ 表测量)
振动电阻		10 ~ 55Hz 周期/分，双幅值 0.75mm/0.030in，10 分钟 3 个轴上
短路电阻		短路 98m/s 或更大，3 个轴上 4 次
抗噪强度		在脉宽 50ns 和 1μs（根据室内测量）的情况下 1000Vp-p
工作状态		不含腐蚀性气体和过多灰尘
额定工作电压		AC：100 ~ 240V　AC，DC：24V　DC
工作电压范围		AC：85 ~ 264V　AC，DC：20.4 ~ 26.4V DC
电流消耗	控制单元 （所有系列）	AC 型　C14,C16:小于 0.3A(100V AC);小于 0.2A(200V AC) 　　　　C24,C40:小于 0.5A(100V AC);小于 0.3A(20V AC) 　　　　C56,C72:小于 0.6A(100V AC);小于 0.4A(200V AC) DC 型　C14,C16:小于 0.3A(24V DC)(见注) 　　　　C24　　:小于 0.4A(24V DC) 　　　　C40　　:小于 0.5A(24V DC) 　　　　C56,C72:小于 0.6A(24V DC)
	扩展单元 （仅指 E24 和 E40 型）	AC 型　E24,E40:小于 0.5A(100V AC);小于 0.3A(200V AC) DC 型　E24　　:小于 0.4A(24V DC) 　　　　E40　　:小于 0.5A(24V DC)
	FP1 A/D 变换单元	AC 型:小于 0.2A(100V AC)
	FP1 D/A 变换单元	小于 0.2A(200V AC) DC 型:小于 0.3A(24V DC)
	FP1 I/O LINK 单元	DC 型:小于 0.2A(24V DC) AC 型:小于 0.12A(100V AC);小于 0.08A(200V AC)
用于输入的内装 DC 电源输出	控制单元（只含 AC 型）	C14,C16:110mA;C24,C40:230mA;C56,C72:400mA
	扩展单元（只含 AC 型）	E24,E40:230mA
因瞬时掉电引起的无影响时间		最小 10ms

注:在连接扩展单元 E16(AFP 13110)输出时,额定电流消耗小于 0.4A。

3. 输入特性

目　录	概　要
额定输入电压	12～24V DC
工作电压范围	10.2～26.4V DC
接通电压/电流	小于10V/小于3mA
关断电压/电流	大于2.5V/大于1mA
输入阻抗	约3kΩ
响应时间 ON←→OFF	小于2ms(正常输入)(见注) 小于50μs(设定高速计数器) 小于200μs(设定中断输入) 小于500μs(设定脉冲捕捉)
运行方式指示	LED
连接方式	端子板(M3.5螺栓)
绝缘方式	光耦合

注: 使用输入时间滤波器可将8点输入单元的输入响应时间设为1ms, 2ms, 4ms, 8ms, 16ms, 32ms, 64ms, 128ms, E8和E16输入响应时间固定为2ms。

(2)晶体管输出:

目　录	概　要
绝缘方式	光耦合
输出方式	晶体管PNP和NPN开路集电极
额定负载电压范围	5～24V DC
工作负载电压范围	4.75～26.4V DC
最大负载电流	0.5A/点(24V DC)注1
最大浪涌电流	3A
OFF状态泄漏电流	不大于100μA
ON状态压降	不大于1.5V
响应时间 OFF→ON 注2:ON←OFF	不大于1ms 不大于1ms
工作方式指示	LED
连接方式	端子板(M3.5螺栓)
浪涌电流吸收器	齐纳二级管

注:1. C56和C72控制单元要使公共端电流不大于下列数值:

　　1点/公共端 回路:0.5A/公共端
　　4点/公共端 回路:1A/公共端
　　8点/公共端 回路:2A/公共端

　　2. 对C14, C16, C24和C40来说,只有Y7最大是100μs;
　　对C56和C72来说,Y6和Y7最大是100μs。

4. 输出特性
(1)继电器输出:

目　录	概　要
输出类型	常开
额定控制能力	2A 250V AC, 2A 30V DC(5A/公共端)
OFF→ON QS←OFF 响应时间	小于8ms 小于10ms
机械寿命	大于5×10^6次
电气寿命	大于10^3次
浪涌电流吸收器	无
工作方式指示	LED
连接方式	端子板(M3.5螺栓)

(3)三端双向可控硅输出:
(仅指E8三端双向可控硅输出)

目　录	概　要
绝缘方式	光耦合
输出方式	三端双向可控硅输出
额定负载电压范围	100～240V DC
工作负载电压范围	85～250V DC
最大负载电流	1A/点, 1A/公共端
最小负载电流	30mA
最大浪涌电流	15A, 不大于100ms
OFF状态漏电电流	不大于4mA(240V AC)
ON状态压降	不大于1.5V(0.3～1A负载) 不大于5V(0.3A～更小负载)
响应时间 OFF→ON ON←OFF	不大于1ms 0.5周期+不大于1ms
工作方式指示	LED
连接方式	端子板(M3.5螺栓)
浪涌电流吸收器	压敏电阻

5. 智能单元

(1)FP1 A/D 转换单元:

目　　录	概　　要
模拟输入点数	4 通道/单元
模拟输入范围	0~5V 和 0~10V 0~20mA
分辨率	1/1000
总精度	±1%满量程
响应时间	2.5ms/通道
输入阻抗	不小于1MΩ(0~5V 和 0~10V 范围内) 250Ω(0~20mA 范围内)
绝对输入范围	7.5V(0~5V) +15V(0~10V) +30mA(0~20mA)
数字输出范围	K0~K1000(H000~H03E8)
绝缘方式	光耦合:端子与内部电路之间 无绝缘:通道间
连接方式	端子板(M3.5 螺栓)

(2)FP1 D/A 转换单元:

目　　录	概　　要
模拟输出点数	2 通道/单元
模拟输出范围	0~5V 和 0~10V 0~20mA
分辨率	1/1000
总精度	±1%满量程
响应时间	2.5ms/通道
输出阻抗	不小于0.5Ω(在电压输出端 上)
最大输出电流	20mA(在电压输出端上)
允许负载电阻	0~500Ω(电流输出端子)
数字输出范围	K0~K1000(H0000~H03E8)
绝缘方式	光耦合:端子与内部电路之间 无绝缘:通道间
连接方式	端子板(M3.5 螺栓)

6. LINK 单元

(1)FP1 I/O LINK 单元:

目　　录	概　　要
控制 输入/输出点数	64 点 (输入:32 点和输出:32 点)
I/O LINK 单元占槽数	1 槽

(2)FP1 传送器主单元:

目　　录	概　　要
接口	RS485
数据传输速度	0.5M bps
可控 I/O 点数	64 点(输入:32,输出:32,出厂 设定) 当两台主单元连接时,I/O 点 如下: 104 点(输入:56,输出:48,C14, C16 系列 144 点(输入:80,输出:64,C24, C40,C56 和 C72 系列
传输距离	最大 700m(双绞线)

(3)C-NET 适配器 S1 型

目　　录	概　　要
接口	RS485×1,RS422×1
变换格式	RS485 与 RS422 接口之间

附录 F 松下电工 FP1 系列 PLC 指令表

基本指令
1. 基本顺序控制指令 　　　　　　　　　　　　　　　　(A:有,N/A:无)

指　　　令		功 能 概 要	步	型　　　号		
				FP1		
				C14/C16	C24/C40	C56/C72
				FP-M		
名　　　称	布尔符号			—	2.7K 型	5K 型
Start	ST	用 A 接点(常开)开始逻辑运算的指令	1	A	A	A
Start not	ST/	用 B 接点(常闭)开始逻辑运算的指令	1	A	A	A
Out	OT	输出运算结果到指定的 I/O	1	A	A	A
Not	/	将到指令的运算结果 bit 取反	1	A	A	A
AND	AN	串接 Form A(常开)接点	1	A	A	A
AND NOT	AN/	串接 Form B(常闭)接点	1	A	A	A
OR	OR	并接 Form A(常开)接点	1	A	A	A
OR NOT	OR/	并接 Form B(常闭)接点	1	A	A	A
AND stacks	ANS	完成多指令块的与操作	1	A	A	A
OR stack	ORS	完成多指令块的或操作	1	A	A	A
Push stack	PSHS	存储运算结果	1	A	A	A
Rcad stack	RDS	读由 PSHS(压栈)指令存储的运算结果	1	A	A	A
Pop Stack	POPS	读并复位由 PSHS(压栈)指令存储的运算结果	1	A	A	A
Kccp	KP	接通输出并保持其状态	1	A	A	A
Sct	SET	保持接点 ON	3	A	A	A
Rcset	RST	保持接点 OFF	3	A	A	A
上升沿微分	DF	只在检出信号上升沿使接点 ON 1 个扫描周期	1	A	A	A
上降沿微分	DF/	只在检出信号下降沿使接点 ON 1 个扫描周期	1	A	A	A
Nop	NOP	空操作	1	A	A	A

2. 基本功能指令 　　　　　　　　　　　　　　　　　(A:有 N/A:无)

名　　　称	布尔符号	功 能 概 要	步	型　号　同　上		
0.01s timer	TMR	延迟 0.01s 单位接通定时器	3	A	A	A
0.1s timer	TMX	延迟 0.1s 单位接通定时器	3	A	A	A
1.0s timcr	TMY	延迟 1s 单位接通定时器	4	A	A	A
辅助定时器	F137	延迟 0.01 秒单位接通定时器(F137)	5	N/A	N/A*	A
counter	CT	减计数器	3	A	A	A
移位寄存器	SR	移位寄存器(左移)	1	A	A	A
up-down counter	UDC	加/减计数器(F118)	5	A	A	A
左右移位寄存器	LRSR	左右位移寄存器(F119)	5	A	A	A

266

3. 控制指令

(A:有 N/A:无)

名　称	布尔符号	功　能　概　要	步	型　号　同　上		
主控继电器起始	MC	当预设定的触发器接通时，执行 MC 至	2	A	A	A
主控继电器结束	MCE	MCE 间的指令	2	A	A	A
Jump	JP	当预设定的触发器接通时，执行跳转指令到指定的标号	2	A	A	A
	LOOP	跳转到具有相同编号的标号上并反复执行它直到指定操作数的数据变成 0 时为止*	4	A	A	A
Label	LBL	执行 JP,F19 和 LOOP 指令用的标号	1	A	A	A
END	ED	主扫描终结指令	1	A	A	A
条件终结	CNDE	当所定的条件 ON 时结束一次扫描	1	A	A	A

N/A* FP1 有,FP-M 无

4. 步梯级指令

(A:有 N/A:无)

名　称	布尔符号	功　能　概　要	步	型　号　同　上		
Nct Stcp	NSTP	当检测到触发器(I/O)的上升沿时,开始步梯级过程并复位本身含有指令的过程	3	A	A	A
下步梯级类型	NSTL	当触发器接通时,开始步梯级过程并复位本身含有指令的过程	3	A	A	A
Start Step	SSTP	表示步梯级过程的开始	3	A	A	A
Clear Step	CSTP	复位指定的过程	3	A	A	A
Step End	STPE	结束步梯级区域	3	A	A	A

5. 子程序指令

(A:有 N/A:无)

名　称	布尔符号	功　能　概　要	步	型　号　同　上		
子程序调用	CALL	转移指令控制到特殊子程序	2	A	A	A
子程序引入	SUB	子程序起始	1	A	A	A
子程序结束	RET	子程序结束回到主程序	1	A	A	A

6. 中断指令

(A:有 N/A:无)

名　称	布尔符号	功　能　概　要	步	型　号　同　上		
中断控制	ICTL	确定中断	5	N/A	A	A
中断	INT	中断程序起始	1	N/A	A	A
中断结束	IRET	中断程序结束回到主程序	1	N/A	A	A

7. 比较指令

(A:有 N/A:无)

名　称	布尔符号	运算量	功　能　概　要	步	型　号　同　上		
字相等 START	ST =	S1,S2	执行一个 START、AND 或 OR 操作,执行条件由两个字的比较结果产生	5	N/A	A	A
字相等 AND	AN =	S1,S2	ON:S1 = S2	5	N/A	A	A
字相等 OR	OR =	S1,S2	OFF:S1≠S2	5	N/A	A	A
字不相等 START	ST < , >	S1,S2	执行一个 START、AND 或 OR 操作,执行条件由两个字的比较结果产生	5	N/A	A	A
字不相等 AND	AN < , >	S1,S2	ON:S1≠S2	5	N/A	A	A
字不相等 OR	OR < , >	S1,S2	OFF:S1 = S2	5	N/A	A	A

名　称	布尔符号	运算量	功　能　概　要	步	型　号　同　上		
字大于 START	ST >	S1,S2	执行一个 START、AND 或 OR 操作,执行条件由两个字的比较结果产生	5	N/A	A	A
字大于 AND	AN >	S1,S2	ON:S1 > S2	5	N/A	A	A
字大于 OR	OR >	S1,S2	OFF:S1 ≤ S2	5	N/A	A	A
字大于等于 START	ST ≥	S1,S2	执行一个 START、AND 或 OR 操作,执行条件由两个字的比较结果产生	5	N/A	A	A
字大于等于 ADN	AN ≥	S1,S2	ON:S1 ≥ S2	5	N/A	A	A
字大于等于 OR	OR ≥	S1,S2	OFF:S1 < S2	5	N/A	A	A
字小于 START	ST <	S1,S2	执行一个 START、AND 或 OR、执行条件由两个字的比较结果产生	5	N/A	A	A
字小于 AND	AN <	S1,S2	ON:S1 < S2	5	N/A	A	A
字小于 OR	OR <	S1,S2	OFF:S1 ≥ S2	5	N/A	A	A
字小于等于 START	ST ≤	S1,S2	执行一个 START、AND 或 OR,操作,执行条件由两个字的比较结果产生	5	N/A	A	A
字小于等于 AND	AN ≤	S1,S2	ON:S1 ≤ S2	5	N/A	A	A
字小于等于 OR	OR ≤	S1,S2	OFF:S1 > S2	5	N/A	A	A
双字相等 START	STD =	S1,S2	执行一个 START、AND 或 OR,操作,执行条件由两个字的比较结果产生	9	N/A	A	A
双字相等 AND	AND ≤	S1,S2	ON:(S1 + 1,S1) = (S2 + 1,S2)	9	N/A	A	A
双字相等 OR	ORD =	S1,S2	OFF:(S1 + 1,S1) ≠ (S2 + 1,S2)	9	N/A	A	A
双字不等 START	STD〈,〉	S1,S2	执行一个 START、AND 或 OR,操作,执行条件由两个字的比较结果产生	9	N/A	A	A
双字不等 AND	AND〈,〉	S1,S2	ON:(S1 + 1,S1) = (S2 + 1,S2)	9	N/A	A	A
双字不等 OR	ORD〈,〉	S1,S2	OFF:(S1 + 1,S1) ≠ (S2 + 1,S2)	9	N/A	A	A
双字大于 START	STD >	S1,S2	执行一个 START、AND 或 OR 操作,执行条件由两个字的比较结果产生	9	N/A	A	A
双字大于 AND	AND >	S1,S2	ON:(S1 + 1,S1) > (S2 + 1,S2)	9	N/A	A	A
双字大于 OR	ORD >	S1,S2	OFF:(S1 + 1,S1) ≤ (S2 + 1,S2)	9	N/A	A	A
双字大于 START	STD >	S1,S2	执行一个 START、AND 或 OR,操作,执行条件由两个字的比较结果产生	9	N/A	A	A
双字大于 AND	AND >	S1,S2	ON:(S1 + 1,S1) > (S2 + 1,S2)	9	N/A	A	A
双字大于 OR	ORD >	S1,S2	OFF:(S1 + 1,S1) ≤ (S2 + 1,S2)	9	N/A	A	A
双字大于等于 START	STD >	S1,S2	执行一个 START、AND 或 OR 操作,执行条件由两个字的比较结果产生	9	N/A	A	A
双字大于等于 AND	AND ≥	S1,S2	ON:(S1 + 1,S1) ≤ (S2 + 1,S2)	9	N/A	A	A
双字大于等于 OR	ORD ≥	S1,S2	OFF:(S1 + 1,S1) < (S2 + 1,S2)	9	N/A	A	A
双字小于 START	STD <	S1,S2	执行一个 START、AND 或 OR 操作,执行条件由两个字的比较结果产生	9	N/A	A	A
双字小于 AND	AND <	S1,S2	ON:(S1 + 1,S1) < (S2 + 1,S2)	9	N/A	A	A
双字小于 OR	ORD <	S1,S2	OFF:(S1 + 1,S1) ≥ (S2 + 1,S2)	9	N/A	A	A
双字小于等于 START	STD ≤	S1,S2	执行一个 START、AND 或 OR 操作,执行条件由两个字的比较结果产生	9	N/A	A	A
双字小于等于 AND	AND ≤	S1,S2	ON:(S1 + 1,S1) ≤ (S2 + 1,S2)	9	N/A	A	A
双字小于等于 OR	ORD ≤	S1,S2	OFF:(S1 + 1,S1) < (S2 + 1,S2)	9	N/A	A	A

■ 高级指令

1. 数据传输指令

指 令			功 能 概 要	步	型 号		
					FP1		
					C14/C16	C24/C40	C56/C72
					FP-M		
序 号	布尔符号	运算符			—	2.7K 型	5K 型
F0	MV	SD	16 位数据传送	5	A	A	A
F1	DMV	SD	32 位数据传送	7	A	A	A
F2	MV/	SD	16 位数据取反传送	5	A	A	A
F3	DMV/	SD	32 位数据取反传送	7	A	A	A
F5	BTM	SND	位数据传送	7	A	A	A
F6	DGT	SND	16 进制数字传送	7	A	A	A
F10	BKMV	S1,S2D	块移动	7	A	A	A
F11	COPY	S1 D1 D2	块拷贝	7	A	A	A
F15	XCH	D1 D2	16 位数据交换	5	A	A	A
F16	DXCH	D1 D2	32 位数据交换	5	A	A	A
F17	SWAP	D	16 位数据中的高/低字节交换	3	A	A	A

2. BIN 运算指令

（A:有, N/A:无）

序 号	布尔符号	运算符	功 能 概 要	步	型 号 同 上		
F20	+	S,D	16 位数据 $[D + S \rightarrow D]$	5	A	A	A
F41	D + 1	S,D	32 位数据 $[(D+1,D) + (S+1,S) \rightarrow (D+1,D)]$	7	A	A	A
F22	+	S1,S2,D	16 位数据 $[S1 + S2 \rightarrow D]$	7	A	A	A
F23	D +	S1,S2,D	32 位数据 $[(S1+1,S1) + (S2+1,S2) \rightarrow (D+1,D)]$	11	A	A	A
F25	—	S,D	16 位数据 $[D - S \rightarrow D]$	5	A	A	A
F26	D —	S,D	32 位数据 $[(D+1,D) - (S+1,S) \rightarrow (D+1,D)]$	7	A	A	A
F27	—	S1,S2,D	16 位数据 $[S1 - S2 \rightarrow D]$	7	A	A	A
F28	D —	S1,S2,D	32 位数据 $[(S1+1,S1) - (S2+1,S2) \rightarrow (D+1,D)]$	11	A	A	A
F30	*	S1,S2,D	16 位数据 $[S1 \times S2 \rightarrow (D+1,D)]$	7	A	A	A
F31	D *	S1,S2,D	32 位数据 $[(S+1,S) + (S2+1,S2) \rightarrow (D+3,D+2,D+1,D)]$	11	N/A	A	A
F32	%	S1,S2,D	16 位数据 $[S1/S2 \rightarrow D...(DT9015)]$	7	A	A	A
F33	D%	S1,S2,D	32 位数据 $[(S+1,S)/(S2+1,S2) \rightarrow (D+1,D)...(DT9016,DT9015)]$	11	N/A	A	A
F35	+ 1	D	16 位数据加 1 $[,D+1 \rightarrow D]$	3	A	A	A
F36	D + 1	D	32 位数据加 1 $[,(D+1,D) + 1 \rightarrow (D+1,D)]$	3	A	A	A
F37	— 1	D	16 位数据减 1 $[,D-1 \rightarrow D]$	3	A	A	A
F38	D — 1	D	32 位数据减 1 $[,(D+1,D) + 1 \rightarrow (D+1,D)]$	3	A	A	A

3. BCD 运算指令

序 号	布尔符号	运算符	功 能 概 要	步	型 号 同 上		
F40	B +	S,D	4-digit,BCD 数据[D + S→D]	5	A	A	A
F41	DB +	S,D	8-digit,BCD 数据[(D + 1,D) + (S + 1,S)→(D + 1,D)]	7	A	A	A
F42	B +	S1,S2,D	4-digit,BCD 数据[S1 + S2→D]	7	A	A	A
F43	DB +	S1,S2,D	8-digit,BCD 数据[(S1 + 1,S1) + (S1 + 1,S2)→(D + 1,D)]	11	A	A	A
F45	B −	S,D	4-digit,BCD 数据[D-S→D]	5	A	A	A
F46	DB −	S,D	8-digit,BCD 数据[(D + 1,D) − (S + 1,S)→(D + 1,D)]	7	A	A	A
F47	B −	S1,S2,D	4-digit,BCD 数据[S1 − S2→D]	7	A	A	A
F48	DB −	S1,S2,D	8-digit,BCD 数据[(S1 + 1,S1) − (S2 + 1,S2)→(D + 1,D)]	11	A	A	A
F50	B *	S1,S2,D	4-digit,BCD 数据[S1 × S2→(D + 1,D)]	7	A	A	A
F51	DB *	S1,S2,D	8-digit,BCD 数据[(S + 1,S) + (S2 + 1,S2)→(D + 3,D + 2,D + 1,D)]	11	N/A	A	A
F52	B%	S1,S2,D	4-digit,BCD 数据[S1/S2→D...(DT9015)]	7	A	A	A
F53	DB%	S1,S2,D	8-digit,BCD 数据[(S + 1,S)/(S2 + 1,S2)→(D + 1,D)......(DT9016,T9015)]	11	N/A	A	A
F55	B + 1	D	4-digit,BCD 数据 1[,D + 1→D]	3	A	A	A
F56	DB + 1	D	8-digit,BCD 数据 1[,(D + 1,D) + 1→(D + 1,D)	3	A	A	A
F57	B − 1	D	4-digit,BCD 数据减 1[,D − 1→D]	3	A	A	A
F58	DB-1	D	8-digit,BCD 数据减 1[,(D + 1,D) + 1→(D + 1,D)]	3	A	A	A

4. 数据比较指令

序 号	布尔符号	运算符	功 能 概 要	步	型 号 同 上		
F60	CMP	S1, S2	16 位数据比较	5	A	A	A
F61	DCMP	S1, S2	32 位数据比较	9	A	A	A
F62	WIN	S1, S2, S3	16 位数据段比较	7	A	A	A
F63	DWIN	S1, S2, S3	32 位数据段比较	13	A	A	A
F64	BCMP	S1, S2, S3	数据块比较	7	N/A	A	A

5. 逻辑操作指令

序 号	布尔符号	运算符	功 能 概 要	步	型 号 同 上		
F65	WAN	S1 S2 D	16 位数据 AND	7	A	A	A
F66	WOR	S1 S2 D	16 位数据 OR	7	A	A	A
F67	XOR	S1 S2 D	16 位数据异 OR	7	A	A	A
F68	XNR	S1 S2 D	16 位数据异 NOR	7	A	A	A

6. 数据变换指令

（A：有，N/A：无）

序　号	布尔符号	运算符	功　能　概　要	步	型　号　同　上		
F70	BCC	S1,S2,S3,D	数据块测试计算	9	N/A	A	A
F71	HEXA	S1, S2, D	16进制数据→16进制 ASCⅡ码转换	7	N/A	A	A
F72	AHEX	S1, S2, D	16进制 ASCⅡ码→16进制数据转换	7	N/A	A	A
F73	BCDA	S1, S2, D	BCD数据→16进制 ASCⅡ码转换	7	N/A	A	A
F74	ABCD	S1, S2, D	16进制 ASCⅡ码→BCD数据转换	9	N/A	A	A
F75	BINA	S1, S2, D	16位二进制→16进制 SACⅡ码转换	7	N/A	A	A
F76	ABIN	S1, S2, D	16进制 ASCⅡ码→16进制数据转换	7	N/A	A	A
F77	DBIA	S1, S2, D	32位二进制→16进制 ASCⅡ码转换	11	N/A	A	A
F78	DABI	S1, S2, D	16进制 ASCⅡ码→32位数据转换	11	N/A	A	A
F80	BCD	S, D	16位数据→4位数字 BCD数据转换	5	A	A	A
F81	BIN	S, D	4位数字 BCD数据→16位数据转换	5	A	A	A
F82	DBCD	S, D	32位数据→8位数字 BCD数据转换	7	A	A	A
F83	DBIN	S, D	8位数字 BCD数据→32位数据转换	7	A	A	A
F84	INV	D	16位数据的反转	3	A	A	A
F85	NEG	D	16位数据取反加1	3	A	A	A
F86	DNEG	D	32位数据取反加1	3	A	A	A
F87	ABS	D	16位数据取绝对值	3	A	A	A
F88	DABS	D	32位数据取绝对值	3	A	A	A
F89	EXT	D	位数的扩充	3	A	A	A
F90	DECO	S, N, D	解码	7	A	A	A
F89	EXT	D	位数的扩充	3	A	A	A
F90	DECO	S, N, D	解码	7	A	A	A
F91	SEGT	S, D	16位数据七段显示解码	5	A	A	A
F92	ENCO	S, N, D	编码	7	A	A	A
F93	UNIT	S, N, D	16位数据组合	7	A	A	A
F94	DIST	S, N, D	16位数据分类	7	A	A	A
F95	ASC	S, D	字符-ASCⅡ码转换	15	N/A	A	A
F96	SRC	S1, S2, S3	表数据的搜寻	7	A	A	A

7. 数据位移指令

（A：有，N/A：无）

序　号	布尔符号	运算符	功　能　概　要	步	型　号　同　上		
F100	SHR	D, N	16位数据的 n 位右移	5	A	A	A
F101	SHL	D, N	16位数据的 n 位左移	5	A	A	A
F105	BSR	D	4位 BCD的1位数（4bit）右移	3	A	A	A
F106	BSL	D	4位 BCD的1位数（4bit）左移	3	A	A	A
F110	WSHR	D1, D2	将指定区域向右移1字（16bit）	5	A	A	A
F111	WSHL	D1, D2	将指定区域向左移1字（16bit）	5	A	A	A
F112	WBSR	D1, D2	将指定区域向右移1个 digit 单位（4bit）	5	A	A	A
F113	WBSL	D1, D2	将指定区域向左移1个 digit 单位（4bit）	5	A	A	A

8. 增/减计数器和左/右移位寄存器指令 （A：有，N/A：无）

序号	布尔符号	运算符	功能概要	步	型号同上		
F118	UDC	SD, D	增/减计数器	5	A	A	A
F119	LRSR	D1, D2	左/右移位寄存器	5	A	A	A

9. 数据旋转指令 （A：有，N/A：无）

序号	布尔符号	运算符	功能概要	步	型号同上		
F120	ROR	DN	16位数据右旋转	5	A	A	A
F121	ROL	DN	16位数据左旋转	5	A	A	A
F122	RCR	DN	16位数据右旋转带进位标志	5	A	A	A
F123	RCL	DN	16位数据左旋转带进位标志	5	A	A	A

10. 位控制指令 （A：有，N/A：无）

序号	布尔符号	运算符	功能概要	步	型号同上		
F130	BST	D, N	16位数据位设定	5	A	A	A
F131	BTR	D, N	16位数据位复位	5	A	A	A
F132	BT1	D, N	16位数据位反转	5	A	A	A
F133	BTT	D, N	16位数据位测试	5	A	A	A
F135	BCU	S, D	计算16位数据内 "1" 的个数	5	A	A	A
F136	DBCD	S, D	计算32位数据内 "1" 的个数	7	A	A	A

11. 附加定时器指令 （A：有，N/A：无）

序号	布尔符号	运算量	功能概要	步	型号同上		
F137	STMR	S, D	附加定时器	5	N/A	N/A*	A

N/A*：FP1有，FP-M无

12. 特殊指令 （A：有，N/A：无）

指令			功能概要	步	型号		
					FP1		
					C14/C16	C24/C40	C56/C72
					FP-M		
序号	布尔符号	运算符			—	2.7K型	5K型
F141	CLC	—	进位标志复位（R9009）	1	N/A	N/A	A
F143	IORF	D1, D2	部分I/O的更新	5	N/A	A	A
F144	TRNS	S, N	串行通讯	5	N/A	A	A
F147	PR	S, D	打印输出	5	N/A	A	A
F148	ERR	N	自诊断错误的设定	3	N/A	A	A
F149	MSG	S	信息显示	13	N/A	A	A
F157	CADD	S1, S2, D	时钟/日历的累加	9	N/A	A	A
F158	CSUB	S1, S2, D	时钟/日历的递减	9	N/A	A	A

13. 高速计数器特殊指令 （A：有，N/A：无）

序号	布尔符号	运算符	功能概要	步	型号同上		
F0	MV	S, DT9052	高速计数器控制	5	A	A	A
F1	DMV	S, DT9044	将高速计数器的经过值写入数据暂存器	7	A	A	A
F1	DMV	DT9044, D	将高速计数器的经过值读出数据暂存器	7	A	A	A
F162	HCOS	S, Yn	目标一致 ON 指令	7	A	A	A
F163	HCOR	S, Yn	目标一致 OFF 指令	7	A	A	A
F164	SPDO	S	脉冲输出控制	3	A*	A*	A*
			模式输出控制		A	A	A
F165	CAMO	S	凸轮控制	3	A	A	A

注：A*型号只适用于晶体管输出型 FP-M 和 FP1

附录 G 松下电工 FP3 系列 PLC 指令表

■ 基本指令

指令名称	布尔符号	说明	步数	可用性	
				FP3	FP10SH
基本顺序指令					
Start	ST	用 A 类（常开）接点开始逻辑运算	1 (2)	A	A
Start not	ST/	用 B 类（常闭）接点开始逻辑运算	1 (2)	A	A
Out	OT	输出运算结果到指定的输出	1 (2)	A	A
Not	/	将此指令的运算结果取反	1	A	A
AND	AN	串接-A 类（常开）接点	1 (2)	A	A
AND not	AN/	串接-B 类（常闭）接点	1 (2)	A	A
OR	OR	并接-A 类（常开）接点	1 (2)	A	A
OR not	OR/	并接-B 类（常闭）接点	1 (2)	A	A
上升沿开始	ST↑	检测触点的上升沿信号时开始逻辑运算 运算只持续一个扫描周期	2	N/A	A
下降沿开始	ST↓	检测触点的下降沿信号时开始逻辑运算 运算只持续一个扫描周期	2	N/A	A
上升沿 AND	AN↑	检测触点的上升沿信号时执行"与"运算 运算只持续一个扫描周期	2	N/A	A
下降沿 AND	AN↓	检测触点的下降沿信号时执行"与"运算 运算只持续一个扫描周期	2	N/A	A
上升沿 OR	OR↑	检测触点的上升沿信号时执行"或"运算 运算只持续一个扫描周期	2	N/A	A
下降沿 OR	OR↓	检测触点的下降沿信号时执行"或"运算 运算只持续一个扫描周期	2	N/A	A
反转 out	ALT	每检测一次上升沿信号反转一次输出条件	3	N/A	A
上升沿 out	OT↑	检测触点的上升沿信号时将一个扫描过程的运算结果输出到指定的输出	2	N/A	A
下降沿 out	OT↓	检测触点的下降沿信号时将一个扫描过程的运算结果输出到指定的输出	2	N/A	A
AND stack	ANS	执行多指令块的"与"操作	1	A	A
OR stack	ORS	执行多指令块的"或"操作	1	A	A
Push stack	PSHS	存储推入该指令的运算结果	1	A	A
Read stack	RDS	读取由 PSHS 指令存储的运算结果	1	A	A
Pop stack	POPS	读取并清除由 PSHS 指令存储的运算结果	1	A	A

指令名称	布尔符号	说　明	步数	可用性	
				FP3	FP10SH
上升沿微分	DF	检测触发脉冲的上升沿信号时，使触点"ON"一个扫描周期	1	A	A
下降沿微分	DF/	检测触发脉冲的下降沿信号时，使触点"ON"一个扫描周期	1	A	A
上升沿微分（初始执行型）	DFI	检测触发脉冲的上升沿信号时，使触点"ON"一个扫描周期（包括操作的第一个扫描周期）	1	A	A
Set	SET	保持触点（位）"ON"	3	A（V.3.1）	A
Reset	RST	保持触点（位）"OFF"	3	A（V.3.1）	A
Keep	KP	使输出"ON"并保持输出"ON"的条件	1（2）	A	A
空操作	NOP	空操作	1	A	A
0.001s timer	TML	将 ON-延迟定时器设置成 0.001s/单位（0～32.767s）	3（4）	N/A	A
0.01s timer	TMR	将 ON-延迟定时器设置成 0.01s/单位（0～327.67s）	3（4）	A	A
0.1s timer	TMX	将 ON-延迟定时器设置成 0.1s/单位（0～3276.7s）	3（4）	A	A
1s timer	TMY	将 ON-延迟定时器设置成 1s/单位（0～32767s）	4（5）	A	A
辅助定时器	F137（SIMR）	将 NO-延迟定时器设置成 0.01s/单位（0～327.67s）时间一到，R900D 便开始工作（"ON"）	5	A（V.3.1）	A
counter	CT	减计数器	3（4）	A	A
UP/DOWN counter	F118（UDC）	设置 UP/DOWN（加/减）计数器	5	A	A
移位寄存器	SR	将 16 位数据（字内部继电器 WR）左移一位	1（2）	A	A
左/右位移寄存器	F119（LRSR）	将 16 位数据左/右移一位	5	A	A

注：A 可用，NIA：不可用。

控制指令

主控继电器启标	MC	当预设定的触发器（I/O）接通时，执行从 MC 到 MCE 之间的指令	2	A	A
主控继电器止	MCE		2	A	A
Jump	JP	当预设定的触发器接通时，跳到与 JP 指令编号相同的 LBL 指令	2	A	A
辅助 Jump	F10（SJP）	当预设定的触发器接通时，跳到与 F10（SJP）编号相同的 LBL 指令	3	A	A
Label	LBL	执行 JP，LOOP 和 F19（SJP）指令所用的标号	1	A	A
Loop	LOOP	跳转到与 LOOP 指令编号相同的 LBL 指令上，并重复执行下一个指令，直至指定的操作数据为"0"	4	A	A

指 令 名 称	布尔符号	说　　明	步数	可用性 FP3	可用性 FP10SH
Break	BRK	在测试/运行（TEST/RUN）方式下，当预设定的触发器接通时程序停止运行。该指令只在测试/运行方式下可用	1	A	A
End	END	表示一个主程序的结束	1	A	A
条件结终	CNDE	当预设定的触发器接通时，一次扫描终结	1	A	A
Start step	SSTP	表示步梯级过程的开始	3	A	A
Next step（脉冲执行型）	NSTP	开始步梯级过程并复位包含该指令本身的过程只在检测触发器的上升沿信号时才执行"NSTP"指令	3	A	A
Next step（扫描执行型）	NSTL	开始步梯级过程并复位包含该指令本身的过程 如果触发器处于"ON"，每一次扫描时执行"NSTL"指令	3	A (V, 4.0)	A
Clear step	SCTP	复位指定的处理过程	3	A	A
Clear multiple steps	SCLR	复位由 n1 和 n2 指定的多重处理过程	5	N/A	A
Step end	STPE	结束步梯级操作并回到正常的梯级操作	1	A	A
子程序调用	CALL	执行指定的子程序。当退回主程序时子程序的输出条件不变	2 (3)	A	A
Output OFF 子程序调用	FCAL	执行指定的子程序。当退回主程序时子程序的所有输出置于"OFF"	4	N/A	A
子程序引入	SUB	表示子程序的开始	1	A	A
子程序结束	RET	子程序结束并退回主程序	1	A	A
中断控制	ICTL	规定中断条件	5	A	A
中断	INT	中断程序开始	1	A	A
中断结束	IRET	中断程序结束	1	A	A

注：A：可用、N/A：不可用。

BIN 整数比较指令

字比较 Start 等于	ST =	S1,S2	通过比较下列条件下的 2 个 16 位数据完成 Start"和"或"或"运算 ON:如果 S1 = S2 OFF:如果 S1 ≠ S2	5	A (V.4.4)	A
字比较 AND 等于	AN －	S1,S2		5	A (V.4.4)	A
字比较 OR 等于	ST －	S1,S2		5	A (V.4.4)	A
字比较 Start 不等于	ST <,>	S1,S2	通过比较下列条件下的 2 个 16 位数据完成 Start"和"或"或"运算 ON:如果 S1 ≠ S2 OFF:如果 S1 = S2	5	A (V.4.4)	A
字比较 AND 不等于	AN <,>	S1,S2		5	A (V.4.4)	A
字比较 OR 不等于	OR <,>	S1,S2		5	A (V.4.4)	A

指令名称	布尔符号	运算符	说　　　明	步数	可用性	
					FP3	FP10SH
字比较 Start 大于	ST >	S1,S2	通过比较下列条件下的 2 个 16 位数据 完成 Start"和"或"或"运算 ON:如果 S1 > S2 OFF:如果 S1 ≤ S2	5	A (V.4.4)	A
字比较 AND 大于	AN >	S1,S2		5	A (V.4.4)	A
字比较 OR 大于	OR >	S1,S2		5	A (V.4.4)	A
字比较 Start 等于或大于	ST > =	S1,S2	通过比较下列条件下的 2 个 16 位数据 完成 Start"和"或"或"运算 ON:如果 S1 ≥ S2 OFF:如果 S1 < S2	5	A (V.4.4)	A
字比较 AND 等于或大于	AN > =	S1,S2		5	A (V.4.4)	A
字比较 OR 等于或大于	OR > =	S1,S2		5	A (V.4.4)	A
字比较 Start 小于	ST <	S1,S2	通过比较下列条件下的 2 个 16 位数据 完成 Start"和"或"或"运算 ON:如果 S1 < S2 OFF:如果 S1 ≥ S2	5	A (V.4.4)	A
字比较 AND 小于	AN <	S1,S2		5	A (V.4.4)	A
字比较 OR 小于	OR <	S1,S2		5	A (V.4.4)	A
字比较 Start 等于或小于	ST < =	S1,S2	通过比较下列条件下的 2 个 16 位数据 完成 Start"和"或"或"运算 ON:如果 S1 ≤ S2 OFF:如果 S1 > S2	5	A (V.4.4)	A
字比较 AND 等于或小于	AN < =	S1,S2		5	A (V.4.4)	A
字比较 OR 等于或小于	OR < =	S1,S2		5	A (V.4.4)	A
双字比较 Start 等于	ST =	S1,S2	通过比较下列条件下的 2 个 32 位数据 完成 Start"和"或"或"运算 ON:如果 (S1 + 1,S1) = (S2 + 1,S2) OFF:如果 (S1 + 1,S1) ≠ (S2 + 1,S2)	9	A (V.4.4)	A
双字比较 AND 等于	AN =	S1,S2		9	A (V.4.4)	A
双字比较 OR 等于	ST =	S1,S2		9	A (V.4.4)	A
双字比较 Start 不等于	ST < , >	S1,S2	通过比较下列条件下的 2 个 32 位数据 完成 Start"和"或"或"运算 ON:如果 (S1 + 1,S1) ≠ (S2 + 1,S2) OFF:如果 (S1 + 1,S1) = (S2 + 1,S2)	9	A (V.4.4)	A
双字比较 AND 不等于	AN < , >	S1,S2		9	A (V.4.4)	A
双字比较 OR 不等于	OR < , >	S1,S2		9	A (V.4.4)	A
双字比较 Start 大于	ST >	S1,S2	通过比较下列条件下的 2 个 32 位数据 完成 Start"和"或"或"运算 ON:如果 (S1 + 1,S1) > (S2 + 1,S2) OFF:如果 (S1 + 1,S1) ≤ (S2 + 1,S2)	9	A (V.4.4)	A
双字比较 AND 大于	AN >	S1,S2		9	A (V.4.4)	A
双字比较 OR 大于	OR >	S1,S2	HS 指令存储的运算结果	9	A (V.4.4)	A

276

指令名称	布尔符号	运算符	说　　　明	步数	可用性	
					FP3	FP10SH
双字比较 Start 等于或大于	ST < =	S1,S2	通过比较下列条件下的 2 个 32 位数据完成 Start"和"或"或"运算 ON:如果(S1+1,S1)>(S2+1,S2) OFF:如果(S1+1,S1)≤(S2+1,S2)	9	A (V.4.4)	A
双字比较 AND 等于或大于	AN < =	S1,S2		9	A (V.4.4)	A
双字比较 OR 等于或大于	OR < =	S1,S2		9	A (V.4.4)	A
双字比较 Start 小于	ST <	S1,S2	通过比较下列条件下的 2 个 32 位数据完成 Start"和"或"或"运算 ON:如果(S1+1,S1)<(S2+1,S2) OFF:如果(S1+1,S1)≥(S2+1,S2)	9	A (V.4.4)	A
双字比较 AND 小于	AN <	S1,S2		9	A (V.4.4)	A
双字比较 OR 小于	ST <	S1,S2		9	A (V.4.4)	A
双字比较 Start 等于或小于	ST < =	S1,S2	通过比较下列条件下的 2 个 16 位数据完成 Start"和"或"或"运算 ON:如果(S1+1,S1)≤(S2+1,S2) OFF:如果(S1+1,S1)<(S2+1,S2) HS 指令存储的运算结果	9	A (V.4.4)	A
双字比较 AND 等于或小于	AN < =	S1,S2		9	A (V.4.4)	A
双字比较 OR 等于或小于	OR < =	S1,S2		9	A (V.4.4)	A

注:A:可用,NIA:不可用。

■ 高级指令表

序　号	布尔符号	运算符	说　　　明	步数	可用性	
					FP3	FP10SH
数据传送指令						
F0 P0	MV PMV	S,D	16 位数据传送 [S→D]	5	A	A
F1 P1	DMV PDMV	S,D	32 位数据传送 [(S+1,S)→(D+1,D)]	7	A	A
F2 P2	MV/ PMV/	S,D	16 位数据取反并传送 [S→D]	5	A	A
F3 P3	DMV/ PDMV/	S,D	32 位数据取反并传送 [(S+1,S)→(D+1,D)]	7	A	A
F5 P5	BTM PBTM	S,n,D	位数据传送	7	A	A
F6 P6	DGT PDGT	S,n,D	16 进制数字(4-位)传送	7	A	A
F7 P7	MV2 PMV2	S1,S2	2 个 16 位数据传送 [S1→D],[S2→D+1]	7	N/A	A
F8 P8	DMV2 PDMV2	S1,S2,D	2 个 32 位数据传送 [(S1+1,S1)→(D+1,D)],[(S2+1,S2)→(D+3、D+2)]	11	N/A	A
F10 P10	BKMV PBKMV	S1,S2,D	块移动	7	A	A
F11 P11	COPY PCOPY	S,D1,D2	块拷贝	7	A	A
F12 P12	ICRD PICRD	S1,S2,D	从 IC 存储卡读取数据	11	N/A	A

序 号	布尔符号	运算符	说　　明	步数	可用性	
					FP3	FP10SH
F13	ICWT	S1,S2,D	向 IC 存储卡写入数据	11	N/A	A
P13	PICWT					
F14	PGRD	S	从 IC 存储卡读取程序	3	N/A	A
P14	PPGRD					
F15	XCH	D1,D2	16 位数据交换	5	A	A
P15	PXCH		[D1→D2]			
F16	DXCH	D1,D2	32 位数据交换	5	A	A
P16	PDXCH		[(D1+1,D1)←→(D2+1,D2)]			
F17	SWAP	D	16 位数据中的高/低字节交换	3	A	A
P17	PSWAP					
F18	BXCH	D1, D2,	16 位数据块交换	7	N/A	A
P18	PBXCH	D3	[(...D1)←→(...,D2)]			

注:A:可用,N/A:不可用。

辅助跳转指令(类似于基本指令)

序 号	布尔符号	运算符	说　　明	步数	可用性	
					FP3	FP10SH
F19	SJP	S	辅　助　跳　转	3	A	A

BIN 整数带动指令

序 号	布尔符号	运算符	说　　明	步数	可用性	
					FP3	FP10SH
F20	+	S,D	16 位数据加	5	A	A
P20	P+		[D+S→D]			
F21	D+	S,D	32 位数据加	7	A	A
P21	PD+		[(D+1,D)+(S+1,S)→(D+1,D)]			
F22	+	S1,S2,D	16 位数据加	7	A	A
P22	P+		[S2+S2→D]			
F23	D+	S1,S2,D	32 位数据加	11	A	A
P23	PD+		[(S1+1,S1)+(S2+1,S2)→(D+1,D)]			
F25	−	S,D	16 位数据减	5	A	A
P25	P−		[D−S→D]			
F26	D−	S,D	32 位数据减	7	A	A
P26	PD−		[(D+1,D)−(S+1,S)→(D+1,D)]			
F27	−	S1,S2,D	16 位数据减	7	A	A
P27	P−		[S1−S2→D]			
F28	D−	S1,S2,D	32 位数据减	11	A	A
P28	PD−		[(S1+1,S1)−(S2+1,S2)→(D+1,D)]			
F30	*	S1,S2,D	16 位数据乘	7	A	A
P30	P*		[S1*S2→(D+1,D)]			
F31	D*	S1,S2,D	32 位数据乘	11	A	A
P31	PD*		[S1+1,S1]*(S2+1,S2)→(D+3,D+2,D+1,D)]			
F32	%	S1,S2,D	16 位数据除	7	A	A
P32	P%		[S1%S2→D...(DT9015)or(DT90015)]			
F33	D%	S1,S2,D	32 位数据除	11	A	A
P33	PD%		[(S1+1,S1)%(S2+1,S2)→(D+1,D)]...(DT9016,DT9015)or(DT90016,DT90015)			

序　号	布尔符号	运算符	说　　明	步数	可用性	
					FP3	FP10SH
F34 P34	*W P*W	S1,S2,D	16 位数据乘(结果为 16 位) [S1*S2→D]	7	N/A	A
F35 P35	+1 P+1	D	16 位数据递加 [D+1→D]	3	A	A
F36 P36	D+1 PD+1	D	32 位数据递加 [(D+1,D)+1→(D+1,D)]	3	A	A
F37 P37	-1 P-1	D	16 位数据递减 [D-1→D]	3	A	A
F38 P38	D-1 PD-1	D	32 位数据递减 [(D+1,D)-1→(D+1,D)]	3	A	A
F39 P39	D*D PD*D	S1,S2,D	32 位数据乘(结果为 32 位) [(S1+1,S1)*(S2+1,S2)→(D+1,D)]	11	N/A	A
BCD 运算指令						
F40 P40	B+ PB+	S,D	4 位数字 BCD 数据加 [D+S→D]	5	A	A
F41 P41	BD+ PDB+	S,D	8 位数字 BCD 数据加 [(D+1,D)+(S+1,S)→(D+1,D)]	7	A	A
F42 P42	B+ PB+	S1,S2,D	4 位数字 BCD 数据加 [S1+S2→D]	7	A	A
F43 P43	DB+ PDB+	S1,S2,D	8 位数字 BCD 数据加 [(S1+1,S1)+(S2+1,S2)→(D+1,D)]	11	A	A
F45 P45	B- PB-	S,D	4 位数字 BCD 数据减 [D-S→D]	5	A	A
F46 P46	DB- DPB-	S,D	8 位数字 BCD 数据减 [(D+1,D)-(S+1,S)→(D+1,D)]	7	A	A
F47 P47	B- PB-	S1,S2,D	4 位数字 BCD 数据减 [S1-S2→D]	7	A	A
F48 P48	DB- DPB-	S1,S2,D	8 位数字 BCD 数据减 [(S1+1,S1)-(S2+1,S2)→(D+1,D)]	11	A	A
F50 P50	B* PB*	S1,S2,D	4 位数字 BCD 数据乘 [S1*S2→(D+1,D)]	7	A	A
F51 P51	DB* PDB*	S1,S2,D	8 位数字 BCD 数据乘 [(S1+1,S1)*(S2+1,S2)→(D+3,D+2,D+1,D)]	11	A	A
F52 P52	B% PB%	S1,S2,D	4 位数字 BCD 数据除 [S1%S2→D...(DT9015)or(DT90015)]	7	A	A
F53 P53	DB% PDB%	S1,S2,D	8 位数字 BCD 数据除 [((S1+1,S1)%(S2+1,S2)→(D+1,D)... (DT9016,DT9015)or(DT90016,DT90015)]	11	A	A
F55 P55	B+1 PB+1	D	4 位数字 BCD 数据递加 [D+1→D]	3	A	A

序 号	布尔符号	运算符	说　　明	步数	可用性	
					FP3	FP10SH
F56	DB + 1	D	8 位数字 BCD 数据递加	3	A	A
P56	PDB + 1		[(D+1)+1→(D+1,D)]			
F57	B − 1	D	4 位数字 BCD 数据递减	3	A	A
P57	PB − 1		[D−1→D]			
F58	DB − 1	D	8 位数字 BCD 数据递减	3	A	A
P58	PDB − 1		[(D+1)−1→(D+1,D)]			
数据比较指令						
F60	CMP	S1,S2	16 位数据比较(通过 R900A,R900B,R900C 和	5	A	A
P60	PCMP		/或 R9009 识别)			
F61	DCMP	S1,S2	32 位数据比较(R900A,R900B,R900C 和/或	9	A	A
P61	PDCMP		R9009 识别)			
F62	WIN	S1,S2,S3	16 位数据比较(R900A,R900B 和 R900C 识	7	A	A
P62	PWIN		别)			
F63	DWIN	S1,S2,S3	32 位数据比较(R900A,R900B 和 R900C 识	13	A	A
P63	PDWIN		别)			
F64	BCMP	S1,S2,S3	块数据比较(通过 R900B 识别)	7	A (V.4.0)	A
P64	PBCMP					
逻辑运算指令						
F65	WAN	S1,S2,D	16 位数据"与"	7	A	A
P65	PWAN		[S1∧S2→D]			
F66	WOR	S1,S2,D	16 位数据"或"	7	A	A
P66	PWOR		[S1∨S2→D]			
F67	XOR	S1,S2,D	16 位数据"异或"	7	A	A
P67	PXOR		[(S1∧S2)∨(S1∧S2)→D]			
F68	XNR	S1,S2,D	16 位数据"异或非"	7	A	A
P68	PXNR		[(S1∧S2)∨(S1∧S2)→D]			
F69	WUNI	S1,S2,S3	16 位数据并集	9	N/A	A
P69	PWUNI	D	[(S1∧S3)∨(S2∧S3)→D]			
数据转换指令						
F70	BCC	S1,S2,S3	块检代码运算	9	A (V.3.1)	A
P70	PBCC	D				
F71	HEXA	S1,S2,S3	16 进制数据转换成 ASCⅡ 代码数据	7	A (V.3.1)	A
P71	PHEXA	D				
F72	AHEX	S1,S2,D	ASCⅡ 代码数据转换成 16 进制数据	7	A (V.3.1)	A
P72	PAHEX					
F73	BCDA	S1,S2,D	BCD 数据转换成 ASCⅡ 代码数据	7	A (V.3.1)	A
P73	PBCDA					
F74	ABCD	S1,S2,D	ASCⅡ 代码数据转换成 BCD 数据	9	A (V.3.1)	A
P74	PABCD					
F75	BINA	S1,S2,D	16 位整数数据转换成 ASCⅡ 代码数据	7	A (V.3.1)	A
P75	PBINA					

序 号	布尔符号	运算符	说　　　明	步数	可用性	
					FP3	FP10SH
F76 P76	ABIN PABIN	S1,S2,D	ASCⅡ代码数据转换成 16 位整数数据	7	A (V.3.1)	A
F77 P77	DBIA PDBIA	S1,S2,D	32 位整数数据转换成 ASCⅡ代码数据	11	A (V.3.1)	A
F78 P78	DABI PDABI	S1,S2,D	ASCⅡ代码数据转换成 32 位整数数据	11	A (V.3.1)	A
F80 P80	BCD PBCD	S,D	16 位数据转换成 4 位数字 BCD 数据	5	A	A
F81 P81	BIN PBIN	S,D	4 位数字 BCD 数据转换成 16 位数据	5	A	A
F82 P82	DBCD PDBCD	S,D	32 位数据转换成 8 位 BCD 数据	7	A	A
F83 P83	DBIN PDBIN	S,D	8 位 BCD 数据转换成 32 位数据	7	A	A
F84 P84	INV PINV	D	16 位数据取反	3	A	A
F85 P85	NEG PNEG	D	16 位数据 2 的补码(负/正转换)	3	A	A
F86 P86	DNEG PNDEG	D	32 位数据 2 的补码(负/正转换)	3	A	A
F87 P87	ABS PABS	D	16 位数据绝对值	3	A	A
F88 P88	DABS PDABS	D	32 位数据绝对值	3	A	A
F89 P89	EXT PEXT	D	16 位数据符号扩展 (16 位数据转换成 32 位数据)	3	A	A
F90 P90	DECO PDECO	S,n,D	译码	7	A	A
F91 P91	SEGT PSEGT	S,D	16 位数据号段译码	5	A	A
F92 P92	ENCO PENCO	S,n,D	编码	7	A	A
F93 P93	UNIT PUNIT	S,n,D	16 位数据合并	7	A	A
F94 P94	DIST PDIST	S,n,D	16 位数据分类	7	A	A
F95 P95	ASC PASC	S,D	字符转换成 ASCⅡ代码	15	A	A
F96 P96	SRC PSRC	S1,S2,S3	16 位表数据搜索	7	A	A

序 号	布尔符号	运算符	说　　明	步数	可用性	
					FP3	FP10SH
F97 P97	DSRC PDSRC	S1,S2,S3	32 位表数据搜索	11	N/A	A
数据移位指令						
F98 P98	CMPR PCMPR	D1,D2,D3	数字表移出和压缩	7	A (V.3.1)	A
F99 P99	CMPW PCMPW	S,D1,D2	数字表移入和压缩	7	A (V.3.1)	A
F100 P100	SHR PSHR	D,n	16 位数据右移多位	5	A	A
F101 P101	SHL PSHL	D,n	16 位数据左移多位	5	A	A
F102 P102	DSHR PDSHR	D,n	32 位数据右移一位	5	N/A	A
F103 P103	DSHL PDSHL	D,n	16 位数据左移一位	5	N/A	A
F105 P105	BRS PBRS	D	16 位数据右移一个 16 进制数字(4 位)	3	A	A
F106 P106	BSL PBSL	D	16 位数据左移一个 16 进制数字(4 位)	3	A	A
F108 P108	BITR PBITR	D1,D2,n	16 位数据域右移多位	7	N/A	A
F109 P109	BITL PBITL	D1,D2,n	16 位数据域左移多位	7	N/A	A
F110 P110	WSHR PWSHR	D1,D2	16 位数据域右移一个字(16 位)	5	A	A
F111 P111	WSHL PWSHL	D1,D2	16 位数据域左移一个字(16 位)	5	A	A
F112 P112	WBSR PWBSR	D1,D2	16 位数据域右移一个 16 进制数字(4 位)	5	A	A
F113 P113	WBSL PWBSL	D1,D2	16 位数据域左移一个 16 进制数字(4 位)	5	A	A
先入先出(FIFO)指令						
F115 P115	FIFT PFIFT	n,s, D1,D2	先入先出缓冲器限定	5	A	A
F116 P116	FIFR PFIFR		从先入先出缓冲器读取数据	5	A	A
F117 P117	FIFW PFIFW		向先入先出缓冲器写入数据	5	A	A
加/减计数器指令和左/右位移寄存器指令						
F118	UDC	S,D	加/减计数器	5	A	A
F119	LRSR	D1,D2	左/右位移寄存器	5	A	A

序　号	布尔符号	运算符	说　　　明	步数	可用性	
					FP3	FP10SH
数据旋转指令						
F120 P120	ROR PROR	D, n	16 位数据循环移位	5	A	A
F121 P121	ROL PROL	D, n	16 位数据向左循环移位	5	A	A
F122 P122	RCR PRCR	D, n	16 位数据进位标志向右循环移位	5	A	A
F123 P123	RCL PRCL	D, n	16 位数据进位标志向左循环移位	5	A	A
F125 P125	DROR PDROR	D, n	32 位数据向右循环移位	5	N/A	A
F126 P126	DROL PDROL	D, n	32 位数据向左循环移位	5	N/A	A
F127 P127	DRCR PDRCR	D, n	32 位数据进位标志(R9009)向右循环移位	5	N/A	A
F128 P128	DRCL PDRCL	D, n	32 位数据进位标志(R9009)向左循环移位	5	N/A	A
位控制指令						
F130 P130	BTS PBTS	D, n	16 位数据位置位	5	A	A
F131 P131	BTR PBTR	D, n	16 位数据位复位	5	A	A
F132 P132	BTI PBTI	D, n	16 位数据位取反	5	A	A
F133 P133	BTT PBTT	D, n	16 位数据位测试	5	A	A
F135 P135	BCU PBCU	S, D	16 位数据的"ON"位个数	5	A	A
F136 P136	DBCU PDBCU	S, D	32 位数据的"ON"位个数	7	A	A
辅助定时器指令						
F137	STMR	S, D	辅助定时器	5	A (V.3.1)	A
特殊指令						
F139 P139	SHMS PSHMS	S, D	秒数据转换成时,分和秒数据	5	A (V.4.0)	A
F140 P140	STC PSTC		进位标志(R9009)置位	1	A	A
F141 P141	CLC PCLC		进位标志(R9009)复位	1	A	A
F142 P142	WDT PWDT	S	系统监视定时器数据更新	3	N/A	A

序　号	布尔符号	运算符	说　　　明	步数	可用性	
					FP3	FP10SH
F143 P143	IORF PIORF	D1,D2	部分 I/O 数据更新	5	A	A
F144 P144	TRNS PTRNS	S,n	用 R9038 标志实现 COM,目的串行数据通信控制	5	N/A	A
F145 P145	SEND PSEND	S1,S2,D,N	Link 数据传送	9	A	A
F146 P146	RECV PRECV	S1,S2,D,N	Link 数据接收	9	A	A
F147	PR	S,D	并行打印输出	5	A	A
F148	ERR	n	自诊断错误置位	3	A	A
P148	PERR		自诊断错误清除	3	A(V.4.4)	A
F149 P149	MSG PMSG	S	信息显示	13	A	A
F150 P150	READ PREAD	S1,S2,n,D	读取智能单元的数据	9	A	A
F151 P151	WRT PWRT	S1,S2,n,D	写数据到智能单元内	9	A	A
F152 P152	RMRD PRMRD	S1,S2,n,D	从 MEWNET-F 从站上的智能单元读取数据	9	A	A
F153 P153	RMWT PRMWT	S1,S2,n,D	向 MEWNET-F 从站上的智能单元写入数据	9	A	A
F154 P154	MCAL PMCAL	n	机器语言调用	3	A	N/A
F155 P155	STRG STRG		采样开始	1	A (*1)	A
F156 P156	STRG PSTRG		采样停止	1	A (*1)	A
F157 P157	CADD PCADD	S1,S2,D	加时间(S1+2,S1+1,S1)+(S2+1,S2)→(D+2,D+1,D)]	9	A (V.4.0)	A
F158 P158	CSUB PCSUB	S1,S2,D	减时间(S1+2,S1+1,S1)-(S2+1,S2)→(D+2,D+1,D)]	9	A (V.4.0)	A

BIN 运算指令

序号	布尔符号	运算符	说明	步数	FP3	FP10SH
F160 P160	S,D	S,D	32 位数据平方根 [√(S+1,S)→(D+1,D)]	7	A	A

数据转换指令(仅适用于 FP10SH)

序号	布尔符号	运算符	说明	步数	FP3	FP10SH
F190 P190	MV3 PMV3	S1,S2,S3,D	3 个 16 位数据平方根 [S1→D],[S2→D+1],[S2→D+3],	10	N/A	A
F191 P191	DMV3 PDMV3	S1,S2,S3,D	3 个 32 位数据传送 [(S1+1,S1)→(D+1,D)],[(S2+1,S2)→(D+3,D+2)],[(S3+1,S3)→(D+5,D+4)]	16	N/A	A

284

序号	布尔符号	运算符	说　明	步数	可用性	
					FP3	FP10SH
逻辑运算指令(仅适用于 FP10SH)						
F215 P215	DAND PDAND	S1,S2,D	32 位数据"与" $[(S1+1,S2)\wedge(S2+1,S2)\rightarrow(D+1,D)]$	12	N/A	A
F216 P216	DOR PDOR	S1,S2,D	32 位数据"或" $[(S1+1,S2)\wedge(S2+1,S2)\rightarrow(D+1,D)]$	12	N/A	A
F217 P217	DXOR PDXOR	S1,S2,D	32 位数据"异" $[\{(S1+1,S1)\wedge(S2+1,S2)\}\vee\{(S1+1,S1)$ $\wedge(S2+1,S2)\}\rightarrow(D+1,D)]$	12	N/A	A
F218 P218	DXNR PDXNR	S1,S2,D	32 位数据"同" $[\{(S1+1,S2)\wedge(S2+1,S2)\}\vee\{(S1+1,S1)$ $\wedge(S2+1,S2)\}\rightarrow(D+1,D)]$	12	N/A	A
F219 P219	DUNI PDUNI	S1,S2,S3,D	32 位数据并集 $[\{(S1+1,S1)\wedge(S3+1,S3)\}\vee\{(S2+1,S2)$ $\wedge(S3+1,S3)\}\rightarrow(D+1,D)]$	16	N/A	A
数据传送指令(仅适用于 FP10SH)						
F235 P235	GRY PGRY	S,D	16 位数据转换成格雷码(Gray code)	6	N/A	A
F236 P236	DGRY PDGRY	S,D	32 位数据转换成格雷码(Gray code)	8	N/A	A
F237 P237	GBIN PGBIN	S,D	16 位格雷代码转换成 16 位二进制数据	6	N/A	A
F238 P238	DGBIN PDGBIN	S,D	32 位格雷代码转换成 32 位二进制数据	8	N/A	A
F240 P240	COLM PCOLM	S1,S2,D	位行转换成位列	8	N/A	A
F241 P241	LINE PLINE	S1,S2,D	位列转换成位行	8	N/A	A
BIN 整数处理指令(仅适用于 FP10SH)						
F270 P270	MAX PMAX	S1,S2,D	在 16 位数据表中搜索最大值	8	N/A	A
F271 P271	DMAX PDMAX	S1,S2,D	在 32 位数据表中搜索最大值	8	N/A	A
F272 P272	MIN PMIN	S1,S2,D	在 16 位数据表中搜索最小值	8	N/A	A
F273 P273	DMIN PDMIN	S1,S2,D	在 32 位数据表中搜索最小值	8	N/A	A
F275 P275	MEAN PMEAN	S1,S2,D	计算 16 位数据表的总数和平均数	8	N/A	A
F276 P276	DMEAN PDMEAN	S1,S2,D	计算 32 位数据表的总数和平均数	8	N/A	A

序　号	布尔符号	运算符	说　　　明	步数	可用性	
					FP3	FP10SH
F277 P277	SORT PSORT	S1,S2,S3	排列16位数据表中的数据(按由小到大或由大到小的顺序排列)	8	N/A	A
F278 P278	DSORT PDSORT	S1,S2,S3	排列32位数据表中的数据(按由小到大或由大到小的顺序排列)	8	N/A	A
BIN 整数非线性功能指令(仅适用于 FP10SH)						
F285 P285	LIMT PLIMT	S1,S2,S3,D	16位数据上/下限控制 当 S1 > S3 时:[S1→D] 当 S2 < S3 时:[S2→D] 当 S1≤S3≤S2 时:[S3→D]	10	N/A	A
F286 P286	DLIMT PDLIMT	S1,S2,S3,D	32位数据上/下限控制 当 (S1+1,S1) > (S3+1,S3) 时:[(S1+1,S1)→(D+1,D)] 当 (S2+1,S2) > (S3+1,S3) 时:[(S2+1,S2)→(D+1,D)] 当 (S1+1,S1)≤(S3+1,S3)≤(S2+1,S2) 时:[(S3+1,S3)→(D+1,D)]	16	N/A	A
F287 P287	BAND PBAND	S1,S2,S3,D	16位数据静区范围控制 当 S1 > S3 时:[S3−S1→D] 当 S2 < S3 时:[S3−S2→D] 当 S1≤S2≤S3 时:[0→D]	10	N/A	A
F288 P288	DBAND PDBAND	S1,S2,S3,D	32位数据静区范围控制 当 (S1+1,S1) > (S3+1,S3) 时:[(S3+1,S3)−(S1+1,S1)→(D+1,D)] 当 (S2+1,S2) > (S3+1,S3) 时:[(S3+1,S3)−(S2+1,S2)→(D+1,D)] 当 (S1+1,S1)≤(S3+1,S3)≤(S2+1,S2) 时:[0→(D+1,D)]	16	N/A	A
F289 P289	ZONE PZONE	S1,S2,S3,D	16位数据存储区控制 当 S3 < 0 时:[S3+S1→D] 当 S3 = 0 时:[0→D] 当 S3 > 0 时:[S3+S2→D]	10	N/A	A
F290 P290	DZONE PDZONE	S1,S2,S3,D	32位数据存储区控制 当 (S3+1,S3) < 0 时:[(S3+1,S3)+(S1+1,S1)→(D+1,D)] 当 (S3+1,S3) = 0 时:[0→(D+1,D)] 当 (S3+1,S3) > 0 时:[(S3+1,S3)+(S2+1,S2)→(D+1,D)]	16	N/A	A
浮点实数运算功能指令(仅适用于 FP10SH)						
F300 P300	BSIN PBSIN	S,D	BCD 型正弦运算 [SIN(S+1,S)→(D+1,D)]	6	N/A	A
F301 P301	BCOS PBCOS	S,D	BCD 型余弦运算 [COS(S+1,S)→(D+1,D)]	6	N/A	A
F302 P302	BTAN PBTAN	S,D	BCD 型正切运算 [TAN(S+1,S)→(D+1,D)]	6	N/A	A

序　号	布尔符号	运算符	说　　　　明	步数	可用性	
					FP3	FP10SH
F303 P303	BASIN PBASIN	S, D	BCD 型反正弦运算 $[SIN^{-1}(S+1,S)→(D+1,D)]$	6	N/A	A
F304 P304	BACOS PBACOS	S, D	BCD 型反余弦运算 $[COS^{-1}(S+1,S)→(D+1,D)]$	6	N/A	A
F305 P305	BATAN PBATAN	S, D	BCD 型反正切运算 $[TAN^{-1}(S+1,S)→(D+1,D)]$	6	N/A	A
F309 P309	FMV PFMV	S, D	浮点数据传送 $[(S+1,S)→(D+1,D)]$	8	N/A	A
F310 P310	F + PF +	S1, S2, D	浮点数据加 $[(S+1,S)+(S2+1,S2)→(D+1,D)]$	14	N/A	A
F311 P311	F − PF −	S1, S2, D	浮点数据减 $[(S+1,S)-(S2+1,S2)→(D+1,D)]$	14	N/A	A
F312 P312	F* PF*	S1, S2, D	浮点数据乘 $[(S+1,S)×(S2+1,S2)→(D+1,D)]$	14	N/A	A
F313 P313	F% PF%	S1, S2, D	浮点数据除 $[(S+1,S)/(S2+1,S2)→(D+1,D)]$	14	N/A	A
F314 P314	SIN PSIN	S, D	正弦运算 $[SIN(S+1,S)→(D+1,D)]$	10	N/A	A
F315 P315	COS PCOS	S, D	余弦运算 $[COS(S+1,S)→(D+1,D)]$	10	N/A	A
F316 P316	TAN PTAN	S, D	正切运算 $[TAN(S+1,S)→(D+1,D)]$	10	N/A	A
F317 P317	ASIN PASIN	S, D	反正弦运算 $[SIN^{-1}(S+1,S)→(D+1,D)]$	10	N/A	A
F318 P318	ACOS PACOS	S, D	反余弦运算 $[COS^{-1}(S+1,S)→(D+1,D)]$	10	N/A	A
F319 P319	ATAN PATAN	S, D	反正切运算 $[TAN^{-1}(S+1,S)→(D+1,D)]$	10	N/A	A
F320 P320	LN PLN	S, D	浮点数据自然对数 $[LN(S+1,S)→(D+1,D)]$	10	N/A	A
F321 P321	EXP PEXP	S, D	浮点数据指数 $[EXP(S+1,S)→(D+1,D)]$	10	N/A	A
F322 P322	LOG PLOG	S, D	浮点数据对数 $[LOG(S+1,S)→(D+1,D)]$	10	N/A	A
F323 P323	PWR PPWR	S1, S2, D	浮点数据乘方 $[(S+1,S)∧(S2+1,S2)→(D+1,D)]$	10	N/A	A
F324 P324	FSQR PFSQR	S, D	浮点数据平方根 $[\sqrt{(S+1,S)}→(D+1,D)]$	14	N/A	A
F325 P325	FLT PFLT	S, D	16 位整数数据转换成浮点数据	10	N/A	A
F326 P326	FDFLT PFDFLT	S, D	32 位整数数据转换成浮点数据	6	N/A	A

序　号	布尔符号	运算符	说　　　　明	步数	可用性	
					FP3	FP10SH
F327 P327	INT PINT	S,D	浮点数据转换成 16 位整数数据 （最大整数不超过浮点数据）	8	N/A	A
F328 P328	DINT PDINT	S,D	浮点数据转换成 32 位整数数据 （最大整数不超过浮点数据）	8	N/A	A
F329 P329	FIX PFIX	S,D	浮点数据转换成 16 位整数数据 （第一个小数点四舍五入到整数）	8	N/A	A
F330 P330	DFIX PDFIX	S,D	浮点数据转换成 32 位整数数据 （第一个小数点四舍五入到整数）	8	N/A	A
F331 P331	DOFF PDOFF	S,D	浮点数据转换成 16 位整数数据 （第一个小数点归入整数）	8	N/A	A
F332 P332	DROFF PDROFF	S,D	浮点数据转换成 32 位整数数据 （第一个小数点化入整数）	8	N/A	A
F333 P333	FINT PFINT	S,D	第一个小数点约成整数	8	N/A	A
F334 P334	FRINT PFRINT	S,D	第一个小数点化入整数	8	N/A	A
F335 P335	F + 1/ PF + ／ −	S,D	浮点数据符号转换（负/正转换）	8	N/A	A
F336 P336	FABS PFABS	S,D	浮点数据绝对值	8	N/A	A
F337 P337	RAD PRAD	S,D	浮点数据（角度转换成弧度）	8	N/A	A
F338 P338	DEG PDEG	S,D	浮点数据（弧度转换成角度）	8	N/A	A

浮点实数运算指令（仅适用于 FP10SH）

序　号	布尔符号	运算符	说　　　　明	步数	可用性	
					FP3	FP10SH
F345 P345	FCMP PFCMP	S1,S2	浮点数据比较（用 R900A，R900B 和 R900C 判别）	10	N/A	A
F346 P346	FWIN PFWIN	S1,S2,S3	浮点数据比较（用 R900A，R900B 和 R900C 判别）	14	N/A	A
F347 P347	FLIMT PFLIMT	S1,S2,S3,D	浮点数据上/下限控制 $(S1 + 1,S1) > (S3 + 1,S3):[(S1 + 1,S1) \rightarrow (D + 1,D)]$ $(S2 + 1,S2) > (S3 + 1,S3):[(S2 + 1,S2) \rightarrow (D + 1,D)]$ $(S1 + 1,S1) < (S3 + 1,S3) < (S2 + 1,S2):[(S3 + 1,S3) \rightarrow (D + 1,D)]$	17	N/A	A
F348 P348	FBAND PFBAND	S1,S2,S3,D	浮点数据静区范围控制 $(S1 + 1,S1) > (S3 + 1,S3):[(S3 + 1,S3)(S1 + 1,S1) \rightarrow (D + 1,D)]$ $(S2 + 2,S2) < (S3 + 1,S3):[(S3 + 1,S3) - (S2 + 1,S2) \rightarrow (D + 1,D)]$ $(S1 + 1,S1) < (S3 + 1,S3) < (S2 + 1,S2):[0 \rightarrow (D + 1,D)]$	17	N/A	A

序号	布尔符号	运算符	说　　　　明	步数	可用性	
					FP3	FP10SH
F349 P349	FZONE PFZONE	S1,S2,S3,D	浮点数据存储区控制 $(S3+1,S3)<0:[(S3+1,S3)+(S1+1,S1)\rightarrow$ $(D+1,D)]$ $(S3+1,S3)=0:[0\rightarrow(D+1,D)]$ $(S3+1,S3)>0:[(S3+1,S3)+(S2+1,S2)\rightarrow$ $(D+1,D)]$	17	N/A	A
F350 P350	PMAX PFMAX	S1,S2,D	寻找浮点数据表中的最大值	8	N/A	A
F351 P351	FMIN PFMIN	S1,S2,D	寻找浮点数据表中的最小值	8	N/A	A
F352 P352	FMEAN PFMEAN	S1,S2,D	计算浮点数据表的总数和平均数	8	N/A	A
F353 P353	FSORT PFSORT	S1,S2,D	排列浮点数据表中的数据 (按由小到大或由大到小的顺序排列)	8	N/A	A
过程控制指令(仅适用于 FP10SH)						
F355 P355	FID PPID	S	PID 处理指令(用数据表)	4	N/A	A
比较指令(仅适用于 FP10SH)						
F373 P373	DTR PDTR	S,D	16 位数据修正检测(用 R9009 判别)	6	N/A	A
F374 P374	DDTR PDDTR	S,D	32 位数据修正检测(用 R9009 判别)	6	N/A	A
变址寄存器控制指令(仅适用于 FP10SH)						
F410 P410	SETB PSETB	n	变址寄存器存储区号切换	4	N/A	A
F411 P411	CHGB PCHGB	n	变址寄存器存储区号切换(记录下前一个存储区号)	4	N/A	A
F412 P412	POPB PPOPB		将变址寄存器的存储区号改回到执行 F411 (CHGB)/P411(PCHGB)指令之前的编号	2	N/A	A

注:A:可用,N/A:不可用。

(＊1):只有带跟踪存储器的控制器才可用该指令。

附录 H　FX 系列微型可编程控制器简介

FX 系列微型可编程控制器是日本三菱公司继 F1、F2 系列 PC 之后在 20 世纪 80 年代末 90 年代初所推出的新产品。FX 系列 PC 兼具有单元式 PC 简单易用及模块式 PC 的功能强大及组合灵活的优点。

（一）主要特点

（1）系统配置灵活多便。FX 系列备有各种点数及各种输出类型（继电器、晶体管、晶闸管）的扩展单元及扩展模块，可与基本单元自由混合配置，使系统有极高的灵活程度。

基本单元内有微处理器，输入、输出、存储器和供给扩展模块及传感器的标准电源。

模块式的扩展块用于增加 I/O 点数及改变 I/O 特性，其电源从基本单元取得，无需外加电源。

扩展单元用于扩展 I/O 点数，内设标准电源可供扩展模块使用以便进一步扩展。

<table>
<tr><td rowspan="2" colspan="2">型　　号</td><td rowspan="2">输　入
（DC24V）</td><td rowspan="2">输　出</td><td rowspan="2">最大扩展块
I/O 点</td></tr>
<tr></tr>
<tr><td rowspan="7">基
本
单
元</td><td>继电器输出</td><td>晶体管输出</td></tr>
<tr><td>FX-16MR-ES</td><td>FX-16MT-ESS</td><td>8 点</td><td>8 点</td><td>16 点</td></tr>
<tr><td>FX-24MR-ES</td><td>FX-24MT-ESS</td><td>12 点</td><td>12 点</td><td>16 点</td></tr>
<tr><td>FX-32MR-ES</td><td>FX-32MT-ESS</td><td>16 点</td><td>16 点</td><td>16 点</td></tr>
<tr><td>FX-48MR-ES</td><td>FX-48MT-ESS</td><td>24 点</td><td>24 点</td><td>32 点</td></tr>
<tr><td>FX-64MR-ES</td><td>FX-64MT-ESS</td><td>32 点</td><td>32 点</td><td>32 点</td></tr>
<tr><td>FX-80MR-ES</td><td>FX-80MT-ESS</td><td>40 点</td><td>40 点</td><td>32 点</td></tr>
<tr><td rowspan="4">扩
展
单
元</td><td colspan="2">型　　号</td><td>输入（DC24V）</td><td>输　出</td><td>最大扩展块 I/O 点</td></tr>
<tr><td colspan="2">FX-32ER-ES</td><td>16 点</td><td>16 点继电器</td><td>16 点</td></tr>
<tr><td colspan="2">FX-48ER-ES</td><td>24 点</td><td>24 点继电器</td><td>32 点</td></tr>
<tr><td colspan="2">FX-48ET-ESS</td><td>24 点</td><td>24 点晶体管</td><td>32 点</td></tr>
<tr><td rowspan="10">扩
展
模
块</td><td colspan="2">型　　号</td><td>输入（DC24V）</td><td>输　出</td><td>说　　明</td></tr>
<tr><td colspan="2">FX-8EX-ES</td><td>8 点</td><td>—</td><td>只有输入点</td></tr>
<tr><td colspan="2">FX-16EX-ES</td><td>16 点</td><td>—</td><td>只有输入点</td></tr>
<tr><td colspan="2">FX-8EYR-ES</td><td></td><td>8 点继电器</td><td>只有输出点</td></tr>
<tr><td colspan="2">FX-8EYT-ESS</td><td></td><td>8 点晶体管</td><td>只有输出点</td></tr>
<tr><td colspan="2">FX-8EYS-ES</td><td></td><td>8 点晶闸管</td><td>只有输出点</td></tr>
<tr><td colspan="2">FX-16EYR-ES</td><td></td><td>16 点继电器</td><td>只有输出点</td></tr>
<tr><td colspan="2">FX-16EYT-ESS</td><td></td><td>16 点晶体管</td><td>只有输出点</td></tr>
<tr><td colspan="2">FX-16EYS-ES</td><td></td><td>16 点晶闸管</td><td>只有输出点</td></tr>
<tr><td colspan="2">FX-8ER-ES</td><td>4 点</td><td>4 点继电器</td><td>输入/输出</td></tr>
</table>

（2）编程器具有在线和离线功能。FX 系列 PC 采用 FX-20P-E 袖珍式编程器。编程器用 LCD 显示屏幕，编程器内部本身有存储器，可存放数据三天。具有菜单元功能选择，能在线和离线编程。

1）在线功能。编程：可在线写入或修改指令，有丰富的编辑，搜索功能。可将 PC

内 RAM 区程序直接存入 EEPROM 卡盒中。

监控：监控 ON/OFF 状态及计时器/计数器数据、动态顺序步进监控功能可显示当前状态信号以跟踪工作流程。

测试：输出及其他元件均可在 RUN/STOP 状态下强制 ON/OFF，可对计时器/计数器及其他元件写入新数据。

2）离线编程。FX-20P-E 只要从 FX 或另选的电源适配器中获得电源即可离线编程。

（3）高速处理功能。

1）高速执行、快速控制响应。FX 系列 PC 内部装备有功能极强的 16 位微处理器和一个专用逻辑处理器，其扫描时间极短（$0.74\mu s$/步）。

内置多点高速计数器：

FX 系列的内置高速计数器可对 6 个输入脉冲串进行计数而无须增加任何其他设备。普通输入点 X0～X7 可任意组合以作单相、两相计数器或两者兼用，两个 2 相计数器，每个最多 2kHz，高速复位。6 个单相计数器，每个最多 3kHz。

最高速度

	频率总和	计数器数
1 相	最大 20kHz	最多 6 点
2 相	最大 4kHz	最多 2 点

2）直接输出功能。即使输入响应很快，但如果输出因扫描周期而延滞，PC 也难正确执行定位控制。直接输出功能是中断型的，不受扫描周期的影响，利用此功能可实现简单的定位控制。

3）中断输入。对具有优先权和紧急情况的输入的迅速反应是十分重要的，当有关信号从中断输入口（最多 6 点）被接收到后，FX 就中断正常程序而执行用户编写的中断服务程序。不同的中断输入可执行不同的中断程序，使之快速响应，防止问题的发生。

（4）高级应用功能。FX 系列提供超过 80 条功能指令以适用于各种场合。可进行简单的 16 位或 32 位（BCD 码）数据运算，数据传送，也可用于更高级的如 CAM 开关凸轮程序设计和旋转系统控制。许多功能指令都十分简单方便，特别是节省 I/O 口的输入处理功能。一个简单的应用分时处理技术的功能指令就能节省时间和投资。

16 键 16 进制键盘输入：

只用 4 个输入口和 4 个输出口，就可连接一个 16 键操作键盘。指令只用一个程序行，数据就可输入。

BCD 码数字拨盘输入：

通常直接连 BCD 码开关每位需要 4 个输入端，用数字凸轮输入 8 位 BCD 码就要 32 个输入口，使用功能指令只用 8 个输入口和 4 个输出口而起到相同的效果。

矩阵输入开关板：

利用 8 个输入口和 8 个输出口，使用功能指令可对 64 点普通输入设备进行读入。

（二）主要技术性能

FX 系列 PC 的基本及扩展单元的电源电压适应范围为 100～240V AC，扩展模块从基本单元获得电源，无须外加电源设备。FX 系列 PC 存储容量大，计时器、计数器和寄存器性能优越，处理速度快，其主要技术性能见下表：

技术性能

项　　目		性　能　指　标		注　　释	
操作控制方式		反复扫描程序		由逻辑控制器 LSI 执行	
I/O 刷新方式		批处理方式（在 END 指令执行时成批刷新）		有直接 I/O 指令及输入滤波器时间常数调整指令	
操作处理时间		基本指令：0.74μs		功能指令：几百 μs	
编程语言		继电器符号语言（梯形图）+ 顺序步进指令		可用 SFC 方式编程	
程序容量/存储器类型		2k 步 RAM（标准配置） 4k 步 EEPROM 卡盒（选配） 8k 步 RAM，EEPROM， EPROM 卡盒（选配）			
指令数		基本逻辑指令 20 条，顺序占进指令 2 条，功能指令 85 条			
输入继电器	DC 输入	24V DC，7mA，光电隔离		X0 ~ X177 （8 进制）	I/O 点数一共 128 点
	—				
输出继电器	继电器	250V AC，30V DC，2A（电阻负载）		Y0 ~ Y177 （8 进制）	
	双向硅	242V AC，0.3A/点，0.8A/4 点			
	晶体管	30V DC，0.5A/点，0.8A/4 点			
辅助继电器	通用型			M0 ~ M499 （500 点）	范围可通过参数设置来改变
	锁存型	电池后备		M500 ~ M1023 （524 点）	
	特殊型			M8000 ~ M8255（256 点）	
状　　态	初始化用	用于初始状态		S0 ~ S9（10 点）	
	通用			S10 ~ S499 （490 点）	可通过参数设置改变其范围
	锁存	电池后备		S500 ~ S899 （400 点）	
	警报	电池后备		S900 ~ S999（100 点）	
计时器	100ms	0.1 ~ 3276.7s		T0 ~ T199（200 点）	
	10ms	0.01 ~ 327.67s		T0 ~ T245（46 点）	
	1ms	0.001 ~ 32.767s	电池后备 （保持）	T246 ~ T249（4 点）	
	100ms	0.1 ~ 3276.7s		T250 ~ T255（6 点）	
计数器	加计数器	16 位， 1 ~ 32，767	通用型	C0 ~ C99 （100 点）	范围可通过参数设置
			电池后备	C100 ~ C199 （100 点）	
	加/减计数器	32 位， – 2147483648 ~ 2147483648	通用型	C200 ~ C219 （20 点）	范围可通过参数设置
			电池后备	C220 ~ C234 （15 点）	
	高速计数器	32 位加/减计数	电池后备	C235 ~ C255（6 点）（单相计数）	

292

项 目		性 能 指 标			注 释	
寄存器	普通数据 寄存器	16 位	一对处理 32 位	通用型	D0 ~ D199 （200 点）	范围可通过参 数设置改变
		16 位		电池后备	D200 ~ D511 （312 点）	
	特殊寄存器	16 位			D8000 ~ D8255（256 点）	
	变址寄存器	16 位			Y，Z（2 点）	
	文件寄存器	16 位（存于程序中）		电池后备	D1000 ~ D2999，最大 2000 点，由参数设置	
指 针	JUMP /CALL				P0 ~ P63（64 点）	
	中断	用 X0 ~ X5 作中断输入，计时器中断			10□□ ~ 18□□（9 点）	
嵌套标志		主控线路用			N0 ~ N7（8 点）	
常数	十进制	16 位： - 32768 ~ 32767　32 位： - 2147483648 ~ 2147483647				
	十六进制	16 位：0 ~ FFFF　　32 位：0 ~ FFFFFFFF				

（三）指令一览表

基本指令、步进指令

区分	指令	作用软元件	步数	区分	指令	作用软元件	步数
接点 指令	LD	X，Y，M，S，T，C 特 M	1	OUT		Y，M	1
	LDI	X，Y，M，S，T，C，特 M	1			S	2
	AND	X，Y，M，S，T，C，特 M	1			特 M	2
	ANI	X，Y，M，S，T，C，特 M	1			T-K，D	3
	OR	X，Y，M，S，T，C，特 M	1			C-K，D（16 位）	3
	ORI	X，Y，M，S，T，C，特 M	1			C-K，D（32 位）	5
连接 指令	ANB	无	1	输出 指令	SET	Y，M	1
	ORB	无	1			S	2
	MPS	无	1			特 M	2
	MRD	无	1		RST	Y，M	1
	MPP	无	1			S	2
其他 指令	MC	N-Y，M	3			特 M	2
	MCR	N（嵌套）	2			T，C	2
	NOP	无	1			D，V，Z，特 D	3
	END	无	1		PLS	Y，M	2
顺序步 进指令	STL	S	1		PLF	Y，M	2
	RST	无	1				

区 分	指 令	指 针 编 号	步 数
标号	P	0 ~ 63	1
	1	0□□ ~ 8□□	1

应用指令

分类	FNC编号	指令符号	名　称	分类	FNC编号	指令符号	名　称
程序流向控制	00	CJ	条件转移	数据处理	40	ZRST	成批复位
	01	CALL	子程序调用		41	DECO	译码
	02	SRET	子程序返回		42	ENCO	编码
	03	IRET	中断返回		43	SUM	位检查"1"状态的总数
	04	EI	允许中断		44	BON	位 ON/OFF 判定
	05	DI	禁止中断		45	MEAN	平均值
	06	FEND	主程序结束		46	ANS	信号报警器置位
	07	WDT	运算呆滞监视时钟		47	ANR	信号报警复位
	08	FOR	循环范围开始		48		
	09	NEXT	循环范围结束		49		
传送、比较等	10	CMP	比较	高速处理	50	REF	输入输出刷新
	11	ZCP	区间比较		51	REFF	调整输入滤波器的时间
	12	MOV	传送 (S) → (D)		52	MTR	短阵分时输入
	13	SMOV	BCD 码数位移位		53	HSCS	比较置位（高速计数器）
	14	CML	取反传送 (S) → (D)		54	HSCR	比较复位（高速计数器）
	15	BMOV	成批传送		55	HSZ	区间比较（高速计数器）
	16	FMOV	多个传送		56	SPD	脉冲速度检测
	17	XCH	变换传送 (D) ⇌ (D)		57	PLSY	脉冲输出
	18	BCD	BIN→BCD 变换传送		58	PWM	脉宽调制
	19	BIN	BCD→BIN 变换传送		59		
四则逻辑运算	20	ADD	BIN 加法 (S1) + (S2) → (D)	方便指令	60	IST	起始状态（顺序步进器指令）
	21	SUB	BIN 减法 (S1) - (S2) → (D)		61		
	22	MUL	BIN 乘法 (S1) × (S2) → (D) (D)		62	ABSD	磁鼓时序（绝对值式）
	23	DIV	BIN 除法 (S1) ÷ (S2) → (D) … (D)		63	INCD	磁鼓时序（上对值式）
	24	INC	BIN 增量 (D) +1→ (D)		64	TTMR	具有示教功能的定时器
	25	DEC	BIN 减量 (D) -1→ (D)		65	STMR	特殊定时器
	26	WAND	逻辑积 (S1) ∧ (S2) → (D)		66	ALT	交变输出（双稳态）
	27	WOR	逻辑和 (S1) ∨ (S2) → (D)		67	RAMP	倾斜信号
	28	WXOR	异或 (S1) ∀ (S2) → (D)		68	ROTC	回转台控制
	29	NEG取	取补 (D) +1→ (D)		69		
旋转移位	30	ROR	右旋	外部 I/O 管理	70	TKY	十进制键入
	31	ROL	左旋		71	HKY	十六进制键入
	32	RCR	右旋带 CY		72	DSW	数字开关，分时读出
	33	RCL	左旋带 CY		73	SEGD	七段译码
	34	SFTR	右移位		74	SEGL	七段分时显示
	35	SFTL	左移位		75	ARWS	箭头开关控制
	36	WSFR	右移字		76	ASC	ASCⅡ码交换
	37	WSFL	左移字		77	PR	ASCⅡ码打印
	38	SFWR	移位寄程器写人		78		
	39	SFRD	移位寄程器读出		79		

分类	FNC编号	指令符号	名　称	分类	FNC编号	指令符号	名　称
处部单元FX	80			外部单元F2	90	MNET	F-16NP/NT 用
	81	PRUN	FX2-40AP/AW 用		91	ANRD	F2-6A 读出
	82				92	ANWR	F2-6A 写入
	83				93	RMST	F2-32RM 起动
	84				94	RMWR	F2-32RM 写入
	85	VRRD	FX-8AV 读出		95	RMRD	F2-32RM 读出
	86	VRSC	FX-8AV 刻度读出		96	RMMN	F2-32RM 监控
	87				97	BLK	F2-30GM 指定段号
	88				98	MCDE	F2-30GM M 码读出
	89				99		

注：应用指令的步数：

指令部分—[FNC]和紧随其后的指令编号合并为一步。

操作数—接在指令编号后的各作用软元件

16 位指令时　每个操作数为 2 步；

32 位指令时　每个操作数为 4 步。

附录 I　SWOPC-FXGP/WIN-C 编程软件的使用方法

一、主要功能与系统配置

1.SWOPC-FXGP/WIN-C 编程软件的主要功能

（1）可用梯形图、指令表和 SFC（顺序功能图）符号来创建 PLC 的程序，可以给编程元件和程序块加上注释，可将程序存储为文件，或用打印机出来。

（2）通过串行口通信，可将用户程序和数据寄存器中的值下载到 PLC，可以读出未设置口令的 PLC 中的用户程序，或检查计算机和 PLC 中的用户程序是否相同。

（3）可实现各种监控和测试功能，如梯形图监控、元件监控、强制 ON/OFF、改变 T，C，D 的当前值等。

2.系统配置

可使用与 IBM PC/AT 兼容的个人计算机，CPU 要求 486 以上，内存 8M 以上，显示器的分辨率 800×600 像素，16 色或更高。

一般用价格便宜的三菱 PLC 编程通信转换接口电缆 SC-09 来连接 PLC 和计算机，用它实现 RS-232C 接口（计算机侧）和 RS-422 接口（PLC 侧）的转换。

SWOPC-FXGP/WIN-C 编程软件与手持式编程器相比，其功能强大，使用方便，编程电缆的价格比手持式编程器要便宜得多。在选择编程工具时，建议优先考虑 SWOPC-FXGP/WIN-C 编程软件。

二、SWOPC-FXGP/WIN 编程软件的使用

1.系统的启动与退出

安装好软件后，在桌面上自动生成 FXGP/WIN-C 图标，用鼠标左键双击该图标，可打开编程软件。

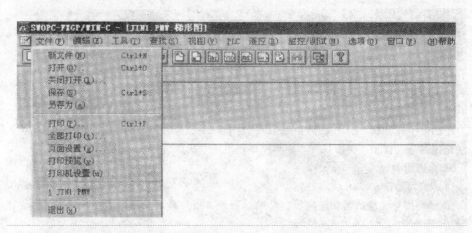

图 I-1　退出 SWOPC-FXGP/WIN 系统操作

以鼠标选取［文件］菜单下的［退出］命令，即可退出 SWOPC-FXGP/WIN 系统。如图 I-1 所示。

2．文件的管理

（1）创建新文件。创建一个新文件的操作方法是：通过选择［文件］-［新文件］菜单项，或者按［Ctrl］+［N］键操作，然后在 PLC 类型设置对话框中选择 PLC 类型，如选择 FX2 系列 PLC 后，单击［确认］或按［O］键即可。如图 I-2 所示。

（2）打开文件。从一个文件列表中打开一个顺控程序以及诸如注释数据之类的数据，操作方法是：先选择［文件］–［打开］菜单或按［Ctrl］+［O］键，再在打开的文件菜单中选择一个所需的顺控指令程序后，单击菜单［确认］即可，如图 I-3 所示。

（3）文件的保存和关闭。保持当前程序，注释数据以及其他在同一文件名下的数据。如果是第一次保存，屏幕显示如图 I-4

图 I-2　PLC 类型设置对话框

所示的文件菜单对话框，可通过该对话框将当前程序赋名并保存下来。操作方法是：执行［文件］–［保存］菜单操作或［Ctrl］+［S］键操作即可。将已处于打开状态的程序关闭，再打开一个已有的程序及相应的注释和数据，操作方法是执行［文件］-［关闭打开］菜单操作即可。

3．梯形图程序的生成与编辑

（1）一般性操作。按住鼠标左键拖动鼠标，可在梯形图内选中同一块电路里的若干个元件，被选中的元件被矩形覆盖。使用工具条中的图标或"编辑"菜单中的命令，可实现被选中的元件的剪切、复制和粘贴操作。用删除（Delete）键可将选中的元件删除。执行菜单命令"编辑→撤销键入"可取消刚刚执行的命令或输入的数据，回到原来的状态。

使用"编辑"菜单中的"行删除"和"行插入"可删除一行或插入一行。

菜单命令"标签设置"和"跳向标签"是为跳到光标指定的电路块的起始步序号设置的。执行菜单命令"查找→标签设置"，光标所在处的电路块的起始步序号被记录下来，最多可设置 5 个步序号。执行菜单命令"查找→跳向标签"时，将跳至选择的标签设置处。

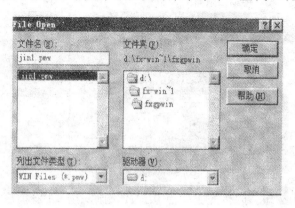

图 I-3　打开的文件菜单

（2）放置元件。使用"视图"菜单中的命令"功能键"和"功能图"，可选择是否显示窗口底部的触点、线圈等元件图标（见图 I-5）或浮动的元件图标框。

将光标（矩形）放在欲放置元件的位置，用鼠标点击要放置的元件的图标，将弹出"输入元件"窗口，在文本框中输入元件号，定时器和计数器的元件号和设定值用空格键隔开

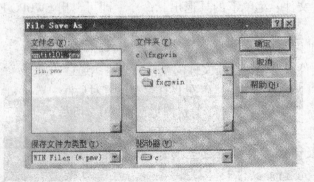

图 I-4　文件保存对话框

（见图 I-6）。可直接输出应用指令的指令助记符和指令中的参数，助记符和参数之间、参
数和参数之间用空格分隔开，例如输入应用指令"DMOVP D0 D2"，表示在输入信号的上
升沿，将 D0 和 D1 中的 32 位数据传送到 D2 和 D3 中去。按图 I-6 中的"参照"按钮，弹
出"元件说明"窗口（见图 I-7）。"元件范围限制"文本框中显示出各类元件的元件号范
围，选中其中某一类元件的范围后，"元件名称"文本框中将显示程序中已有的元件名称。

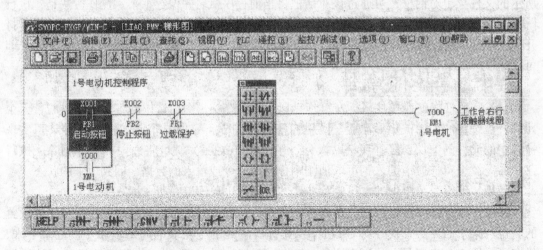

图 I-5　梯形图编辑画面

图 I-6　输入元件对话框

　　放置梯形图中的垂直线时，垂直线从矩形光标左侧中点开始往下画。用"DEL"图标
删除垂直线时，欲删除的垂直线的上端应在矩形光标左侧中点。

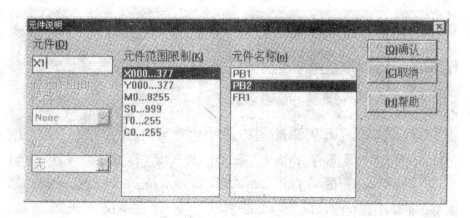

图 I-7　元件说明对话框

　　用鼠标左键双击某个已存在的触点、线圈或应用指令，在弹出的"输入元件"对话框中可修改其元件号或参数。

　　用鼠标选中左侧母线的左边要设标号的地方，按计算机键盘的"P"键，在弹出的对话框中送标号值，按确认键完成操作。

　　放置用方括号表示的应用指令或 RST 等输出指令时，按图 I-6 中的"参照"键，将弹出图 I-8 所示的"指令表"窗口，在"指令"栏输入指令助记符，在"元件"栏中输入该指令的参数。按"指令"文本框右侧的"参照"按钮，将弹出图 I-9 所示的"指令参数"窗口，可用"指令类型"和右边的"指令"列表框选择指令，选中的指令将在左边的"指令"文本框中出现，按"确认"键后该指令将出现在图 I-8 中的"指令"栏中。

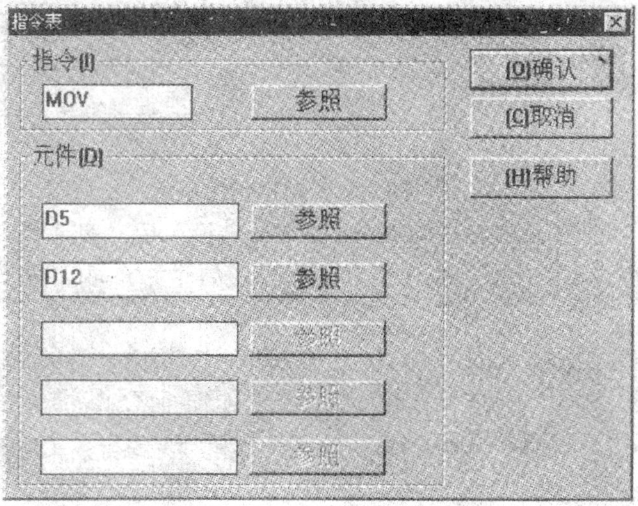

图 I-8　指令表对话框

　　点击图 I-9 中的"双字节指令"和"脉冲指令"前的多选框，可选择相应的应用指令为双字指令或脉冲执行的指令。

　　（3）注释。

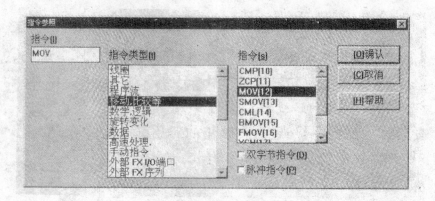

图 I-9　指令参照对话框

1）设置元件名。使用菜单命令"编辑→元件名"，可设置光标选中的元件的元件名称，例如"PB1"，元件名只能使用数字和字符，一般由汉语拼音或英语的缩写和数字组成。

2）设置元件注释。使用菜单命令"编辑→元件注释"，可给光标选中的元件加上注释，注释可使用多行汉字，例如"启动按钮"（见图 I-5 和图 I-10）。用类似的方法可以给线圈加上注释，线圈的注释在线圈的右侧（见图 I-5），可以使用多行汉字。

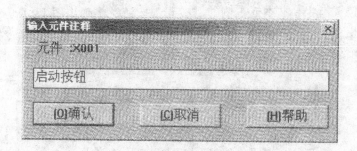

图 I-10　输入元件注释对话框

3）添加程序块注释。使用菜单命令"工具→转换"后，用"编辑→程序块注释"菜单命令，可在光标指定的程序块的上面加上程序块的注释，如图 I-5 中的"1 号电动机控制程序"。

4）梯形图注释显示方式的设置。使用"视图→显示注释"的菜单命令，将弹出"梯形图注释设置"对话框（见图 I-11），可选择是否显示元件名称、元件注释、线圈注释和程序块注释，以及元件注释和线圈注释每行的字符数和所占的行数，注释可放在元件的上面或下面。

（4）程序的转换和清除。使用菜单命令"工具→转换"，可检查程序是否有语法错误。如果没有错误，梯形图被转换格式并存放在计算机内，同时图中的灰色区域变白。若有错误，将显示"梯形图错误"

如果在未完成转换的情况下关闭梯形图窗口，新创建的梯形图并未被保存。

菜单命令"工具→全部清除"可清除编程软件中当前所有的用户程序。

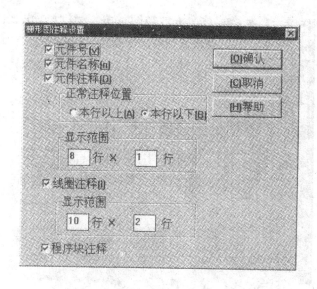

图 I-11　梯形图注释设置对话框

（5）程序的检查。执行菜单命令"选项→程序检查"，在弹出的对话框（见图 I-12）中，可选择检查的项目。语法检查主要检查命令代码及命令的格式是否正确，电路检查用来检查梯形图电路中的缺陷。双线圈检查用于显示同一编程元件被重复用于某些输出指令的情况，可设置被检查的指令。同一编程元件的线圈（对应于 OUT 指令）在梯形图中一般只允许出现一次，但是在不同时工作的 STL 电路块中，或在跳步条件相反的跳步区中，同一编程元件的线圈可以分别出现一次。对同一元件一般允许多次使用图 I-12 中除 OUT 指令之外的其他输出类指令。

（6）查找功能。使用"查找"菜单中的命令"到项"和"到底"，可将光标移至梯形图的开始处或结束处。使用"元件名查找"、"指令查找"和"触点/线圈查找"命令，可查找到指令所在的电路块，按"查找"窗口中的"向上"和"向下"按钮，可找到光标的上面或下面其他相同的查找对象。通过"查找"菜单中的"跳至标签"还可以跳到指定的程序步。

（7）视图命令。可以在"视图"菜单中选择显示梯形图、指令表、SFC（顺序功能图）或注释视图。

执行菜单命令"视图→注释视图→元件注释/元件名称"后，在对话框中

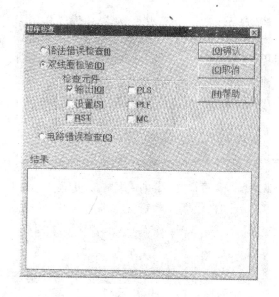

图 I-12　程序检查对话框

选择要显示的元件号，将显示该元件及相邻元件的注释和元件名称。

用菜单命令"视图→注释视图"还可以显示程序块注释视图和线圈注释视图，显示之

前可以设置起始的步序号。执行菜单命令"视图→寄存器"，弹出如图 I-13 所示的对话框。选择显示格式为"列表"时，可用多种数据格式中的一种来显示所有数据寄存器中的数据。选择显示格式为"行"时，在一行中同时显示同一数据寄存器分别用十进制、十六进制、ASCII 码和二进制表示的值。

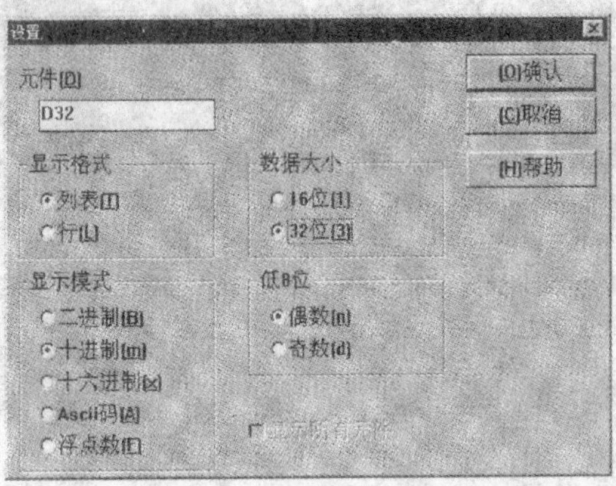

图 I-13　寄存器显示设置对话框

执行菜单命令"视图→显示比例"可改变梯形图的显示比例。

使用"视图"菜单，还可以查看"触点/线圈列表"、已用元件列表和 TC 设置表。

4. 指令表的生成与编辑

使用菜单命令"视图→指令表"，进入指令表编辑状态，可逐行输入指令。

指定了操作的步序号范围之后，在"视图"菜单中用菜单命令"NOP 覆盖写入"、"NOP 插入"和"NOP 删除"，可在指令表程序中作相应的操作。

使用菜单命令"工具→指令"，在弹出的"指令表"对话框中（见图 I-8），将显示光标所在行的指令，按指令后面的"参照"按钮，将出现指令参照对话框（见图 I-9），可帮助使用者选择指令。

按图 I-8 中元件号和参数右面的"参照"按钮，将出现"元件说明"对话框（见图 I-7)，显示元件的范围和所选元件类型中已存在的元件的名称。

5. PLC 的操作

对 PLC 进行操作之前，首先应使用编程通信转换接口电缆 SC-09 连接好计算机的 RS-232C 接口和 PLC 的 RS-422 编程器接口，并设置好计算机的通信端口参数。

（1）端口设置。执行菜单命令"PLC→端口设置"，可选择计算机与 PLC 通信的 RS-232C 串行口（COM1-COM4）通信速率（9600 或 19 200bit/s）.

（2）文件传送。菜单命令"PLC→传送→读入"将 PLC 中的程序传送到计算机中，执行完读入功能后，计算机中顺控程序将被读入的程序替代，最后用一个新生成的程序来存放读入的程序。PLC 的实际型号与编程软件中设置的型号必须一致。传送中的"读"、"写"是相对计算机而言的。

菜单命令"PLC→传送→写出"将计算机中的程序发送到 PLC 中，执行写出功能时，PLC 上的 RUN 开关应在"STOP"位置，如果使用了 RAM 或 EEPROM 存储器卡，其写保护开关应处于关断状态。在弹出的窗口中选择"范围设置"（见图 I-14），可减少写出所需的时间。

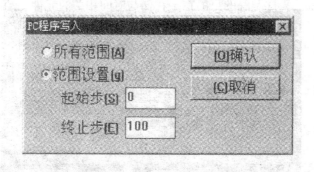

图 I-14　程序写出对话框

菜单命令"PLC→传送→校验"用来比较计算机和 PLC 中的顺控程序是否相同。如果两者不符合，将显示与 PLC 不相符的指令的步序号。选中某一步序号，可显示计算机和 PLC 中该步序号的指令。

（3）寄存器数据传送。寄存器数据传送的操作与文件传送的操作类似，用来将 PLC 中的寄存器数据读入计算机，将已创建的寄存器数据成批传送到 PLC 中，或将计算机中的寄存器数据与 PLC 中的数据进行比较。

（4）存储器清除。执行菜单命令"PLC→存储器清除"，在弹出的窗口中可选择：

1）"PLC 存储空间"：清除后顺控程序全为 NOP 指令，参数被设置为默认值。

2）"数据元件存储空间"：将数据文件缓冲区中的数据清零。

3）"位元件存储空间"：将位元件 X、Y、M、S、T、C 复位为 OFF 状态。

按"确定"键执行清除操作，特殊数据寄存器的数据不会被清除。

（5）PLC 的串口设置。计算机和 PLC 之间使用 RS 通信指令和 RS-232C 通信适配器进行通信时，通信参数用特殊数据寄存器 D8120 来设置，执行菜单命令"PLC→串口设置（D8210）"时，在"串口设置（D8210）"对话框中设置与通信有关的参数。执行此命令时设置的参数将传送到 PLC 的 D8210 中去。

（6）PLC 的口令修改与删除。

1）设置新口令。执行菜单命令"PLC→口令修改与删除"时，在弹出的"PLC 设置"对话框的"新口令"文本框中输入新口令，点击"确认"按钮或按 Enter 键完成操作。设置口令后，在执行传送操作之前必须先输入正确的口令。

2）修改口令。在"旧口令"输入文本框中，输入原有口令；在"新口令"输入文本框中输入新的口令，点击"确认"按钮或按 Enter 键，旧口令被新口令代替。

3）清除口令。在"旧口令"文本框中，输入 PLC 原有的口令；在新口令文本框中输入 8 个空格，点击"确认"按钮或按 Enter 键后，口令被清除。执行菜单命令"PLC→PLC 存储器清除"后，口令也被清除。

（7）遥控运行/停止。执行菜单命令"PLC→遥控运行/停止"，在弹出的窗口中选择"运行"或"停止"，按"确认"键后可改变 PLC 的运行模式。

（8）PLC 诊断。执行"PLC→PLC 诊断"菜单命令，将显示与计算机相连的 PLC 的状况，给出出错信息，扫描周期的当前值、最大值和最小值，以及 PLC 的 RUN/STOP 运行状态。

（9）采样跟踪。采样跟踪的目的在于存储与时间相关的元件的动态值，并在时间表中显示，或在 PLC 中设置采样条件，显示基于 PLC 中采样数据的时间表。采样由 PLC 执行，其结果存入 PLC 中，这些数据可被计算机读入并显示出来。

首先执行菜单命令"PLC→采样跟踪→参数设置"，在弹出的对话框中（见图 I-15）设置采样次数、时间、元件及触发条件。采样次数的范围为 1～512，采样时间为 0～200（以 10ms 为单位）。执行"PLC→采样跟踪→运行"命令，设置的参数被写入 PLC 中。执行"PLC→采样跟踪→显示"命令，当 PLC 完成采样后，采样数据被读出并被显示。

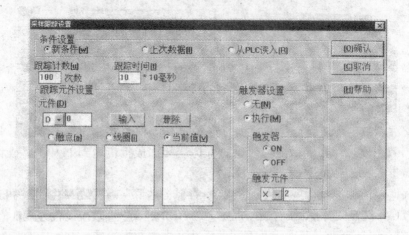

图 I-15　采样跟踪设置对话框

执行采样跟踪中的"从结果文件中读取"和"写入结果文件"命令，采样的数据可从文件中读取，或将采样结果写入文件。

6.PLC 的监控与测试

（1）开始监控。在梯形图方式执行菜单命令"监控/测试→开始监控"后，用绿色表示触点或线圈接通，定时器、计数器和数据寄存器的当前值在元件号的上面显示。

（2）元件监控。执行菜单命令"监控/测试→元件监控"后，出现元件监控画面（见图 I-16），图中的方块表示常开触点闭合、线圈通电。双击左侧的矩形光标，出现"设置元件"对话框（见图 I-17），输入元件号和要监视的连续的点数（元件数），可监控元件号相邻的若干个元件，可选择显示的数据是 16 位的还是 32 位的。在监控画面中用鼠标选

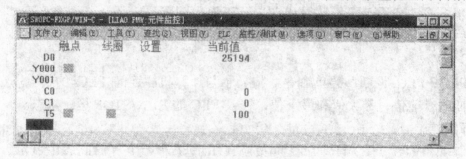

图 I-16　元件监控画面

中某一被监控元件后，按 DEL 键可将它删除，停止对它的监控。使用菜单命令"视图→显示元件设置"，可改变元件监控时显示的数据位数和显示格式（如 10 进制/16 进制）。

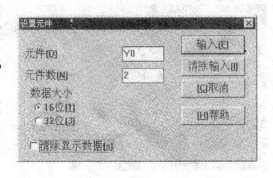

图 I-17 设置元件对话框

（3）强制 ON/OFF。执行菜单命令"监控/测试→强制 ON/OFF"，在弹出的"强制 ON/OFF"对话框（见图 I-18）的"元件"栏内输入元件号，选"设置"（应为置位，Set）后按"确认"键，可令该元件为 ON。选"重新设置"（应为复位，Reset）后按"确认"键，可令该元件为 OFF。按"取消"键后关闭强制对话框。

（4）强制 Y 输出。菜单命令"监控/测试→强制 Y 输出"与"监控/测试→强制 ON/OFF"的使用方法相同，在弹出的窗口中，ON 和 OFF 取代了图 I-18 中的"设置"和"重新设置"。

（5）改变当前值。执行菜单命令"监控/测试→改变当前值"后，在弹出的对话框中输入元件号和新的当前值，按确认键后新的值送入 PLC。

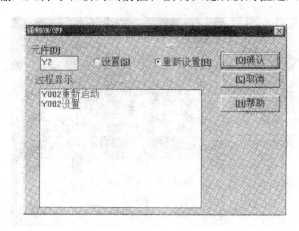

图 I-18 强制 ON/OFF 对话框

（6）改变计数器或定时器的设定值。该功能仅在监控梯形图时有效，如果光标所在位置为计数器或定时器的线圈，执行菜单命令"监控/测试→改变设置值"后，在弹出的对话框中将显示计数器或定时器的元件号和原有的设定值，输入新的设定值，按确定键后送入 PLC。用同样的方法可以改变 D、V 或 Z 的当前值。

7．编程软件与 PLC 的参数设置

"选项"菜单主要用于参数设置，包括口令设置、PLC 型号设置、串行口参数设置、元件范围和字体的设置等。使用"注释移动"命令可将程序中的注释拷贝到注释文件中。菜单命令"打印文件题头"用来设置打印时标题中的信息。在执行菜单命令"选项→PLC 模式设置"弹出的对话框（见图 I-19）中，可以设置将某个输入点（图中为 X0）作为外接的 RUN 开关来使用。

执行菜单命令"选项→参数设置"弹出的对话框（见图 I-20）中，可设置实际使用的存储器的容量，设置是否使用以 500 步（即 500 字）为单位的文件寄存器和注释区，以及有锁存（断电保持）功能的元件的范围。如果没有特殊的要求，按"缺省"（默认）按钮后，可使用默认的设置值。

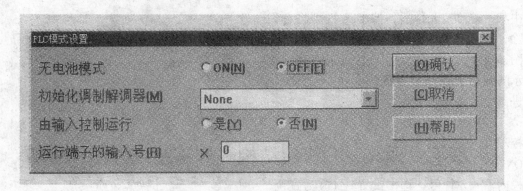

图 I-19　PLC 模式设置对话框

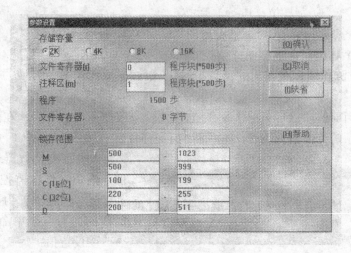

图 I-20　参数设置对话框

主 要 参 考 文 献

1　杨长能，林小峰编．可编程序控制器（PC）例题习题及实验指导．重庆：重庆大学出版社，1997

2　李俊秀，赵黎明主编．可编程控制器应用技术实训指导．北京：化学工业出版社，2002

3　廖常初主编．PLC基础及应用．北京：机械工业出版社，2004

4　王俭，龙莉莉．建筑电气控制技术．北京：中国建筑工业出版社，1998

5　吴建强，姜三勇．可编程控制器原理及应用．哈尔滨：哈尔滨工业大学出版社，1999

6　尹秀妍，韩永学，孙景芝．可编程序控制器（PC）常见故障分析．哈尔滨：农机化研究 2002（2）：
　　149～150

7　尹秀妍，孙景芝，徐智．减少可编程控制器所需输入点数的方法．哈尔滨：农机化研究 2001（4）：
　　109～110，114

8　王永华主编．现代电气控制及PLC应用技术．北京：北京航空航天大学出版社，2003

9　曾毅等主编．调速控制系统的设计与维护．济南：山东科学技术出版社，2002

10　王永华主编．现代电气及可编程控制技术．北京：北京航空航天大学出版社，2002

11　原魁等主编．变频器基础及应用．北京：冶金工业出版社，1999

12　李先允主编．自动控制系统．北京：高等教育出版社，2003

13　史国生主编．交直流调速系统．北京：化学工业出版社，2002

14　顾绳谷主编．电机及拖动基础（第二版）．北京：机械工业出版社，1999

15　王兆安，黄俊主编．电力电子技术（第四版）．北京：机械工业出版社，2000